北大社 "十三五"职业教育规划教材
高职高专土建专业"互联网＋"创新规划教材

全新修订

建筑三维平法结构图集

（第二版）

傅华夏　编　著
申素芳　副主编

U0392709

北京大学出版社
PEKING UNIVERSITY PRESS

内 容 简 介

本书采用三维模型的方式注解了国家建筑标准设计图集 16G101—1 的全套详图以及 16G101—2、16G101—3 的部分详图，除包含一般教材中基本的梁、板、柱、墙、楼梯、基础详图外，还加入了国家标准中的无梁楼盖、地下室外墙、板洞、板翻边、基坑、柱帽、后浇、桩基承台等相关混凝土构件详图。同时，通过增强现实技术，采用"互联网＋教材"编写思路，针对本书开发了 APP 客户端，便于读者对三维结构模型有更加清晰直观的认识。全书内容细致、完整，既可作为工具书使用，建议与《建筑三维平法结构识图教程》（第二版）配套使用。

全书共分为 7 章，内容包括：一般构造标准构造详图；柱平法标准构造详图及三维示意图；剪力墙平法标准构造详图及三维示意图；梁平法标准构造详图及三维示意图；板平法标准构造详图及三维示意图；楼梯平法识图规则与标准构造详图及三维示意图；基础平法标准构造详图及三维示意图。

本书可作为高职高专院校、成人教育学院等高校建筑工程类专业教材和教学参考书，也可供从事土木工程相关工作的工程人员学习参考。

图书在版编目 (CIP) 数据

建筑三维平法结构图集 / 傅华夏编著 . —2 版 . —北京：北京大学出版社，2018.1

（高职高专土建专业"互联网＋"创新规划教材）

ISBN 978-7-301-29049-1

Ⅰ. ①建…　Ⅱ. ①傅…　Ⅲ. ①钢筋混凝土结构—高等职业教育—教材　Ⅳ. ① TU375

中国版本图书馆 CIP 数据核字 (2017) 第 314321 号

书　　　名	建筑三维平法结构图集（第二版）	
	JIANZHU SANWEI PINGFA JIEGOU TUJI	
著作责任者	傅华夏　编著	
策 划 编 辑	杨星璐	
责 任 编 辑	刘健军　范超奕	
数 字 编 辑	贾新越	
标 准 书 号	ISBN 978-7-301-29049-1	
出 版 发 行	北京大学出版社	
地　　　址	北京市海淀区成府路 205 号　100871	
网　　　址	http://www. pup. cn　　新浪微博：@ 北京大学出版社	
电 子 信 箱	pup_6@163. com	
电　　　话	邮购部 010-62752015　发行部 010-62750672　编辑部 010-62750667	
印 刷 者	三河市博文印刷有限公司	
经 销 者	新华书店	
	1194 毫米 ×889 毫米　横 16 开本　13.75 印张　440 千字	
	2016 年 7 月第 1 版　2018 年 1 月第 2 版	
	2021 年 8 月修订　2022 年 6 月第 7 次印刷（总第 9 次印刷）	
定　　　价	68.00 元	

第二版修订 前言

各位尊敬的读者朋友，感谢大家选择《建筑三维平法结构图集》（第二版）。建筑工程中建筑结构识图和建筑钢筋工程量计算是重要的专业能力，无论施工、造价还是工程管理，都离不开对图纸的识别、理解和运用。这些工作都以图纸为依据开展，而《国家建筑标准设计图集》（16G101）又是图纸设计与识读的国家标准，因此，熟练掌握平法识图规则和钢筋构造详图是建筑工程专业的必修课。

但平法结构施工图比较抽象难懂，其中又牵涉很多设计规范，对于初学者和刚入行的广大建筑从业人士来说有一定的学习难度。即使是教师教学，有时也很难用语言描述清楚复杂的钢筋构造，从而造成学生难学、老师难教的状态。为了改变这种状况，我们编著了本书。

本书采用三维模型的方式注解了16G101的全套详图，除了一般教材中讲述的梁、板、柱、墙、楼梯、基础详图外，我们还加入了国标中涉及的无梁楼盖、地下室外墙、板洞、板翻边、基坑、柱帽、后浇、桩基承台等相关混凝土构件详图。其内容细致完整，既可当工具书使用，也可与《建筑三维平法结构识图教程》（第二版）配套使用。

书中精心绘制了全套16G101的全彩钢筋详图三维示意图，并采用平面与三维对照的方式讲解钢筋构造。全书以图为主、文字为辅，通过形象、生动、直观、形象的图文讲解将读者带入建筑三维钢筋世界，可在学习中体验乐趣，在乐趣中收获知识。通过学习本书，可快速掌握结构识图能力，加深对图纸的理解，并减少教学工作量。

同时，针对《建筑三维平法结构图集》（第二版）的特点，为了使学生更加直观地认识和了解结构构件内部钢筋构造与识图规则，也方便教师教学讲解，我们以"互联网+"教材的模式开发了本书配套的APP客户端，读者通过扫描一书一码所附的二维码进行下载，APP客户端通过虚拟现实的手段，采用全息识别技术，应用3ds Max和Sketch Up等多种工具，将书中的全彩钢筋案例示意图转化成可360°旋转并无限放大、缩小的三维模型，读者打开APP客户端之后，将摄像头对准切口带有彩色色块的页面，即可多角度、任意大小、交互式查看三维模型。

本次修订根据国家建筑标准设计图集16G101—1、16G101—2、16G101—3，针对《建筑三维平法图集》（第二版）中存在的一些表达不准确的问题和图纸表达不清楚部分做出了修改，力求做到全书内容准确，图示清晰美观，更好地服务广大读者。

本书由长治职业技术学院申素芳副主编，对全书进行了认真的审读。

本书在编写过程中虽然反复推敲论证，但难免仍有疏漏之处，恳请广大读者指正，以利我们进一步改进。作者邮箱是329946810@qq.com。

最后特别感谢广东工业大学郭仁俊教授对本书的编写所提供的宝贵意见。

傅华夏

2020年2月

目录CONTENTS

第 3 章　剪力墙平法标准构造详图及三维示意图　　　　　　　　　　　21

第4章 梁平法标准构造详图及三维示意图　　　　　　　　　　　　　47

第 5 章　板平法标准构造详图及三维示意图　　　　　　　　71

第 6 章　楼梯平法识图规则与标准构造详图及三维示意图　　　　　　95

第 7 章　基础平法标准构造详图及三维示意图　　147

一般构造标准构造详图

第1章

混凝土结构的环境类别

环境类别	条件
一	室内干燥环境； 无侵蚀性静水浸没环境
二 a	室内潮湿环境； 非严寒和非寒冷地区的露天环境； 非严寒和非寒冷地区与无侵蚀性的水或土壤直接接触的环境； 严寒和寒冷地区的冰冻线以下与无侵蚀性的水或土壤直接接触的环境
二 b	干湿交替环境； 水位频繁变动环境； 严寒和寒冷地区的露天环境； 严寒和寒冷地区冰冻线以上与无侵蚀性的水或土壤直接接触的环境
三 a	严寒和寒冷地区冬季水位变动区环境； 受除冰盐影响环境； 海风环境
三 b	盐渍土环境； 受除冰盐作用环境； 海岸环境
四	海水环境
五	受人为或自然的侵蚀性物质影响的环境

注：1. 室内潮湿环境，是指构件表面经常处于结露或湿润状态的环境。
　　2. 严寒和寒冷地区的划分应符合《民用建筑热工设计规范》(GB 50176—2016) 的有关规定。
　　3. 海岸环境和海风环境宜根据当地情况，考虑主导风向及结构所处迎风、背风部位等因素的影响，由调查研究和工程经验确定。
　　4. 受除冰盐影响环境是指受到除冰盐盐雾影响的环境；受除冰盐作用环境是指被除冰盐溶液溅射的环境以及使用除冰盐地区的洗车房、停车楼等建筑。
　　5. 暴露的环境是指混凝土结构表面所处的环境。

混凝土保护层的最小厚度

环境类别	板、墙	梁、柱
一	15	20
二 a	20	25
二 b	25	35
三 a	30	40
三 b	40	50

注：1. 表中混凝土保护层厚度指最外层钢筋外边缘至混凝土表面的距离，适用于设计使用年限为50年的混凝土结构，数据单位为mm。
　　2. 构件中受力钢筋的保护层厚度不应小于钢筋的公称直径。
　　3. 设计使用年限为100年的混凝土结构，一类环境中，最外层钢筋的保护层厚度不应小于表中数值的1.4倍；二、三类环境中，应采取专门的有效措施。
　　4. 混凝土强度等级不大于C25时，表中保护层厚度数值应增加5mm。
　　5. 基础底面钢筋的保护层厚度，有混凝土垫层时应从垫层顶面算起，且不应小于40mm。

混凝土结构的环境类别　混凝土保护层的最小厚度				图集号	16G101—1—56
审核	郭仁俊	校对	廖宜香	设计	傅华夏

受拉钢筋基本锚固长度 l_{ab}

钢筋种类	混凝土强度等级								
	C20	C25	C30	C35	C40	C45	C50	C55	≥ C60
HPB300	39d	34d	30d	28d	25d	24d	23d	22d	21d
HRB335、HRBF335	38d	33d	29d	27d	25d	23d	23d	21d	21d
HPR400、HRBF400、RRB400	—	40d	35d	32d	29d	28d	27d	26d	25d
HRB500、HRBF500	—	48d	43d	39d	36d	34d	32d	31d	30d

抗震设计时受拉钢筋基本锚固长度 l_{abE}

钢筋种类	抗震等级	混凝土强度等级								
		C20	C25	C30	C35	C40	C45	C50	C55	≥ C60
HPB300	一、二级	45d	39d	35d	32d	29d	28d	26d	25d	24d
	三级	41d	36d	32d	29d	26d	25d	24d	23d	22d
HRB335 HRBF335	一、二级	44d	38d	33d	31d	29d	26d	25d	24d	24d
	三级	40d	35d	31d	28d	26d	24d	23d	22d	22d
HRB400 HRBF400	一、二级	—	46d	40d	37d	33d	32d	31d	30d	29d
	三级	—	42d	37d	34d	30d	29d	28d	27d	26d
HRB500 HRBF500	一、二级	—	55d	49d	45d	41d	39d	37d	36d	35d
	三级	—	50d	45d	41d	38d	36d	34d	33d	32d

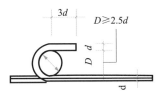

(a) 光圆钢筋末端180°弯钩

(b) 末端90°弯折

钢筋弯折的弯弧内直径 D

钢筋弯折的弯弧内直径 D 应符合下列规定。
1. 光圆钢筋，不应小于钢筋直径的2.5倍。
2. 335MPa级、400MPa级带肋钢筋，不应小于钢筋直径的4倍。
3. 500MPa级带肋钢筋，当直径 $d \leq 25$mm时，不应小于钢筋直径的6倍；当直径 $d > 25$mm时，不应小于钢筋直径的7倍。
4. 位于框架结构顶层端节点处(16G101—1第67页)的梁上部纵向钢筋和柱外侧纵向钢筋，在节点角部弯折处，当钢筋直径 $d \leq 25$mm时，不应小于钢筋直径的12倍；当直径 $d > 25$mm时，不应小于钢筋直径的16倍。
5. 箍筋弯折处尚不应小于纵向受力钢筋直径；箍筋弯折处纵向受力钢筋为搭接或并筋时，应按钢筋实际排布情况确定箍筋弯弧内直径。

注：1. 四级抗震等级时，$l_{abE} = l_{ab}$。
　　2. 当锚固钢筋的保护层厚度不大于 $5d$ 时，锚固钢筋长度范围内应设置横向构造钢筋，其直径不应小于 $d/4$（d 为锚固钢筋的最大直径）；其间距对梁、柱等构件不应大于 $5d$，对板、墙等构件不应大于 $10d$，且均不应大于100mm（d 为锚固钢筋的最小直径）。

受拉钢筋基本锚固长度 l_{ab} 抗震设计时受拉钢筋基本锚固长度 l_{abE} 钢筋弯折的弯弧内直径 D				图集号	16G101—1—57
审核	郭仁俊	校对	廖宜香	设计	傅华夏

受拉钢筋锚固长度 l_a																	
钢筋种类	混凝土强度等级																
	C20	C25		C30		C35		C40		C45		C50		C55		≥C60	
	$d \leq 25$	$d \leq 25$	$d > 25$	$d \leq 25$	$d > 25$	$d \leq 25$	$d > 25$	$d \leq 25$	$d > 25$	$d \leq 25$	$d > 25$	$d \leq 25$	$d > 25$	$d \leq 25$	$d > 25$	$d \leq 25$	$d > 25$
HPB300	39d	34d	—	30d	—	28d	—	25d	—	24d	—	23d	—	22d	—	21d	—
HRB335、HRBF335	38d	33d	—	29d	—	27d	—	25d	—	23d	—	22d	—	21d	—	21d	—
HRR400、HRBF400、RRB400	—	40d	44d	35d	39d	32d	35d	29d	32d	28d	31d	27d	30d	26d	29d	25d	28d
HRB500、HRBF500	—	48d	53d	43d	47d	39d	43d	36d	40d	34d	37d	32d	35d	31d	34d	30d	33d

受拉钢筋抗震锚固长度 l_{aE}																		
钢筋种类	抗震等级	混凝土强度等级																
		C20	C25		C30		C35		C40		C45		C50		C55		≥C60	
		$d \leq 25$	$d \leq 25$	$d > 25$	$d \leq 25$	$d > 25$	$d \leq 25$	$d > 25$	$d \leq 25$	$d > 25$	$d \leq 25$	$d > 25$	$d \leq 25$	$d > 25$	$d \leq 25$	$d > 25$	$d \leq 25$	$d > 25$
HPB300	一、二级	45d	39d	—	35d	—	32d	—	29d	—	28d	—	26d	—	25d	—	24d	—
	三级	41d	36d	—	32d	—	29d	—	26d	—	25d	—	24d	—	23d	—	22d	—
HRB335 HRBF335	一、二级	44d	38d	—	33d	—	31d	—	29d	—	26d	—	25d	—	24d	—	24d	—
	三级	40d	35d	—	30d	—	28d	—	26d	—	24d	—	23d	—	22d	—	22d	—
HRB400 HRBF400	一、二级	—	46d	51d	40d	45d	37d	40d	33d	37d	32d	36d	31d	35d	30d	33d	29d	32d
	三级	—	42d	46d	37d	41d	34d	37d	30d	34d	29d	33d	28d	32d	27d	30d	26d	29d
HRB500 HRBF500	一、二级	—	55d	61d	49d	54d	45d	49d	41d	46d	39d	43d	37d	40d	36d	39d	35d	38d
	三级	—	50d	56d	45d	49d	41d	45d	38d	42d	36d	39d	34d	37d	33d	36d	32d	35d

注：1. 当为环氧树脂涂层带肋钢筋时，表中数据尚应乘以 1.25。
2. 当纵向受拉钢筋在施工过程中易受扰动时，表中数据尚应乘以 1.1。
3. 当锚固长度范围内纵向受力钢筋周边保护层厚度为 $3d$、$5d$（d 为锚固钢筋的直径，单位 mm）时，表中数据可分别乘以 0.8、0.7；中间厚度时按内插值计算。
4. 当纵向受拉普通钢筋锚固长度修正系数（注 1～注 3）多于一项时，可连乘计算。
5. 受拉钢筋的锚固长度 l_a、l_{aE} 其计算值不应小于 200mm。
6. 四级抗震等级时，$l_{aE}=l_a$。
7. 当锚固钢筋的保护层厚度不大于 $5d$ 时，锚固钢筋长度范围内应设置横向构造钢筋，其直径不应小于 $d/4$（d 为锚固钢筋的最大直径）；对梁、柱等构件间距不应大于 $5d$，对板、墙等构件间距不应大于 $10d$，且均不应大于 100mm（d 为锚固钢筋的最小直径）。

受拉钢筋锚固长度 l_a　受拉钢筋抗震锚固长度 l_{aE}						图集号	16G101—1—58
审核	郭仁俊	校对	廖宜香	设计	傅华夏		

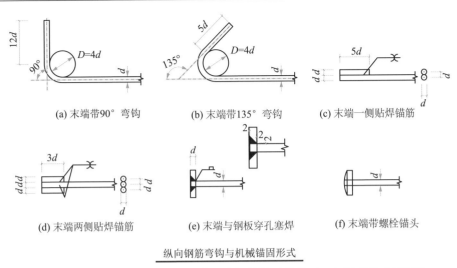

(a) 末端带90°弯钩　　(b) 末端带135°弯钩　　(c) 末端一侧贴焊锚筋

(d) 末端两侧贴焊锚筋　　(e) 末端与钢板穿孔塞焊　　(f) 末端带螺栓锚头

纵向钢筋弯钩与机械锚固形式

注：1. 当纵向受拉普通钢筋末端采用弯钩或机械锚固措施时，包括弯钩或锚固端头在内的锚固长度（投影长度）可取为基本锚固长度的60%。
2. 焊缝和螺纹长度应满足承载力的要求；螺栓锚头的规格应符合相关标准的要求。
3. 螺栓锚头和焊接钢板的承压面积不应小于锚固钢筋截面积的4倍。
4. 螺栓锚头和焊接锚板的钢筋净间距不宜小于4d，否则应考虑群锚效应的不利影响。
5. 截面角部的弯钩和一侧贴焊锚筋的布筋方向，宜向截面内侧偏置。
6. 受压钢筋不应采用末端弯钩和一侧贴焊的锚固形式。

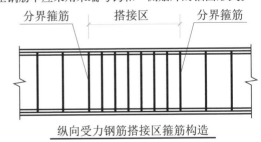

纵向受力钢筋搭接区箍筋构造

注：1. 本图用于梁、柱类构件搭接区箍筋设置。
2. 搭接区内箍筋直径不小于d/4(d为搭接钢筋最大直径)，间距不应大于100mm及5d(d为搭接钢筋最小直径)。
3. 当受压钢筋直径大于25mm时，尚应在搭接接头两个端面外100mm的范围内各设置两道箍筋。

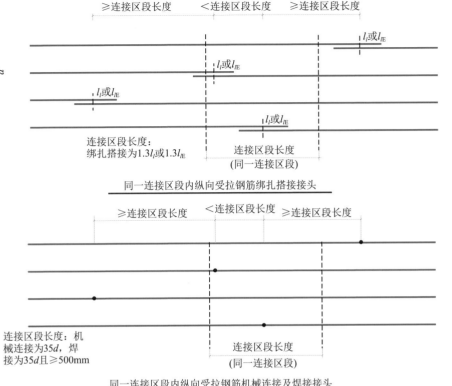

连接区段长度：绑扎搭接为1.3l_l或1.3l_{lE}

同一连接区段内纵向受拉钢筋绑扎搭接接头

连接区段长度：机械连接为35d，焊接为35d且≥500mm

同一连接区段内纵向受拉钢筋机械连接及焊接接头

注：1. d为相互连接两根钢筋中较小直径；当同一构件内不同连接钢筋计算连接区段长度不同时，取大值。
2. 凡接头中点位于连接区段长度内，连接接头均属同一连接区段。
3. 同一连接区段内纵向钢筋搭接接头面积百分率，为该区段内有连接接头的纵向受力钢筋截面积与全部纵向钢筋截面积的比值（当直径相同时，图示钢筋连接接头面积百分率为50%）。
4. 当受拉钢筋直径>25mm及受压钢筋直径>28mm时，不宜采用绑扎搭接。
5. 轴心受拉及小偏心受拉构件中，纵向受力钢筋不应采用绑扎搭接。
6. 纵向受力钢筋连接位置宜避开梁端、柱端箍筋加密区。如必须在此部位连接时，应采用机械连接或焊接。
7. 机械连接和焊接接头的类型及质量，应符合国家现行有关标准的规定。

纵向钢筋弯钩与机械锚固形式　纵向受力钢筋搭接区箍筋构造　纵向钢筋的连接			图集号	16G101—1—59
审核	郭仁俊	校对 廖宜香	设计	傅华夏

纵向受拉钢筋搭接长度 l_l

钢筋种类及同一区段内搭接钢筋面积百分率		混凝土强度等级																	
		C20	C25		C30		C35		C40		C45		C50		C55		≥ C60		
		$d \leq 25$	$d \leq 25$	$d > 25$	$d \leq 25$	$d > 25$	$d \leq 25$	$d > 25$	$d \leq 25$	$d > 25$	$d \leq 25$	$d > 25$	$d \leq 25$	$d > 25$	$d \leq 25$	$d > 25$	$d \leq 25$	$d > 25$	
HPB300	≤ 25%	47d	41d	—	36d	—	34d	—	30d	—	29d	—	28d	—	26d	—	25d	—
	50%	55d	48d	—	42d	—	39d	—	35d	—	34d	—	32d	—	31d	—	29d	—
	100%	62d	54d	—	48d	—	45d	—	40d	—	38d	—	37d	—	35d	—	34d	—
HRB335 HRBF335	≤ 25%	46d	40d	—	35d	—	32d	—	30d	—	28d	—	26d	—	25d	—	25d	—
	50%	53d	46d	—	41d	—	38d	—	35d	—	32d	—	31d	—	29d	—	29d	—
	100%	61d	53d	—	46d	—	43d	—	40d	—	37d	—	35d	—	34d	—	34d	—
HRB400 HRBF400 RRB400	≤ 25%	—	48d	53d	42d	47d	38d	42d	35d	38d	34d	37d	32d	36d	31d	35d	30d	34d
	50%	—	56d	62d	49d	55d	45d	49d	41d	45d	39d	43d	38d	42d	36d	41d	35d	39d
	100%	—	64d	70d	56d	52d	51d	56d	46d	51d	45d	50d	43d	48d	42d	46d	40d	45d
HRB500 HRBF500	≤ 25%	—	58d	64d	52d	56d	47d	52d	43d	48d	41d	44d	38d	40d	37d	41d	36d	40d
	50%	—	67d	74d	60d	66d	55d	60d	50d	56d	48d	52d	45d	49d	43d	48d	42d	46d
	100%	—	77d	85d	69d	75d	62d	69d	58d	64d	54d	59d	51d	56d	50d	54d	48d	53d

注：1. 表中数值为纵向受拉钢筋绑扎搭接接头的搭接长度。
2. 两根不同直径钢筋搭接时，表中 d 取较细钢筋的直径，单位为 mm。
3. 当为环氧树脂涂层带肋钢筋时，表中数据尚应乘以 1.25。
4. 当纵向受拉钢筋在施工过程中易受扰动时，表中数据尚应乘以 1.1。
5. 当搭接长度范围内纵向受力钢筋周边保护层厚度为 $3d$、$5d$（d 为搭接钢筋的直径）时，表中数据可分别乘以 0.8、0.7；中间厚度时按内插值计算。
6. 当上述修正系数（注 3 ～注 5）多于一项时，可连乘计算。
7. 任何情况下，搭接长度不应小于 300mm。

纵向受拉钢筋搭接长度 l_l						图集号	16G101—1—60
审核	郭仁俊	校对	廖宜香	设计	傅华夏		

纵向受拉钢筋抗震搭接长度 l_{lE}

钢筋种类及同一区段内搭接钢筋面积百分率			混凝土强度等级																
			C20	C25		C30		C35		C40		C45		C50		C55		≥C60	
			$d \le 25$	$d \le 25$	$d > 25$	$d \le 25$	$d > 25$	$d \le 25$	$d > 25$	$d \le 25$	$d > 25$	$d \le 25$	$d > 25$	$d \le 25$	$d > 25$	$d \le 25$	$d > 25$	$d \le 25$	$d > 25$
一级和二级抗震等级	HPB300	≤25%	54d	47d	—	42d	—	38d	—	35d	—	34d	—	31d	—	30d	—	29d	—
		50%	63d	55d		49d		45d		41d		39d		36d		35d		34d	
	HRB335 HPBF335	≤25%	53d	46d		40d		37d		35d		31d		30d		29d		29d	
		50%	62d	53d		46d		43d		41d		36d		35d		34d		34d	
	HRB400 HRBF400	≤25%	—	55d	61d	48d	54d	44d	48d	40d	44d	38d	43d	37d	42d	36d	40d	35d	38d
		50%	—	64d	71d	56d	63d	52d	56d	46d	52d	45d	50d	43d	49d	42d	46d	41d	45d
	HRB500 HRBF500	≤25%	—	66d	73d	59d	65d	54d	59d	49d	55d	47d	52d	44d	48d	43d	47d	42d	46d
		50%	—	77d	85d	69d	76d	63d	69d	57d	64d	55d	60d	52d	56d	50d	55d	49d	53d
三级抗震等级	HPB300	≤25%	49d	43d	—	38d	—	35d	—	31d	—	30d	—	29d	—	28d	—	26d	—
		50%	57d	50d		45d		41d		36d		35d		34d		32d		31d	
	HRB335 HRBF335	≤25%	48d	42d		36d		34d		31d		29d		28d		26d		26d	
		50%	56d	49d		42d		39d		36d		34d		32d		31d		31d	
	HRB400 HRBF400	≤25%	—	50d	55d	44d	49d	41d	44d	36d	41d	35d	40d	34d	38d	32d	36d	31d	35d
		50%	—	59d	64d	52d	57d	48d	52d	42d	48d	41d	46d	39d	45d	38d	42d	36d	41d
	HRB500 HRBF500	≤25%	—	60d	67d	54d	59d	49d	54d	46d	50d	43d	47d	41d	44d	40d	43d	38d	42d
		50%	—	70d	78d	63d	69d	57d	63d	53d	59d	50d	55d	48d	52d	46d	50d	45d	49d

注：1. 表中数值为纵向受拉钢筋绑扎搭接接头的搭接长度。
2. 两根不同直径钢筋搭接时，表中 d 取较细钢筋的直径，单位为 mm。
3. 当为环氧树脂涂层带肋钢筋时，表中数据尚应乘以 1.25。
4. 当纵向受拉钢筋在施工过程中易受扰动时，表中数据尚应乘以 1.1。
5. 当搭接长度范围内纵向受力钢筋周边保护层厚度为 $3d$、$5d$（d 为搭接钢筋的直径）时，表中数据可分别乘以 0.8、0.7；中间厚度时按内插值计算。
6. 当上述修正系数（注 3～注 5）多于一项时，可连乘计算。
7. 任何情况下，搭接长度不应小于 300mm。
8. 四级抗震等级时，$l_{lE}=l_l$。详见 16G101—1 第 60 页。

纵向受拉钢筋抗震搭接长度 l_{lE}						图集号	16G101—1—61
审核	郭仁俊	校对	廖宜香	设计	傅华夏		

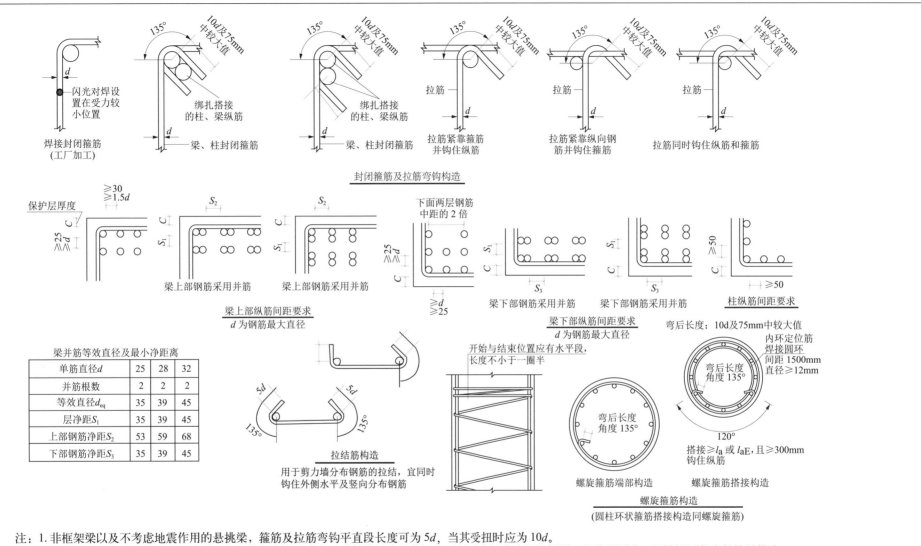

梁并筋等效直径及最小净距离			
单筋直径d	25	28	32
并筋根数	2	2	2
等效直径d_{eq}	35	39	45
层净距S_1	35	39	45
上部钢筋净距S_2	53	59	68
下部钢筋净距S_3	35	39	45

注：1.非框架梁以及不考虑地震作用的悬挑梁，箍筋及拉筋弯钩平直段长度可为$5d$，当其受扭时应为$10d$。
2.当采用本图未涉及的并筋形式时，相关数据由设计确定。并筋等效直径的概念可用于本图集中钢筋间距、保护层厚度、钢筋锚固长度等的计算中。
3.本图中拉筋弯钩构造做法采用何种形式，由设计指定。
4.并筋连接接头宜按每根单筋错开，接头面积百分率应按同一连接区段内所有的单根钢筋计算。钢筋的搭接长度应按单筋分别计算。
5.机械连接套筒的横向净间距不宜小于25mm。
6.圆柱环状箍筋搭接构造同螺旋箍筋。
7.各数据单位为mm。

封闭箍筋及拉筋弯钩构造　梁并筋等效直径及最小净距离 梁柱纵筋间距要求　拉结筋构造　螺旋箍筋构造				图集号	16G101—1—62
审核	郭仁俊	校对	廖宜香	设计	傅华夏

— 8 —

柱平法标准构造详图及三维示意图

第2章

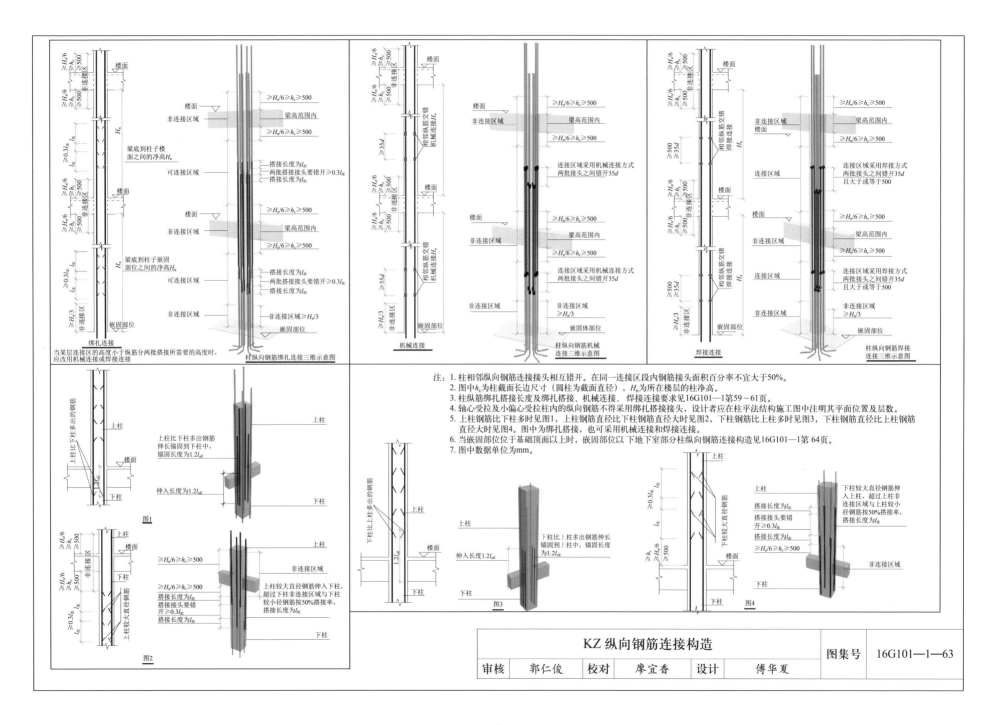

注：1. 柱相邻纵向钢筋连接接头相互错开。在同一连接区段内钢筋接头面积百分率不宜大于50%。
2. 图中 h_c 为柱截面长边尺寸（圆柱为截面直径），H_n 为所在楼层的柱净高。
3. 柱纵筋绑扎接长度及绑扎搭接、机械连接、焊接连接要求见16G101—1第59~61页。
4. 轴心受拉及小偏心受拉柱内的纵向钢筋不得采用绑扎搭接接头，设计者应在柱平法结构施工图中注明其平面位置及层数。
5. 上柱钢筋比下柱多时见图1，上柱钢筋直径比下柱钢筋直径大时见图2，下柱钢筋比上柱多时见图3，下柱钢筋直径比上柱钢筋直径大时见图4。图中为绑扎搭接，也可采用机械连接和焊接连接。
6. 当嵌固部位位于基础顶面以上时，嵌固部位以下地下室部分柱纵向钢筋连接构造见16G101—1第64页。
7. 图中数据单位为mm。

KZ 纵向钢筋连接构造

							图集号	16G101—1—63
审核	郭仁俊	校对	廖宜香	设计	傅华夏			

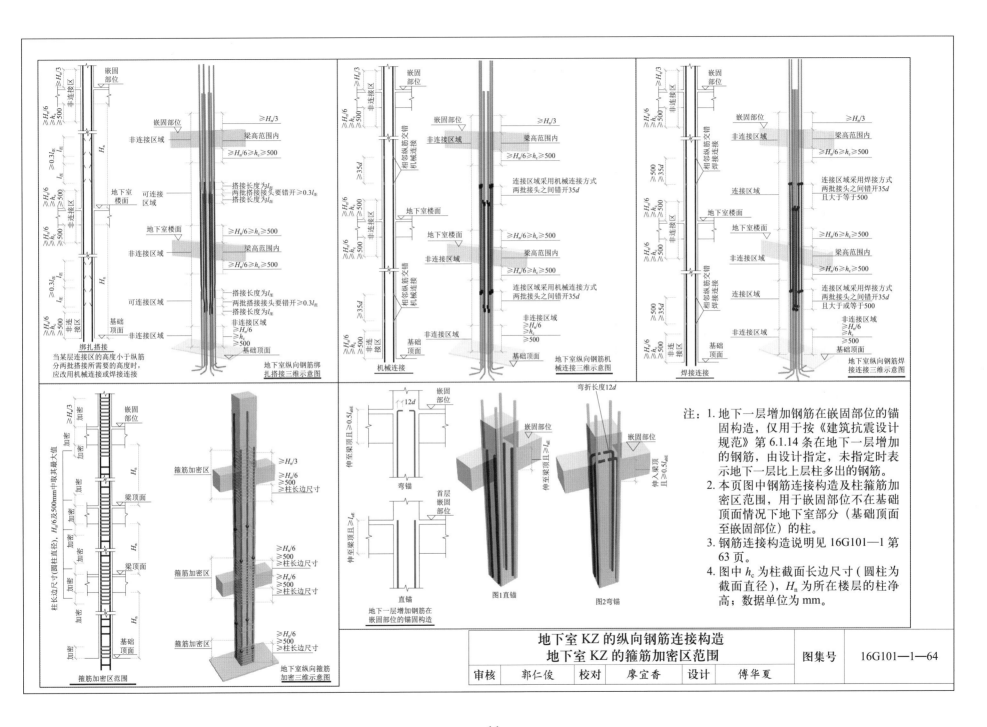

注：
1. 地下一层增加钢筋在嵌固部位的锚固构造，仅用于按《建筑抗震设计规范》第6.1.14条在地下一层增加的钢筋，由设计指定，未指定时表示地下一层比上层柱多出的钢筋。
2. 本页图中钢筋连接构造及柱箍筋加密区范围，用于嵌固部位不在基础顶面情况下地下室部分（基础顶面至嵌固部位）的柱。
3. 钢筋连接构造说明见16G101—1第63页。
4. 图中 h_c 为柱截面长边尺寸（圆柱为截面直径），H_n 为所在楼层的柱净高；数据单位为mm。

地下室 KZ 的纵向钢筋连接构造 地下室 KZ 的箍筋加密区范围					图集号	16G101—1—64
审核	郭仁俊	校对	廖宜香	设计	傅华夏	

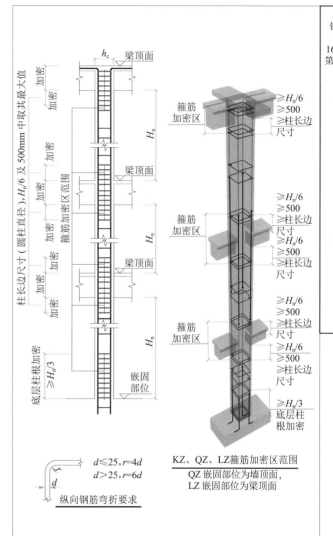

柱长边尺寸（圆柱直径），$H_n/6$ 及 500mm 中取其最大值

h_c　梁顶面

加密
加密
加密
加密
H_n

梁顶面
加密
加密
箍筋加密区范围
加密
加密
H_n

梁顶面
加密
加密
加密
加密
H_n

底层柱根加密 ≥$H_n/3$
嵌固部位

箍筋加密区

≥$H_n/6$
≥500
≥柱长边尺寸

箍筋加密区

≥$H_n/6$
≥500
≥柱长边尺寸
≥$H_n/6$
≥500
≥柱长边尺寸

箍筋加密区

≥$H_n/6$
≥500
≥柱长边尺寸

≥$H_n/3$
底层柱根加密

$d≤25,r=4d$
$d>25,r=6d$

纵向钢筋弯折要求

KZ、QZ、LZ 箍筋加密区范围
QZ 嵌固部位为墙顶面，
LZ 嵌固部位为梁顶面

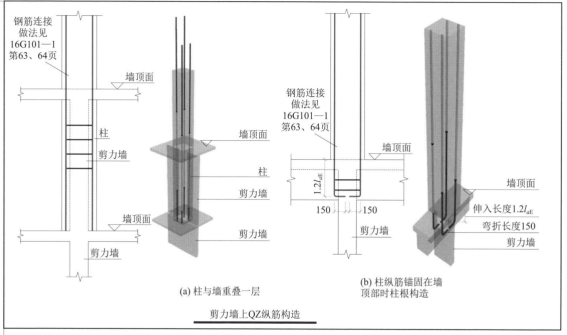

钢筋连接做法见 16G101—1 第63、64页

墙顶面

柱
剪力墙

墙顶面
剪力墙

钢筋连接做法见 16G101—1 第63、64页

$1.2l_{aE}$
150　150
剪力墙

柱
剪力墙

墙顶面

墙顶面

伸入长度$1.2l_{aE}$
弯折长度150
剪力墙

(a) 柱与墙重叠一层　　　　(b) 柱纵筋锚固在墙顶部时柱根构造

剪力墙上QZ纵筋构造

注：1. 除具体工程设计标注有箍筋全高加密的柱外，柱箍筋加密区按本图所示。
　　2. 当柱纵筋采用搭接连接时，搭接区范围内箍筋构造见 16G101—1 第 59 页。
　　3. 为便于施工时确定柱箍筋加密区的高度，可按 16G101—1 第 66 页的图表查用。
　　4. 当柱在某楼层各向均无梁且无板连接时，计算箍筋加密范围采用的 H_n 按该跃层柱的总净高取用。
　　5. 当柱在某楼层单方向无梁且无板连接时，应该两个方向分别计算箍筋加密区范围，并取较大值，无梁方向箍筋加密区范围同注 4。
　　6. 墙上起柱，在墙顶标高以下锚固范围内的柱箍筋按上柱非加密区箍筋要求配置；梁上起柱时，在梁内设置间距不大于 500mm 且至少两道的柱箍筋。
　　7. 墙上起柱（柱纵筋锚固在墙顶部）和梁上起柱时，墙体和梁的平面外方向应设梁，以平衡柱脚在该方向的弯矩；当柱宽度大于梁宽时，梁应设水平加腋。
　　8. 各数据单位为 mm。

KZ、QZ、LZ 箍筋加密区范围　QZ、LZ 纵向钢筋构造（一）						图集号	16G101—1—65
审核	郭仁俊	校对	廖宜香	设计	傅华夏		

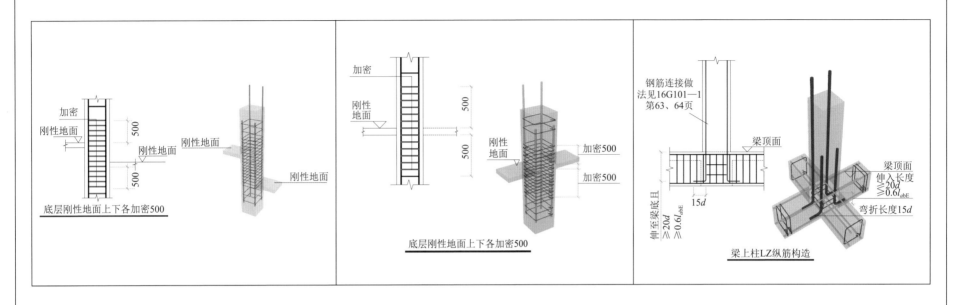

注：1. 除具体工程设计标注有箍筋全高加密的柱外,柱箍筋加密区按本图所示。

2. 当柱纵筋采用搭接连接时，搭接区范围内箍筋构造见 16G101—1 第 59 页。

3. 为便于施工时确定柱箍筋加密区的高度，可按 16G101—1 第 66 页的图表查用。

4. 当柱在某楼层各向均无梁且无板连接时，计算箍筋加密范围采用的 H_n 按该跃层柱的总净高取用。

5. 当柱在某楼层单方向无梁且无板连接时，应该两个方向分别计算箍筋加密范围，并取较大值，无梁方向箍筋加密区范围同注 4。

6. 墙上起柱,在墙顶标高以下锚固范围内的柱箍筋按上柱非加密区箍筋要求配置；梁上起柱时，在梁内设置间距不大于 500mm 且至少两道的柱箍筋。

7. 墙上起柱 (柱纵筋锚固在墙顶部) 和梁上起柱时，墙体和梁的平面外方向应设梁，以平衡柱脚在该方向的弯矩；当柱宽度大于梁宽时，梁应设水平加腋。

8. 各数据单位为 mm。

KZ、QZ、LZ 箍筋加密区范围 QZ、LZ 纵向钢筋构造（二）				图集号	16G101—1—65
审核	郭仁俊	校对	廖宜香	设计	傅华夏

抗震框架柱和小墙肢箍筋加密区高度选用表

柱净高 H_n	柱截面长边尺寸 h_c 或圆柱直径 D																		
	400	450	500	550	600	650	700	750	800	850	900	950	1000	1050	1100	1150	1200	1250	1300
1500																			
1800	500																		
2100	500	500	500																
2400	500	500	500	550															
2700	500	500	500	550	600	650													
3000	500	500	500	550	600	650	700												
3300	550	550	550	550	600	650	700	750	800										
3600	600	600	600	600	600	650	700	750	800	850									
3900	650	650	650	650	650	650	700	750	800	850	900	950							
4200	700	700	700	700	700	700	700	750	800	850	900	950	1000						
4500	750	750	750	750	750	750	750	750	800	850	900	950	1000	1050	1100				
4800	800	800	800	800	800	800	800	800	800	850	900	950	1000	1050	1100	1150			
5100	850	850	850	850	850	850	850	850	850	900	950	1000	1050	1100	1150	1200	1250		
5400	900	900	900	900	900	900	900	900	900	900	900	950	1000	1050	1100	1150	1200	1250	1300
5700	950	950	950	950	950	950	950	950	950	950	950	950	1000	1050	1100	1150	1200	1250	1300
6000	1000	1000	1000	1000	1000	1000	1000	1000	1000	1000	1000	1000	1000	1050	1100	1150	1200	1250	1300
6300	1050	1050	1050	1050	1050	1050	1050	1050	1050	1050	1050	1050	1050	1050	1100	1150	1200	1250	1300
6600	1100	1100	1100	1100	1100	1100	1100	1100	1100	1100	1100	1100	1100	1100	1100	1150	1200	1250	1300
6900	1150	1150	1150	1150	1150	1150	1150	1150	1150	1150	1150	1150	1150	1150	1150	1150	1200	1250	1300
7200	1200	1200	1200	1200	1200	1200	1200	1200	1200	1200	1200	1200	1200	1200	1200	1200	1200	1250	1300

箍筋全高加密

注：1. 表内数值未包括框架嵌固部位往根部箍筋加密区范围。
　　2. 柱净高（包括因嵌砌填充墙等形成的柱净高）与柱截面长边尺寸（圆柱为截面直径）的比值 $H_n/h_c \leq 4$ 时，箍筋沿柱全高加密。
　　3. 小墙肢即墙肢长度不大于墙厚 4 倍的剪力墙。矩形小墙肢的厚度不大于 300mm 时，箍筋全高加密。

抗震框架柱和小墙肢箍筋加密区高度选用表						图集号	16G101—1—66
审核	郭仁俊	校对	廖宜香	设计	傅华夏		

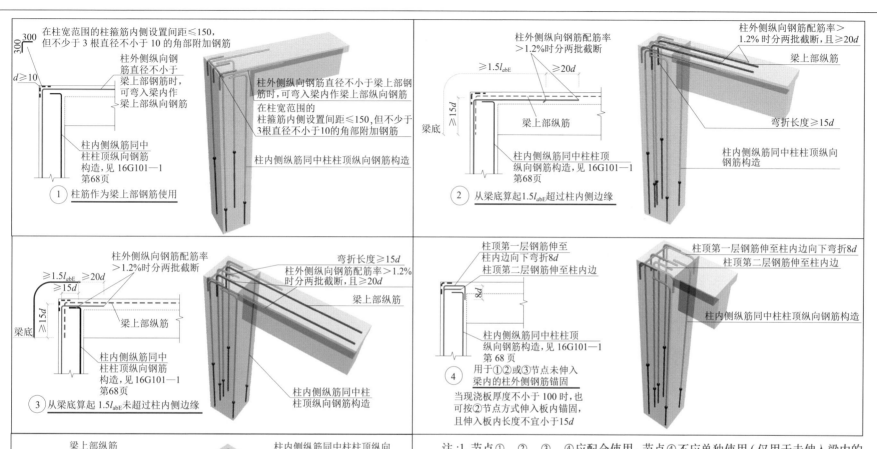

节点①

在柱宽范围的柱箍筋内侧设置间距≤150, 但不少于 3 根直径不小于 10 的角部附加钢筋

300

300

柱外侧纵向钢筋直径不小于梁上部钢筋时,可弯入梁内作梁上部纵向钢筋

d≥10

柱内侧纵筋同中柱柱顶纵向钢筋构造,见 16G101—1 第68页

柱外侧纵向钢筋直径不小于梁上部钢筋时,可弯入梁内作梁上部纵向钢筋

在柱宽范围的柱箍筋内侧设置间距≤150,但不少于 3 根直径不小于10的角部附加钢筋

柱内侧纵筋同中柱柱顶纵向钢筋构造

① 柱筋作为梁上部钢筋使用

柱外侧纵向钢筋配筋率>1.2%时分两批截断

柱外侧纵向钢筋配筋率>1.2% 时分两批截断,且≥20d

梁上部纵筋

≥1.5l_{abE} ≥20d

≥15d

梁底

梁上部纵筋

弯折长度≥15d

柱内侧纵筋同中柱柱顶纵向钢筋构造,见 16G101—1 第68页

柱内侧纵筋同中柱柱顶纵向钢筋构造

② 从梁底算起1.5l_{abE}超过柱内侧边缘

柱外侧纵向钢筋配筋率>1.2%时分两批截断

≥1.5l_{abE} ≥20d

≥15d

≥15d

梁底

梁上部纵筋

弯折长度≥15d

柱外侧纵向钢筋配筋率>1.2%时分两批截断,且≥20d

梁上部纵筋

柱内侧纵筋同中柱柱顶纵向钢筋构造,见 16G101—1 第68页

柱内侧纵筋同中柱柱顶纵向钢筋构造

③ 从梁底算起 1.5l_{abE}未超过柱内侧边缘

柱顶第一层钢筋伸至柱内边向下弯折8d

柱顶第二层钢筋伸至柱内边

8d

柱顶第一层钢筋伸至柱内边向下弯折8d

柱顶第二层钢筋伸至柱内边

柱内侧纵筋同中柱柱顶纵向钢筋构造,见 16G101—1 第68页

柱内侧纵筋同中柱柱顶纵向钢筋构造

④ 用于①②或③节点未伸入梁内的柱外侧钢筋锚固

当现浇板厚度不小于 100 时,也可按②节点方式伸入板内锚固,且伸入板内长度不宜小于15d

梁上部纵筋

≥1.7l_{abE}

≥20d

柱内侧纵筋同中柱柱顶纵向钢筋构造,见16G101—1第68页

梁上部纵向钢筋配筋率>1.2% 时,应分两批截断;当梁上部纵向钢筋为两排时,先断第二排钢筋

柱内侧纵筋同中柱柱顶纵向钢筋构造

直锚伸入长度≥1.7l_{abE}

梁上部纵筋

错开长度≥20d

⑤ 梁、柱纵向钢筋搭接接头沿节点外侧直线布置

柱变截面位置纵向钢筋构造

(楼层以上柱纵筋连接构造见 16G101—1)

注:1. 节点①、②、③、④应配合使用,节点④不应单独使用(仅用于未伸入梁内的柱外侧纵筋锚固),伸入梁内的柱外侧纵筋不宜少于柱外侧全部纵筋面积的65%。可选择②+④或③+④或①+②+④或①+③+④的做法。

2. 节点⑤用于梁、柱纵向钢筋接头沿节点柱顶外侧直线布置的情况,可与节点①组合使用。

3. 各数据单位为 mm。

d≤25 r=6d　　纵向钢筋弯折要求

d>25 r=8d　　用于柱外侧纵筋及梁上部纵筋

KZ 边柱和角柱柱顶纵向钢筋构造					图集号	16G101—1—67
审核	郭仁俊	校对	廖宜香	设计	傅华夏	

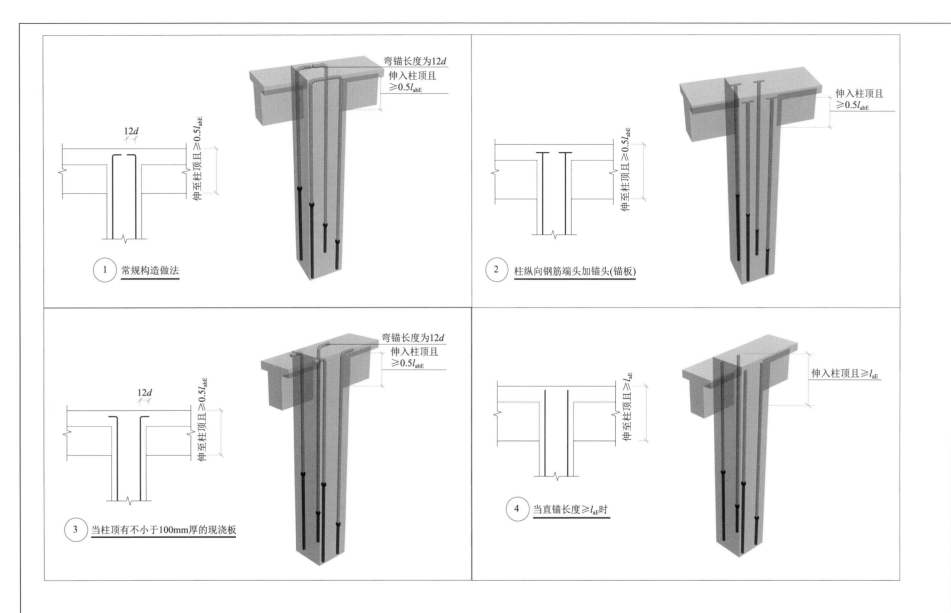

① 常规构造做法

② 柱纵向钢筋端头加锚头(锚板)

③ 当柱顶有不小于100mm厚的现浇板

④ 当直锚长度≥l_{aE}时

（图中标注）
弯锚长度为12d
伸入柱顶且 ≥0.5l_{abE}
12d
伸至柱顶且 ≥0.5l_{abE}
伸入柱顶且 ≥0.5l_{abE}
伸至柱顶且 ≥l_{aE}
伸入柱顶且 ≥l_{aE}

注：中柱柱头纵向钢筋构造分①~④这四种构造做法，施工人员应根据各种做法要求的条件正确选用。

KZ 中柱柱顶纵向钢筋构造						图集号	16G101—1—68
审核	郭仁俊	校对	廖宜香	设计	傅华夏		

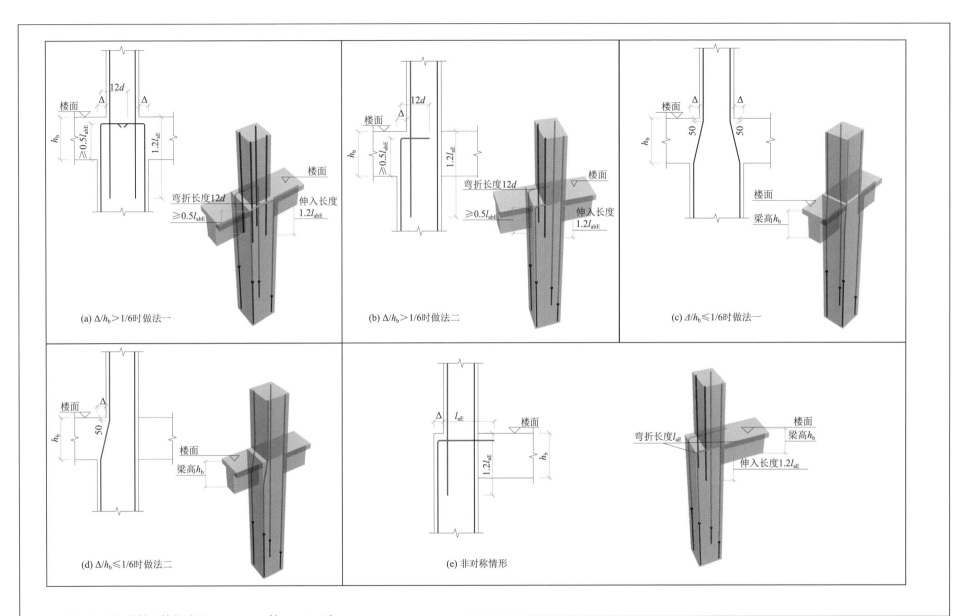

(a) Δ/h_b>1/6时做法一

(b) Δ/h_b>1/6时做法二

(c) Δ/h_b≤1/6时做法一

(d) Δ/h_b≤1/6时做法二

(e) 非对称情形

注：楼层以上柱纵筋连接构造见 16G101—1 第 63、64 页。

KZ 柱变截面位置纵向钢筋构造						图集号	16G101—1—68
审核	郭仁俊	校对	廖宜香	设计	傅华夏		

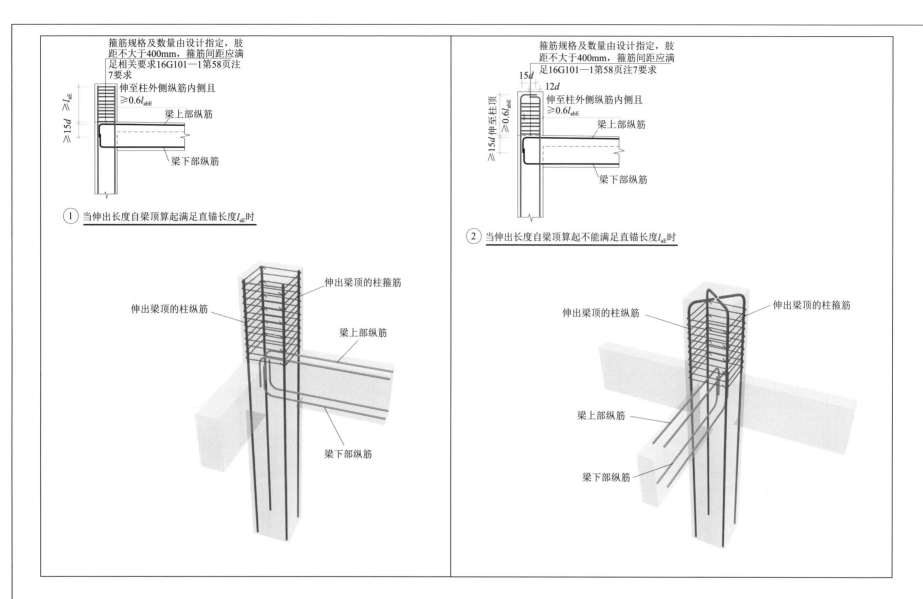

① 当伸出长度自梁顶算起满足直锚长度l_{aE}时

② 当伸出长度自梁顶算起不能满足直锚长度l_{aE}时

注：1. 本页图所示为顶层边柱、角柱伸出屋面时的柱纵筋做法，设计时应根据具
　　　体伸出长度采取相应节点做法。当柱顶伸出屋面的截面发生变化时应另行
　　　设计。
　　2. 图中梁下部纵筋构造见16G101—1第85页。

KZ 边柱、角柱柱顶等截面伸出时纵向钢筋构造						图集号	16G101—1—69
审核	郭仁俊	校对	廖宜香	设计	傅华夏		

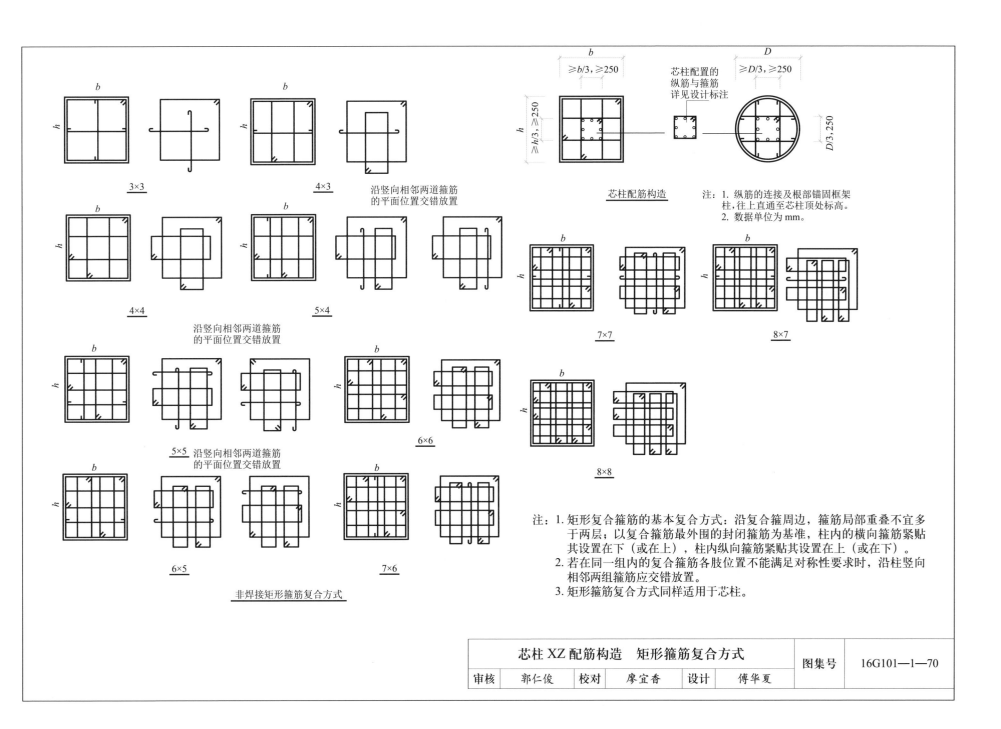

3×3

4×3

沿竖向相邻两道箍筋
的平面位置交错放置

芯柱配筋构造

注：1. 纵筋的连接及根部锚固框架
柱，往上直通至芯柱顶处标高。
2. 数据单位为mm。

4×4

5×4

沿竖向相邻两道箍筋
的平面位置交错放置

7×7

8×7

5×5

沿竖向相邻两道箍筋
的平面位置交错放置

6×6

8×8

6×5

7×6

非焊接矩形箍筋复合方式

注：1. 矩形复合箍筋的基本复合方式：沿复合箍周边，箍筋局部重叠不宜多
于两层；以复合箍筋最外围的封闭箍筋为基准，柱内的横向箍筋紧贴
其设置在下（或在上），柱内纵向箍筋紧贴其设置在上（或在下）。
2. 若在同一组内的复合箍筋各肢位置不能满足对称性要求时，沿柱竖向
相邻两组箍筋应交错放置。
3. 矩形箍筋复合方式同样适用于芯柱。

芯柱配置的
纵筋与箍筋
详见设计标注

芯柱 XZ 配筋构造　矩形箍筋复合方式					图集号	16G101—1—70
审核	郭仁俊	校对	廖宜香	设计	傅华夏	

剪力墙平法标准构造详图及三维示意图

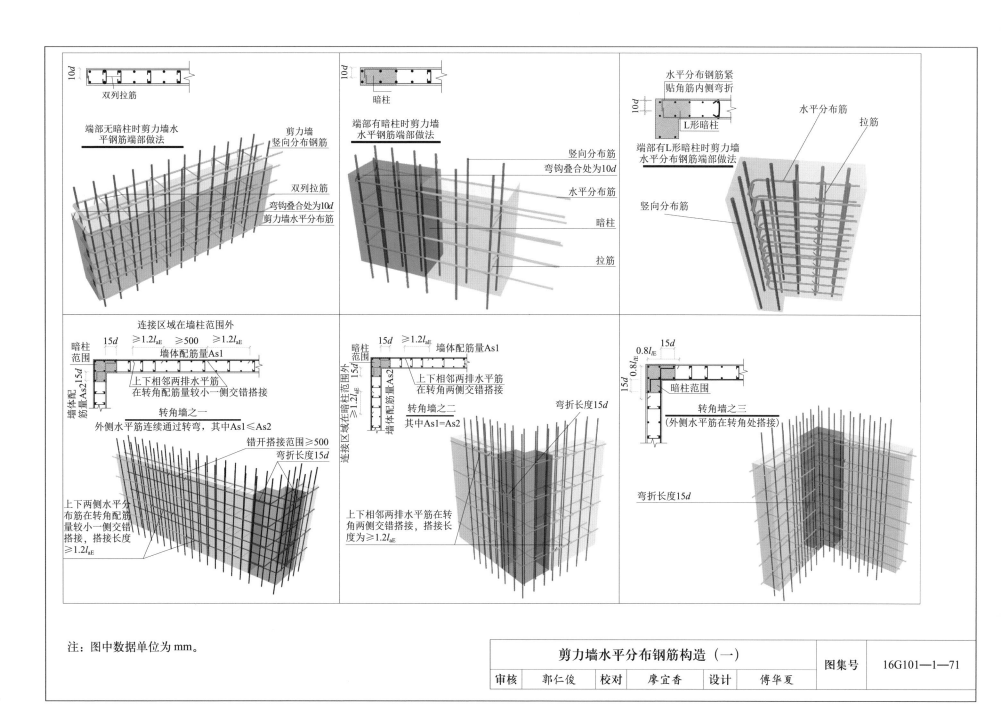

注：图中数据单位为mm。

剪力墙水平分布钢筋构造（一）

审核	郭仁俊	校对	廖宜香	设计	傅华夏

图集号 16G101—1—71

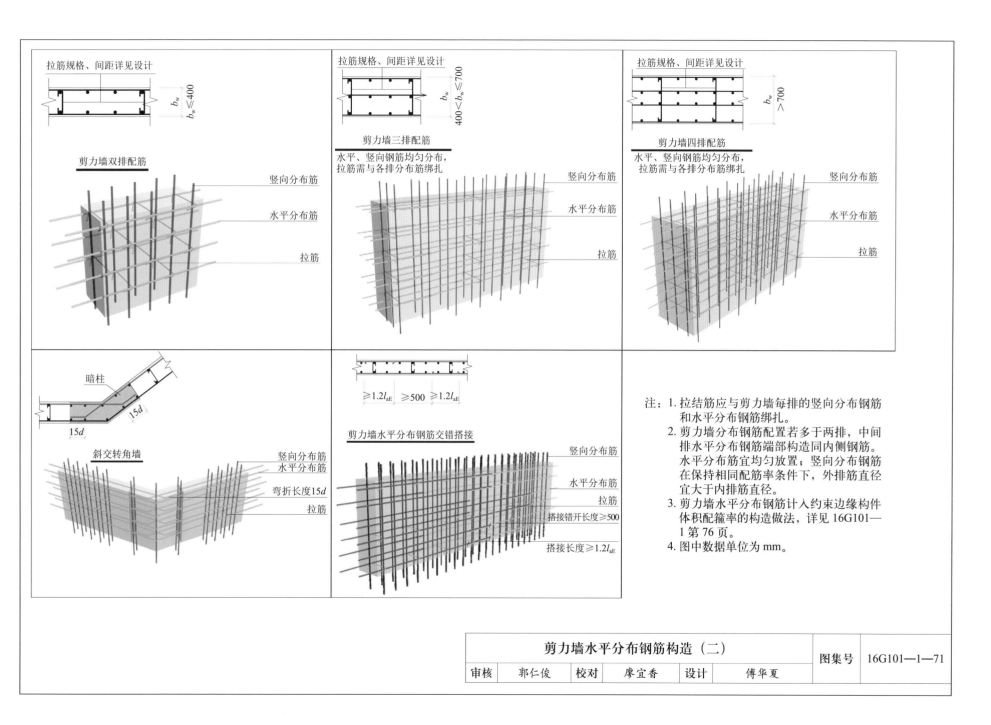

拉筋规格、间距详见设计

剪力墙双排配筋

竖向分布筋
水平分布筋
拉筋

$b_w \leq 400$

拉筋规格、间距详见设计

剪力墙三排配筋
水平、竖向钢筋均匀分布，
拉筋需与各排分布筋绑扎

竖向分布筋
水平分布筋
拉筋

$400 < b_w \leq 700$

拉筋规格、间距详见设计

剪力墙四排配筋
水平、竖向钢筋均匀分布，
拉筋需与各排分布筋绑扎

竖向分布筋
水平分布筋
拉筋

$b_w > 700$

暗柱

15d
15d

斜交转角墙

竖向分布筋
水平分布筋
弯折长度15d
拉筋

$\geq 1.2 l_{aE}$ ≥ 500 $\geq 1.2 l_{aE}$

剪力墙水平分布钢筋交错搭接

竖向分布筋
水平分布筋
拉筋
搭接错开长度≥500
搭接长度≥1.2l_{aE}

注：1. 拉结筋应与剪力墙每排的竖向分布钢筋
和水平分布钢筋绑扎。
2. 剪力墙分布钢筋配置若多于两排，中间
排水平分布钢筋端部构造同内侧钢筋。
水平分布筋宜均匀放置；竖向分布钢筋
在保持相同配筋率条件下，外排筋直径
宜大于内排筋直径。
3. 剪力墙水平分布钢筋计入约束边缘构件
体积配箍率的构造做法，详见16G101—
1第76页。
4. 图中数据单位为mm。

剪力墙水平分布钢筋构造（二）					图集号	16G101—1—71
审核	郭仁俊	校对	廖宜香	设计	傅华夏	

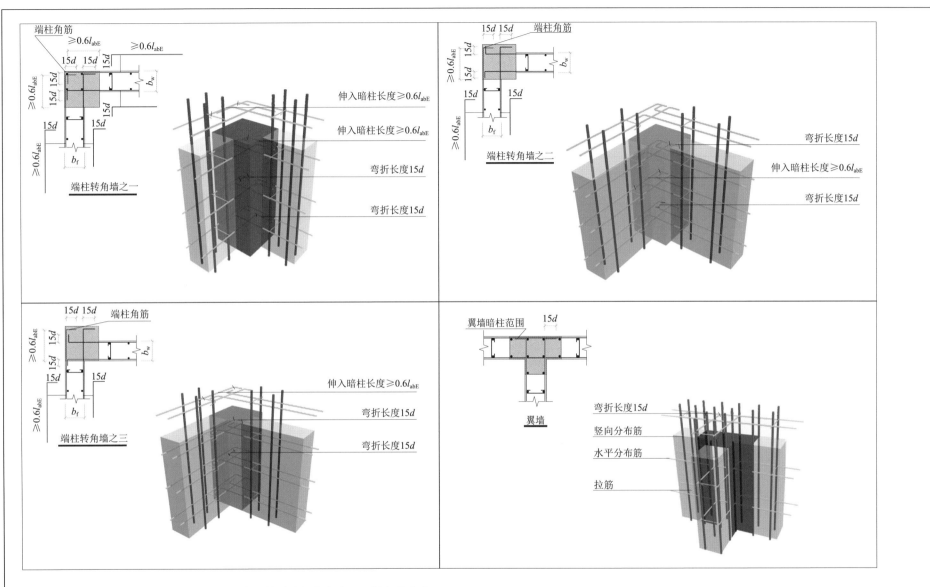

端柱角筋
≥0.6l_{abE}
≥0.6l_{abE}
15d 15d
15d
b_w
≥0.6l_{abE}
15d 15d
15d
15d
15d
≥0.6l_{abE}
b_f

端柱转角墙之一

伸入暗柱长度≥0.6l_{abE}

伸入暗柱长度≥0.6l_{abE}

弯折长度15d

弯折长度15d

15d 15d 端柱角筋
≥0.6l_{abE}
15d
b_w
15d 15d
≥0.6l_{abE}
15d 15d
b_f

端柱转角墙之二

弯折长度15d

伸入暗柱长度≥0.6l_{abE}

弯折长度15d

15d 15d 端柱角筋
≥0.6l_{abE}
15d
b_w
15d
15d
15d
≥0.6l_{abE}
b_f

端柱转角墙之三

伸入暗柱长度≥0.6l_{abE}

弯折长度15d

弯折长度15d

翼墙暗柱范围   15d

翼墙

弯折长度15d

竖向分布筋

水平分布筋

拉筋

注：位于端柱纵向钢筋内侧的墙水平分布钢筋（端柱节点中图示黑色墙体水平分布钢筋）伸入端柱的长度≥l_{aE}，可直锚；其他情况，剪力墙水平分布钢筋应至端柱对边紧贴角筋弯折。

剪力墙水平分布钢筋构造（三）						图集号	16G101—1—72
审核	郭仁俊	校对	廖宜香	设计	傅华夏		

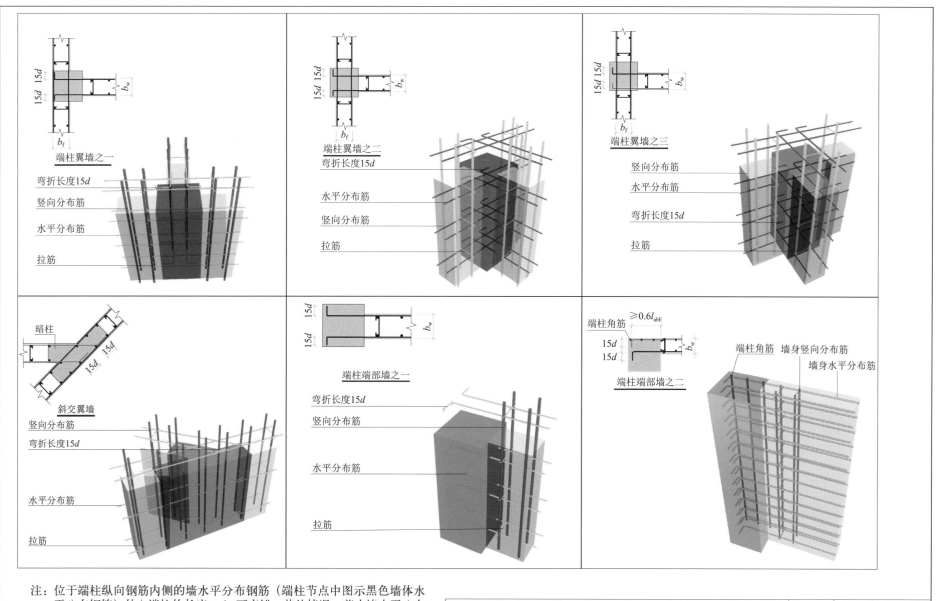

端柱翼墙之一

弯折长度15d
竖向分布筋
水平分布筋
拉筋

端柱翼墙之二
弯折长度15d
水平分布筋
竖向分布筋
拉筋

端柱翼墙之三
竖向分布筋
水平分布筋
弯折长度15d
拉筋

暗柱
斜交翼墙
竖向分布筋
弯折长度15d
水平分布筋
拉筋

端柱端部墙之一
弯折长度15d
竖向分布筋
水平分布筋
拉筋

端柱端部墙之二
端柱角筋
端柱角筋　墙身竖向分布筋
墙身水平分布筋

注：位于端柱纵向钢筋内侧的墙水平分布钢筋（端柱节点中图示黑色墙体水平分布钢筋）伸入端柱的长度 $\geq l_{aE}$ 可直锚；其他情况，剪力墙水平分布钢筋应至端柱对边紧贴角筋弯折。

剪力墙水平分布钢筋构造（四）					图集号	16G101—1—72
审核	郭仁俊	校对	廖宜香	设计	傅华夏	

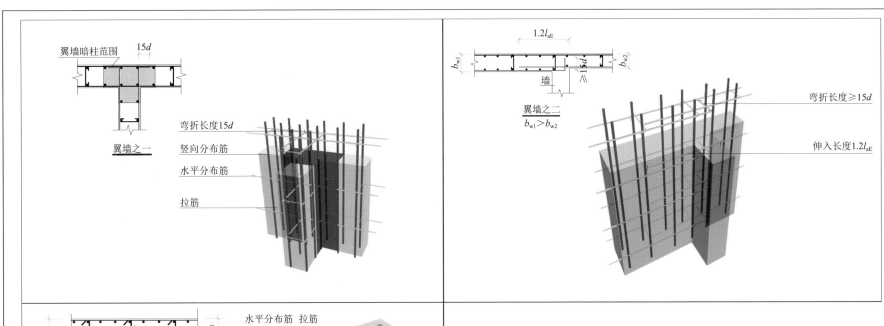

翼墙暗柱范围

15d

弯折长度15d
竖向分布筋
水平分布筋
拉筋

翼墙之一

$1.2l_{aE}$

b_{w1} 墙 $\geqslant 15d$ b_{w2}

翼墙之二
$b_{w1}>b_{w2}$

弯折长度≥15d

伸入长度$1.2l_{aE}$

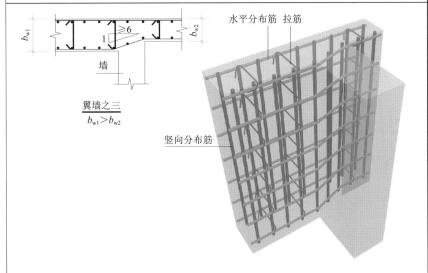

b_{w1} 墙 ≥6 b_{w2}

翼墙之三
$b_{w1}>b_{w2}$

水平分布筋 拉筋

竖向分布筋

注：位于端柱纵向钢筋内侧的墙水平分布钢筋（端柱节点中图示黑色墙体水
平分布钢筋）伸入端柱的长度≥l_{aE}可直锚；其他情况，剪力墙水平分布
钢筋应至端柱对边紧贴角筋弯折。

剪力墙水平分布钢筋构造（五）					图集号	16G101—1—72
审核	郭仁俊	校对	廖宜香	设计	傅华夏	

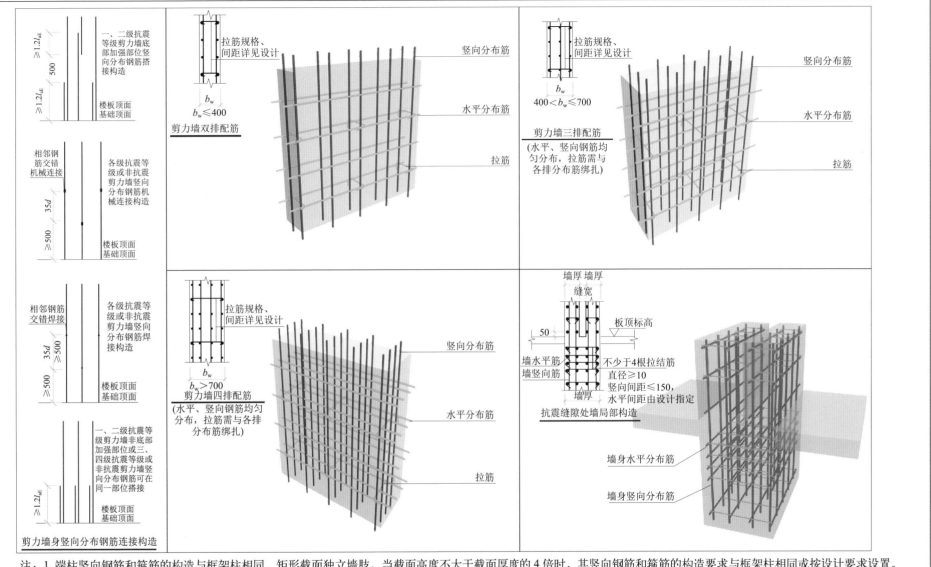

剪力墙双排配筋

$b_w \leqslant 400$

拉筋规格、间距详见设计

剪力墙三排配筋
(水平、竖向钢筋均匀分布，拉筋需与各排分布筋绑扎)

$400 < b_w \leqslant 700$

拉筋规格、间距详见设计

剪力墙四排配筋
(水平、竖向钢筋均匀分布，拉筋需与各排分布筋绑扎)

$b_w > 700$

拉筋规格、间距详见设计

竖向分布筋

水平分布筋

拉筋

一、二级抗震等级剪力墙底部加强部位竖向分布钢筋搭接构造

≥1.2l_{aE}

500

≥1.2l_{aE}

楼板顶面基础顶面

相邻钢筋交错机械连接

各级抗震等级或非抗震剪力墙竖向分布钢筋机械连接构造

35d

≥500

楼板顶面基础顶面

相邻钢筋交错焊接

各级抗震等级或非抗震剪力墙竖向分布钢筋焊接构造

35d

≥500

≥500

楼板顶面基础顶面

一、二级抗震等级剪力墙非底部加强部位或三、四级抗震等级或非抗震剪力墙竖向分布钢筋可在同一部位搭接

≥1.2l_{aE}

楼板顶面基础顶面

剪力墙身竖向分布钢筋连接构造

墙厚 墙厚

缝宽

板顶标高

50

墙水平分布筋
墙竖向分布筋

不少于4根拉结筋直径≥10
竖向间距≤150，水平间距由设计指定

墙厚

抗震缝隙处墙局部构造

墙身水平分布筋

墙身竖向分布筋

注：1. 端柱竖向钢筋和箍筋的构造与框架柱相同。矩形截面独立墙肢，当截面高度不大于截面厚度的4倍时，其竖向钢筋和箍筋的构造要求与框架柱相同或按设计要求设置。
2. 约束边缘构件阴影部分、构造边缘构件、扶壁柱及非边缘暗柱的纵筋搭接长度范围内，箍筋直径应不小于纵向搭接钢筋最大直径的0.25倍，箍筋间距不大于100mm。
3. 剪力墙分布钢筋配置若多于两排，水平分布筋宜均匀放置，竖向分布钢筋在保持相同配筋率条件下，外排筋直径宜大于内排筋直径。
4. 图中数据单位为mm。
5. 剪力墙边缘构件纵向钢筋连接构造见本图集第35页。

剪力墙身竖向钢筋构造（一）

					图集号	16G101—1—73
审核	郭仁俊	校对	廖宜香	设计	傅华夏	

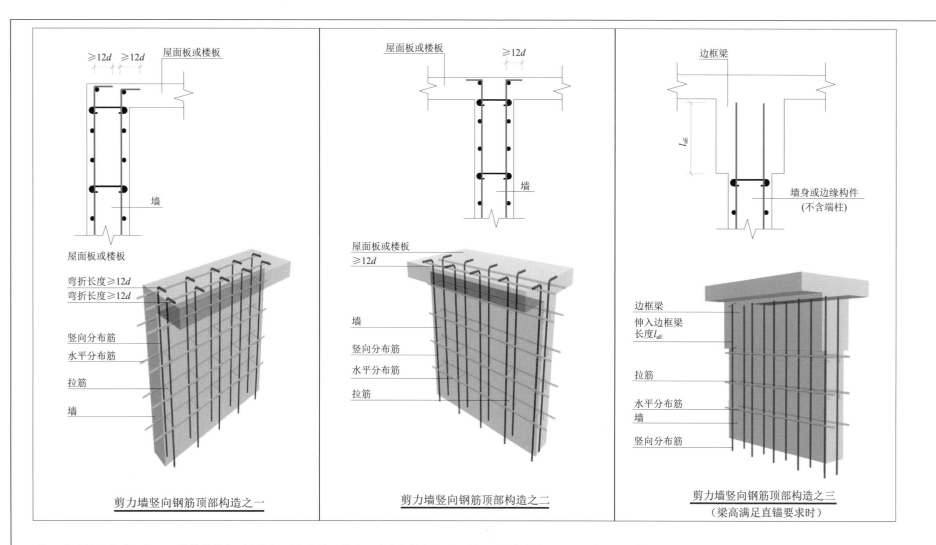

剪力墙竖向钢筋顶部构造之一

剪力墙竖向钢筋顶部构造之二

剪力墙竖向钢筋顶部构造之三
（梁高满足直锚要求时）

注：剪力墙层高范围最下一排拉结筋位于底部板顶以上第二排水平分布钢筋位置处，最上一排拉结筋位于层顶部板底（梁底）以下第一排水平分布钢筋位置处。

剪力墙身竖向钢筋构造（二）						图集号	16G101—1—74
审核	郭仁俊	校对	廖宜香	设计	傅华夏		

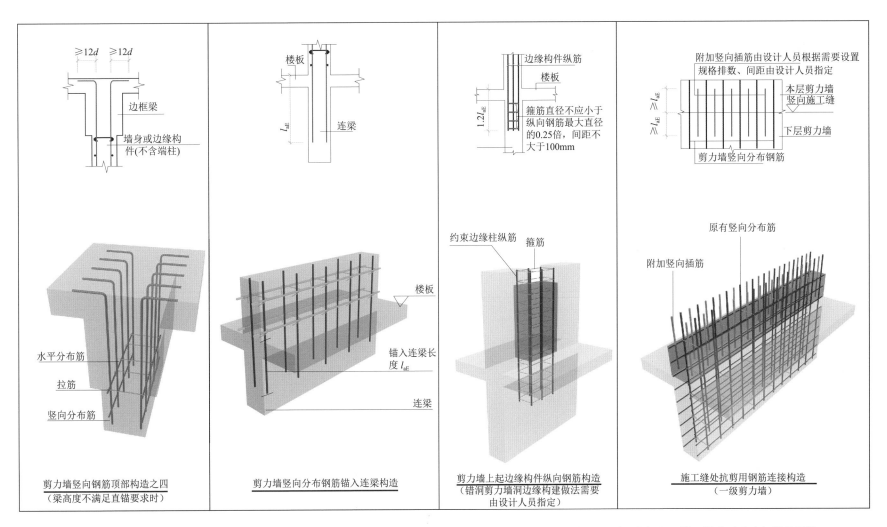

≥12d ≥12d

边框梁

墙身或边缘构件(不含端柱)

水平分布筋

拉筋

竖向分布筋

剪力墙竖向钢筋顶部构造之四
（梁高度不满足直锚要求时）

楼板

连梁

l_{aE}

楼板

锚入连梁长度 l_{aE}

连梁

剪力墙竖向分布钢筋锚入连梁构造

边缘构件纵筋

楼板

1.2l_{aE}

箍筋直径不应小于纵向钢筋最大直径的0.25倍，间距不大于100mm

约束边缘柱纵筋

箍筋

剪力墙上起边缘构件纵向钢筋构造
（错洞剪力墙洞边缘构建做法需要由设计人员指定）

附加竖向插筋由设计人员根据需要设置

规格排数、间距由设计人员指定

本层剪力墙竖向施工缝

下层剪力墙

剪力墙竖向分布钢筋

≥l_{aE} ≥l_{aE}

原有竖向分布筋

附加竖向插筋

施工缝处抗剪用钢筋连接构造
（一级剪力墙）

注：剪力墙层高范围最下一排拉结筋位于底部板顶以上第二排水平分布钢筋位置处，最上一排拉结筋位于层顶部板底（梁底）以下第一排水平分布钢筋位置处。

剪力墙身竖向钢筋构造（三）					图集号	16G101—1—74
审核	郭仁俊	校对	廖宜香	设计	傅华夏	

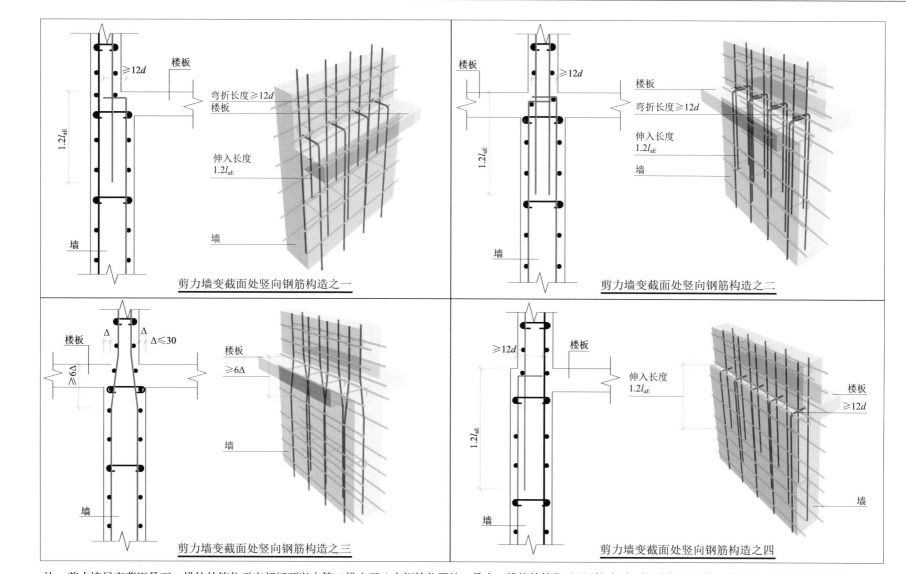

剪力墙变截面处竖向钢筋构造之一

剪力墙变截面处竖向钢筋构造之二

剪力墙变截面处竖向钢筋构造之三

剪力墙变截面处竖向钢筋构造之四

注：剪力墙层高范围最下一排拉结筋位于底部板顶以上第二排水平分布钢筋位置处，最上一排拉结筋位于层顶部板底（梁底）以下第一排水平分布钢筋位置处。

剪力墙身竖向钢筋构造（四）						图集号	16G101—1—74
审核	郭仁俊	校对	廖宜香	设计	傅华夏		

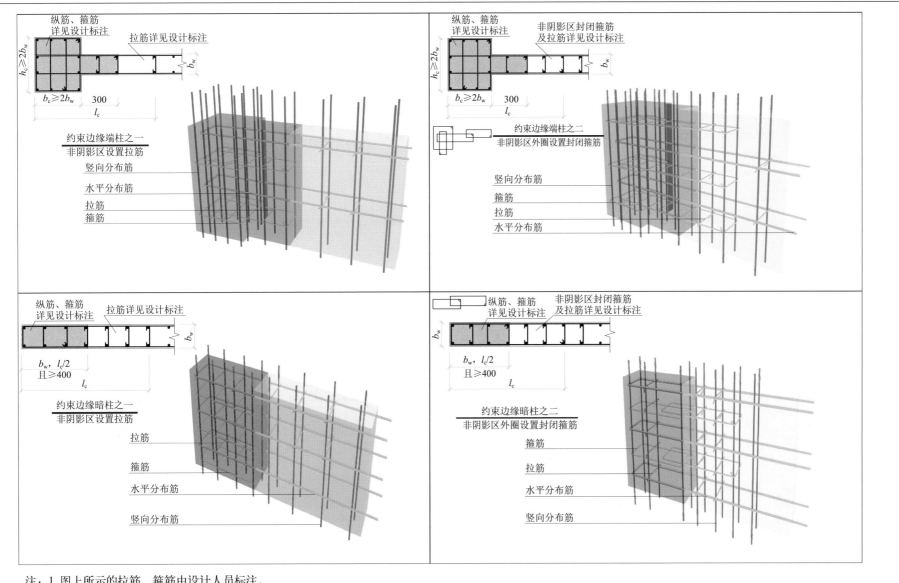

约束边缘端柱之一
非阴影区设置拉筋

纵筋、箍筋
详见设计标注
拉筋详见设计标注

$h_c \geqslant 2b_w$
$b_c \geqslant 2b_w$
300
l_c
b_w

竖向分布筋
水平分布筋
拉筋
箍筋

约束边缘端柱之二
非阴影区外圈设置封闭箍筋

纵筋、箍筋
详见设计标注
非阴影区封闭箍筋
及拉筋详见设计标注

$h_c \geqslant 2b_w$
$b_c \geqslant 2b_w$
300
l_c
b_w

竖向分布筋
箍筋
拉筋
水平分布筋

约束边缘暗柱之一
非阴影区设置拉筋

纵筋、箍筋
详见设计标注
拉筋详见设计标注

b_w、$l_c/2$
且$\geqslant 400$
l_c
b_w

拉筋
箍筋
水平分布筋
竖向分布筋

约束边缘暗柱之二
非阴影区外圈设置封闭箍筋

纵筋、箍筋
详见设计标注
非阴影区封闭箍筋
及拉筋详见设计标注

b_w、$l_c/2$
且$\geqslant 400$
l_c
b_w

箍筋
拉筋
水平分布筋
竖向分布筋

注：1. 图上所示的拉筋、箍筋由设计人员标注。
2. 几何尺寸 l_c 见具体工程设计，非阴影区箍筋、拉筋竖向间距同阴影区。
3. 当约束边缘构件内箍筋、拉筋位置（标高）与墙体水平分布筋相同时，
   可采用详图一或二；不同时应采用详图二（即标为"…之二"的图）。
4. 图中数据单位为 mm。

约束边缘构件 YBZ 钢筋构造（一）

图集号	16G101—1—75
审核	郭仁俊	校对	廖宜香	设计	傅华夏

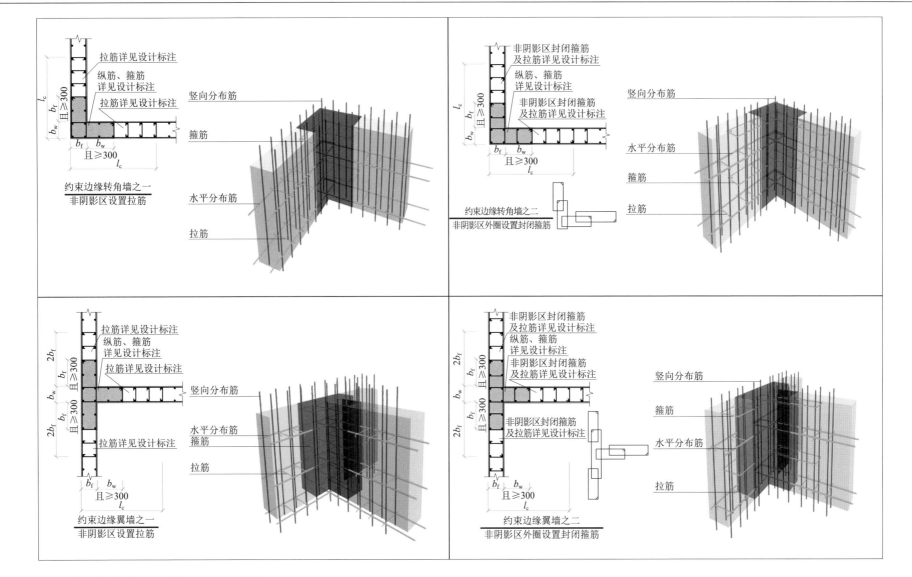

約束邊緣轉角牆之一
非陰影區設置拉筋

約束邊緣轉角牆之二
非陰影區外圈設置封閉箍筋

約束邊緣翼牆之一
非陰影區設置拉筋

約束邊緣翼牆之二
非陰影區外圈設置封閉箍筋

注：1. 圖上所示的拉筋、箍筋由設計人員標注。
　　2. 幾何尺寸 l_c 見具體工程設計，非陰影區箍筋、拉筋豎向間距同陰影區。
　　3. 當約束邊緣構件內箍筋、拉筋位置（標高）與牆體水平分布筋相同時，
　　　可採用詳圖一或詳圖二；不同時應採用詳圖二（即標為"……之二"的圖）。
　　4. 圖中數據單位為 mm。

约束边缘构件 YBZ 钢筋构造（二）						图集号	16G101-1—75
审核	郭仁俊	校对	廖宜香	设计	傅华夏		

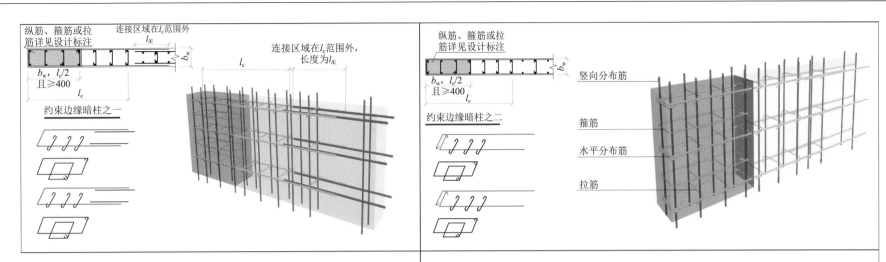

纵筋、箍筋或拉筋详见设计标注

连接区域在 l_c 范围外

连接区域在 l_c 范围外，长度为 l_{lE}

b_w, $l_c/2$ 且≥400

约束边缘暗柱之一

纵筋、箍筋或拉筋详见设计标注

b_w, $l_c/2$ 且≥400

约束边缘暗柱之二

竖向分布筋

箍筋

水平分布筋

拉筋

注：
1. 计入的墙水平分布钢筋的体积配箍率，不应大于总体积配箍率的30%。
2. 约束边缘端柱水平分布钢筋的构造做法，参照约束边缘暗柱。
3. 详图一中墙体水平分布筋宜在 l_c 范围外错开搭接，连接做法详见16G101—1第71页。
4. 本页构造做法应由设计指定后使用。
5. 图中数据单位为mm。

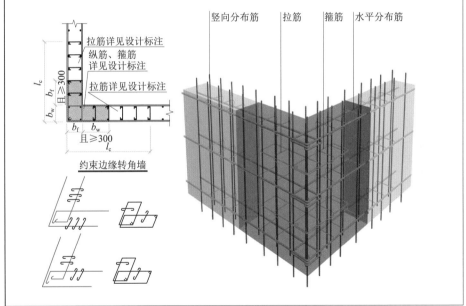

竖向分布筋　拉筋　箍筋　水平分布筋

拉筋详见设计标注
纵筋、箍筋详见设计标注
拉筋详见设计标注

b_w 且≥300　b_f 且≥300
l_c

约束边缘转角墙

剪力墙水平分布钢筋计入约束边缘构件 体积配筋率的构造做法（一）	图集号	16G101—1—76

审核	郭仁俊	校对	廖宜香	设计	傅华夏

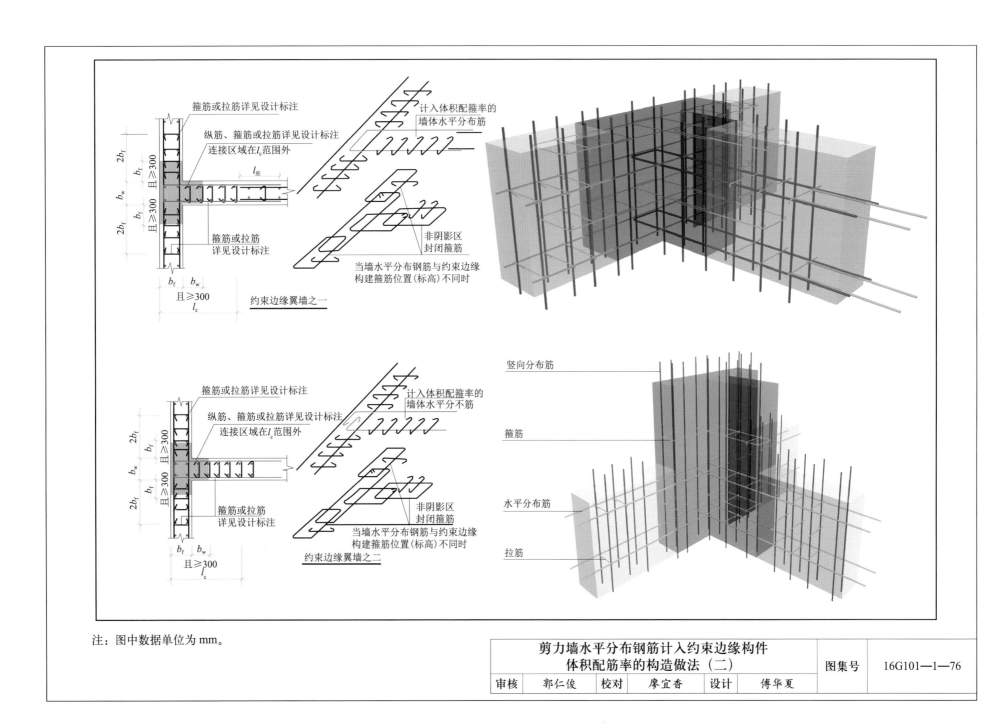

约束边缘翼墙之一

约束边缘翼墙之二

箍筋或拉筋详见设计标注

纵筋、箍筋或拉筋详见设计标注

连接区域在l_c范围外

箍筋或拉筋详见设计标注

计入体积配箍率的墙体水平分布筋

非阴影区封闭箍筋

当墙水平分布钢筋与约束边缘构建箍筋位置(标高)不同时

计入体积配箍率的墙体水平分不筋

竖向分布筋

箍筋

水平分布筋

拉筋

注：图中数据单位为mm。

剪力墙水平分布钢筋计入约束边缘构件 体积配筋率的构造做法（二）						图集号	16G101-1—76
审核	郭仁俊	校对	廖宜香	设计	傅华夏		

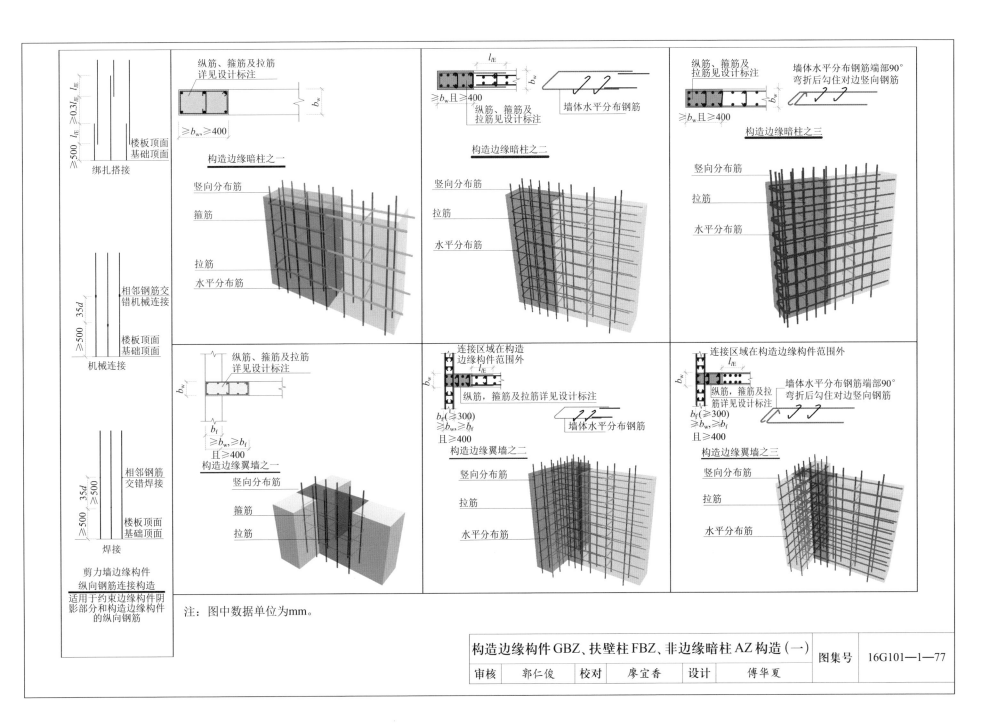

构造边缘暗柱之一

构造边缘暗柱之二

构造边缘暗柱之三

构造边缘翼墙之一

构造边缘翼墙之二

构造边缘翼墙之三

墙体水平分布钢筋

墙体水平分布钢筋端部90°弯折后勾住对边竖向钢筋

纵筋、箍筋及拉筋详见设计标注

纵筋、箍筋及拉筋见设计标注

纵筋、箍筋及拉筋见设计标注

连接区域在构造边缘构件范围外

纵筋，箍筋及拉筋详见设计标注

连接区域在构造边缘构件范围外

纵筋、箍筋及拉筋详见设计标注

竖向分布筋　箍筋　拉筋　水平分布筋

楼板顶面基础顶面

绑扎搭接

相邻钢筋交错机械连接

机械连接

相邻钢筋交错焊接

焊接

剪力墙边缘构件纵向钢筋连接构造

适用于约束边缘构件阴影部分和构造边缘构件的纵向钢筋

注：图中数据单位为mm。

| 构造边缘构件GBZ、扶壁柱FBZ、非边缘暗柱AZ构造（一） | 图集号 | 16G101-1-77 |
| 审核　郭仁俊　校对　廖宜香　设计　傅华夏 | | |

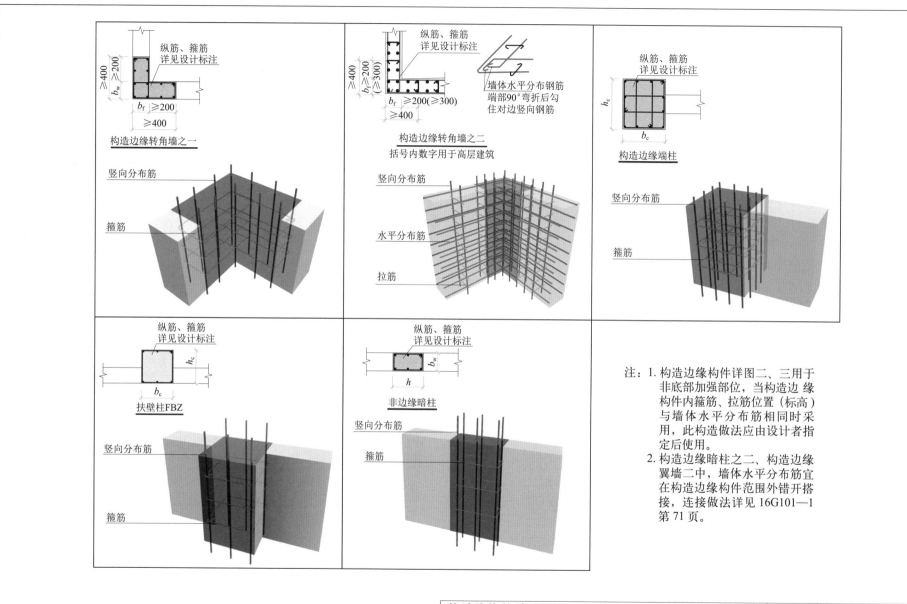

纵筋、箍筋
详见设计标注

≥ 400　≥ 200　b_w

$b_f \geq 200$

≥ 400

构造边缘转角墙之一

竖向分布筋

箍筋

纵筋、箍筋
详见设计标注

≥ 400　$b_f \geq 200 (\geq 300)$

$b_f \geq 200 (\geq 300)$

≥ 400

墙体水平分布钢筋
端部90°弯折后勾
住对边竖向钢筋

构造边缘转角墙之二
括号内数字用于高层建筑

竖向分布筋

水平分布筋

拉筋

纵筋、箍筋
详见设计标注

h_c

b_c

构造边缘端柱

竖向分布筋

箍筋

纵筋、箍筋
详见设计标注

h_c

b_c

扶壁柱FBZ

竖向分布筋

箍筋

纵筋、箍筋
详见设计标注

b_w

h

非边缘暗柱

竖向分布筋

箍筋

注：1. 构造边缘构件详图二、三用于
　　　非底部加强部位，当构造边 缘
　　　构件内箍筋、拉筋位置（标高）
　　　与墙体水平分布筋相同时采
　　　用，此构造做法应由设计者指
　　　定后使用。
　　2. 构造边缘暗柱之二、构造边缘
　　　翼墙二中，墙体水平分布筋宜
　　　在构造边缘构件范围外错开搭
　　　接，连接做法详见16G101—1
　　　第71页。

构造边缘构件 GBZ、扶壁柱 FBZ、非边缘暗柱 AZ 构造（二）						图集号	16G101—1—77
审核	郭仁俊	校对	廖宜香	设计	傅华夏		

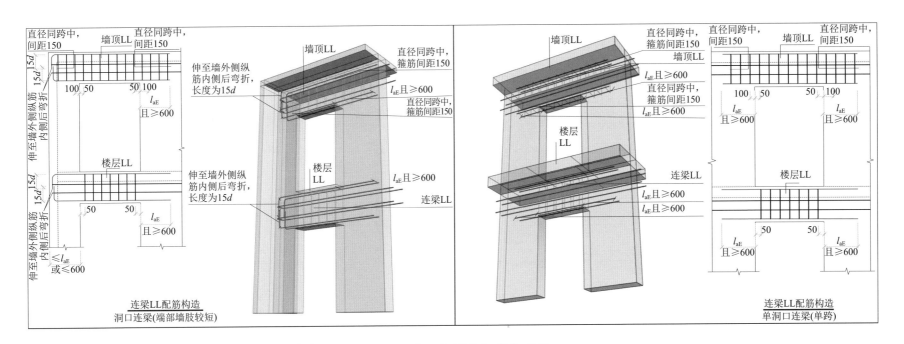

连梁LL配筋构造
洞口连梁(端部墙肢较短)

连梁LL配筋构造
单洞口连梁(单跨)

注：1. 当端部洞口连梁的纵向钢筋在端支座的直锚长度 ≥ l_{aE} 且 ≥ 600mm 时，可不必往上（下）弯折。
2. 洞口范围内的连梁箍筋详见具体工程设计。
3. 连梁设有交叉斜筋、对角暗撑及集中对角斜筋的做法见 16G101—1 第 81 页。
4. 连梁、暗梁及边框梁拉筋直径：当梁宽 ≤ 350mm 时为 6mm，梁宽 > 350mm 时为 8mm；拉筋间距
   为 2 倍箍筋间距，竖向沿侧面水平筋隔一拉一。
5. 剪力墙的竖向钢筋连续贯穿边框梁和暗梁。
6. 图中数据单位为 mm。

连梁 LL 配筋构造（一）					图集号	16G101—1—78
审核	郭仁俊	校对	廖宜香	设计	傅华夏	

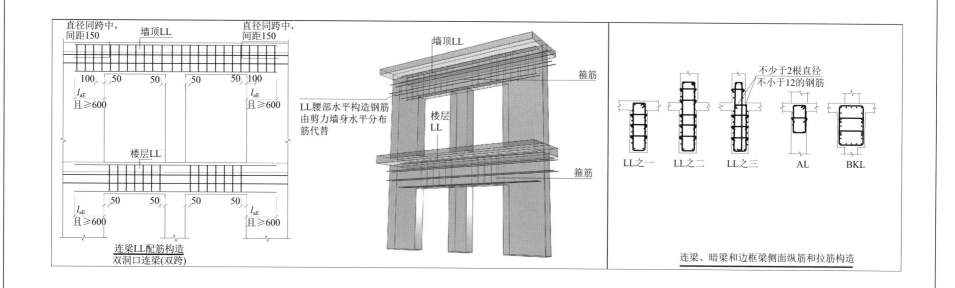

连梁LL配筋构造
双洞口连梁(双跨)

连梁、暗梁和边框梁侧面纵筋和拉筋构造

注：1. 当端部洞口连梁的纵向钢筋在端支座的直锚长度 $\geq l_{aE}$ 且 $\geq 600mm$ 时，可不必往上（下）弯折。
2. 洞口范围内的连梁箍筋详见具体工程设计。
3. 连梁设有交叉斜筋、对角暗撑及集中对角斜筋的做法见 16G101—1 第 81 页。
4. 连梁、暗梁及边框梁拉筋直径：当梁宽 $\leq 350mm$ 时为 6mm，梁宽 $> 350mm$ 时为 8mm；拉筋间距为 2 倍箍筋间距，竖向沿侧面水平筋隔一拉一。
5. 剪力墙的竖向钢筋连续贯穿边框梁和暗梁。
6. 图中数据单位为 mm。

连梁 LL 配筋构造（二）	图集号	16G101—1—78
审核 郭仁俊　校对 廖宜香　设计 傅华夏		

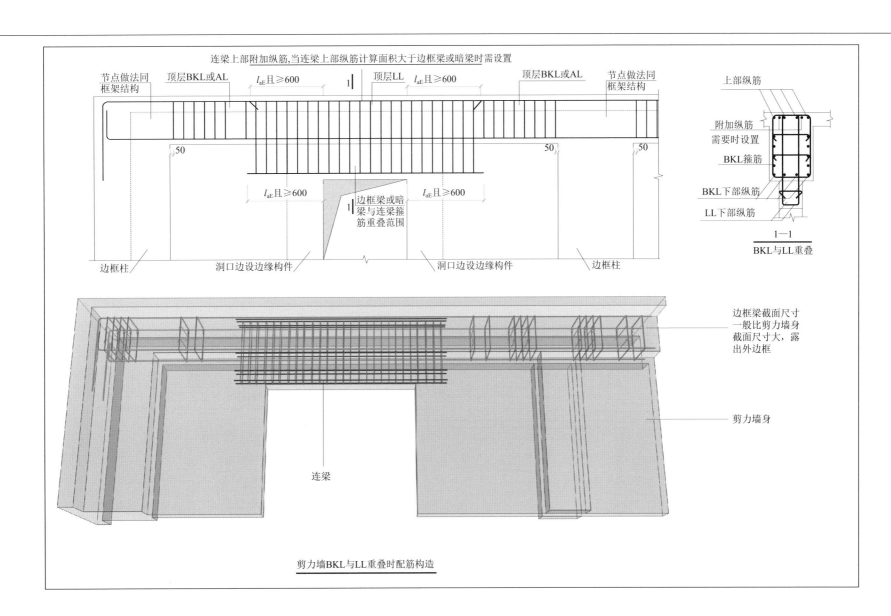

连梁上部附加纵筋,当连梁上部纵筋计算面积大于边框梁或暗梁时需设置

节点做法同框架结构　顶层BKL或AL　l_{aE}且≥600　1　顶层LL　l_{aE}且≥600　顶层BKL或AL　节点做法同框架结构

上部纵筋

附加纵筋需要时设置

BKL箍筋

50　50　50

l_{aE}且≥600　边框梁或暗梁与连梁箍筋重叠范围　1　l_{aE}且≥600

BKL下部纵筋

LL下部纵筋

1—1
BKL与LL重叠

边框柱　洞口边设边缘构件　洞口边设边缘构件　边框柱

边框梁截面尺寸一般比剪力墙身截面尺寸大,露出外边框

剪力墙身

连梁

剪力墙BKL与LL重叠时配筋构造

注：1. AL 、 LL 、 BKL 侧面纵向钢筋构造详见 16G101—1 第 78 页。
　　2. 图中数据单位为 mm。

剪力墙 BKL 或 AL 与 LL 重叠时配筋构造（一）					图集号	16G101—1—79
审核	郭仁俊	校对	廖宜香	设计	傅华夏	

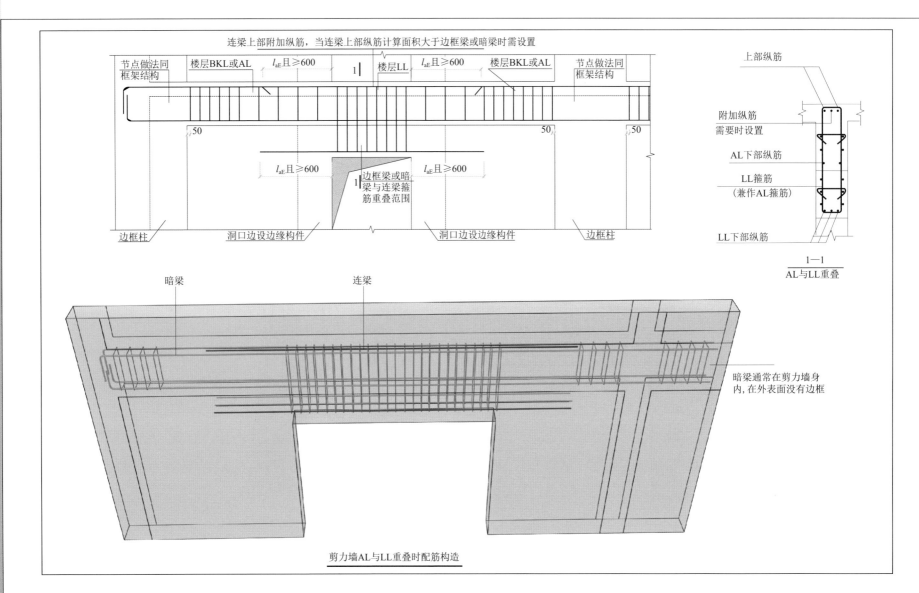

连梁上部附加纵筋，当连梁上部纵筋计算面积大于边框梁或暗梁时需设置

节点做法同框架结构 | 楼层BKL或AL | l_{aE}且≥600 | 1 | 楼层LL | l_{aE}且≥600 | 楼层BKL或AL | 节点做法同框架结构

50　　50　　50

l_{aE}且≥600　　l_{aE}且≥600

边框梁或暗梁与连梁箍筋重叠范围

边框柱　　洞口边设边缘构件　　洞口边设边缘构件　　边框柱

上部纵筋

附加纵筋需要时设置

AL下部纵筋

LL箍筋（兼作AL箍筋）

LL下部纵筋

1—1
AL与LL重叠

暗梁　　连梁

暗梁通常在剪力墙身内，在外表面没有边框

剪力墙AL与LL重叠时配筋构造

注：1. AL、LL、BKL侧面纵向钢箱构造详见16G101—1第78页。
　　2. 图中数据单位为mm。

剪力墙 BKL 或 AL 与 LL 重叠时配筋构造（二）					图集号	16G101—1—79
审核	郭仁俊	校对	廖宜香	设计	傅华夏	

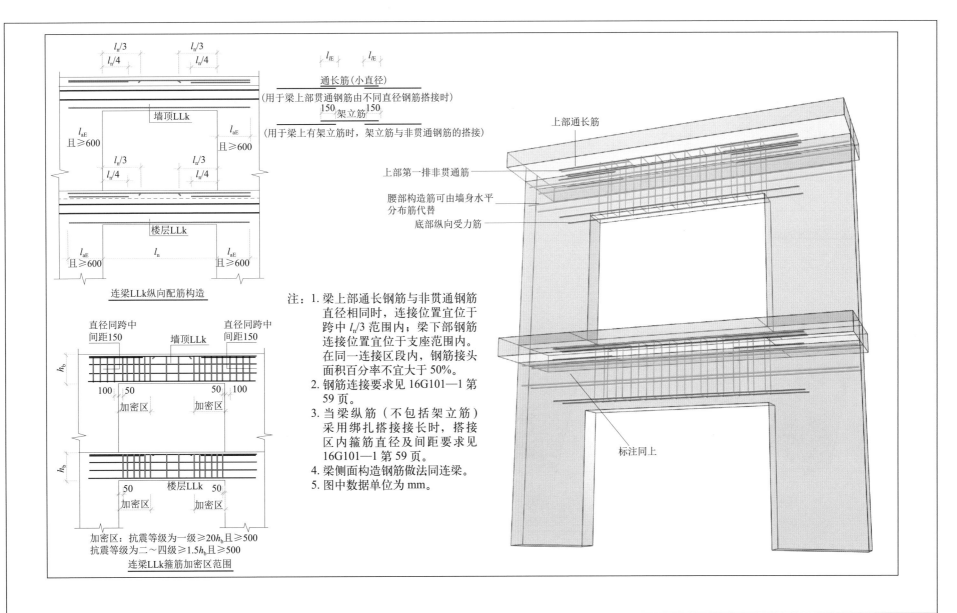

连梁LLk纵向配筋构造

通长筋(小直径)
(用于梁上部贯通钢筋由不同直径钢筋搭接时)

150 架立筋 150
(用于梁上有架立筋时,架立筋与非贯通钢筋的搭接)

墙顶LLk

楼层LLk

直径同跨中间距150   墙顶LLk   直径同跨中间距150

加密区   加密区

楼层LLk

加密区   加密区

加密区:抗震等级为一级≥20h_b且≥500
抗震等级为二~四级≥1.5h_b且≥500

连梁LLk箍筋加密区范围

注:1. 梁上部通长钢筋与非贯通钢筋直径相同时,连接位置宜位于跨中 $l_n/3$ 范围内;梁下部钢筋连接位置宜位于支座范围内。在同一连接区段内,钢筋接头面积百分率不宜大于50%。
2. 钢筋连接要求见16G101—1第59页。
3. 当梁纵筋(不包括架立筋)采用绑扎搭接接长时,搭接区内箍筋直径及间距要求见16G101—1第59页。
4. 梁侧面构造钢筋做法同连梁。
5. 图中数据单位为mm。

上部通长筋

上部第一排非贯通筋

腰部构造筋可由墙身水平分布筋代替

底部纵向受力筋

标注同上

剪力墙连梁 LLK 纵向钢筋、箍筋加密区构造						图集号	16G101—1—80
审核	郭仁俊	校对	廖宜香	设计	傅华夏		

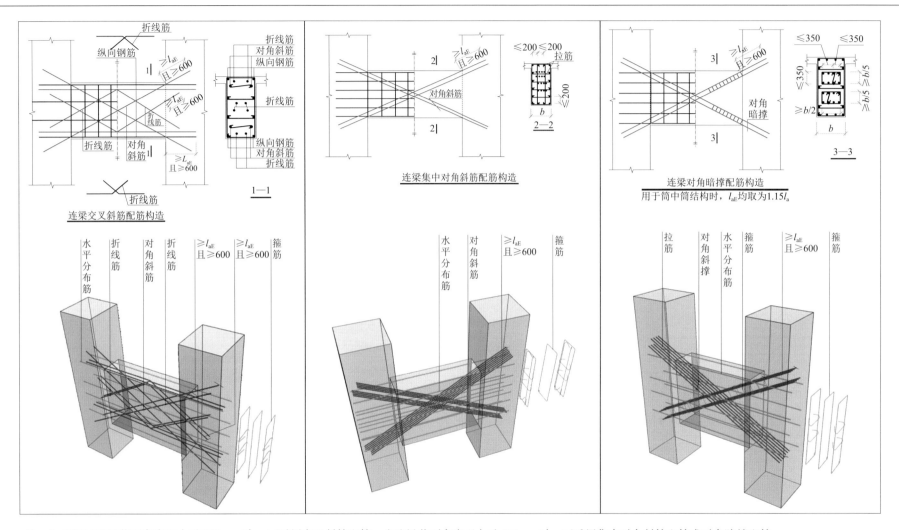

连梁交叉斜筋配筋构造

连梁集中对角斜筋配筋构造

连梁对角暗撑配筋构造
用于筒中筒结构时，l_{aE}均取为$1.15l_a$

注：1. 当洞口连梁截面宽度不小于250mm时，可采用交叉斜筋配筋；当连梁截面宽度不小于400mm时，可采用集中对角斜筋配筋或对角暗撑配筋。
2. 交叉斜筋配筋连梁的对角斜筋在梁端部位应设置拉筋，具体值见设计标注。
3. 集中对角斜筋配筋连梁应在梁截面内沿水平方向及竖直方向设置双向拉筋，拉筋应勾住外侧纵向钢筋，间距不应大于200mm，直径不应小于8mm。
4. 对角暗撑配筋连梁中暗撑箍筋的外缘沿梁截面宽度方向不宜小于梁宽的一半，另一方向不宜小于梁宽的1/5；对角暗撑约束箍筋肢距不应大于350mm。
5. 交叉斜筋配筋连梁、对角暗撑配筋连梁的水平钢筋及箍筋形成的钢筋网之间应采用拉筋拉结，拉筋直径不宜小于6mm，间距不宜大于400mm。
6. 图中数据单位为mm。

连梁交叉斜筋 LL（JX）、连梁集中对角斜筋 LL（DX）、连梁对角暗撑 LL（JC）配筋构造					图集号	16G101—1—81
审核	郭仁俊	校对	廖宜香	设计	傅华夏	

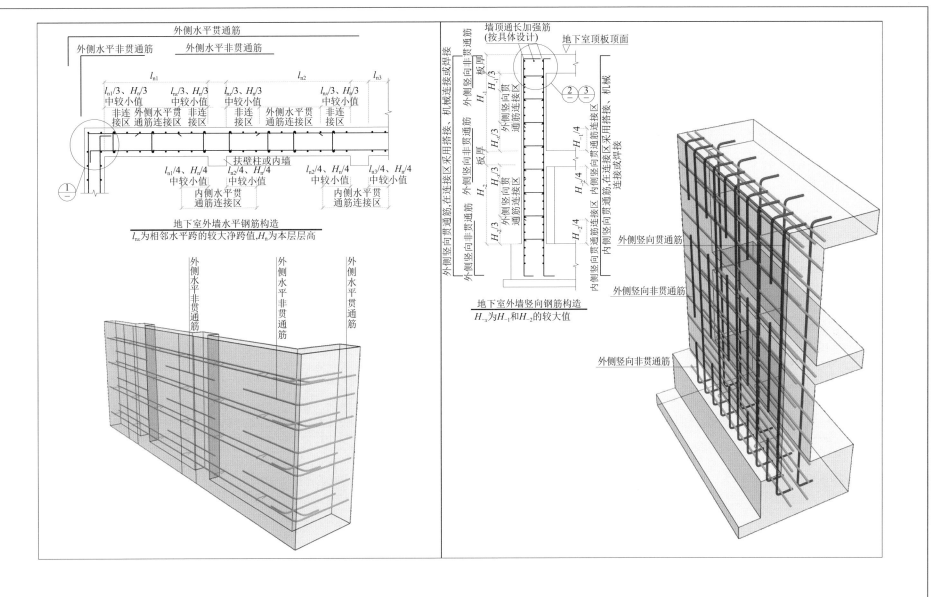

外侧水平贯通筋

外侧水平非贯通筋　外侧水平非贯通筋

l_{n1}　　　　　　　l_{n2}　　l_{n3}

$l_{n1}/3$、$H_n/3$　　$l_{nx}/3$、$H_n/3$　　$l_{nx}/3$、$H_n/3$　　$l_{nx}/3$、$H_n/3$
中较小值　　　中较小值　　　中较小值　　　中较小值
非连接区　外侧水平贯　非连接区　外侧水平贯　非连接区
接区　通筋连接区　接区　通筋连接区　接区

扶壁柱或内墙

$l_{n1}/4$、$H_n/4$　　$l_{n2}/4$、$H_n/4$　　$l_{n2}/4$、$H_n/4$　　$l_{n3}/4$、$H_n/4$
中较小值　　　中较小值　　　中较小值　　　中较小值
内侧水平贯　　　　内侧水平贯
通筋连接区　　　　通筋连接区

地下室外墙水平钢筋构造
l_{nx}为相邻水平跨的较大净跨值，H_n为本层层高

外侧水平非贯通筋
外侧水平非贯通筋
外侧水平贯通筋

墙顶通长加强筋
(按具体设计)　　地下室顶板顶面
外侧竖向非贯通筋
板厚

机械连接或焊接　外侧竖向非贯通筋
外侧竖向贯通筋，在连接区采用搭接、机械连接或焊接

外侧竖向贯通筋，在连接区采用搭接、机械连接或焊接
外侧竖向贯通筋
外侧竖向非贯通筋
内侧竖向贯通筋，在连接区采用搭接、机械连接或焊接
外侧竖向贯通筋
外侧竖向非贯通筋

地下室外墙竖向钢筋构造
H_{nx}为H_{n1}和H_{n2}的较大值

外侧水平非贯通筋
外侧水平非贯通筋
外侧水平贯通筋

地下室外墙 DWQ 钢筋构造（一）						图集号	16G101—1—82
审核	郭仁俊	校对	廖宜香	设计	傅华夏		

— 43 —

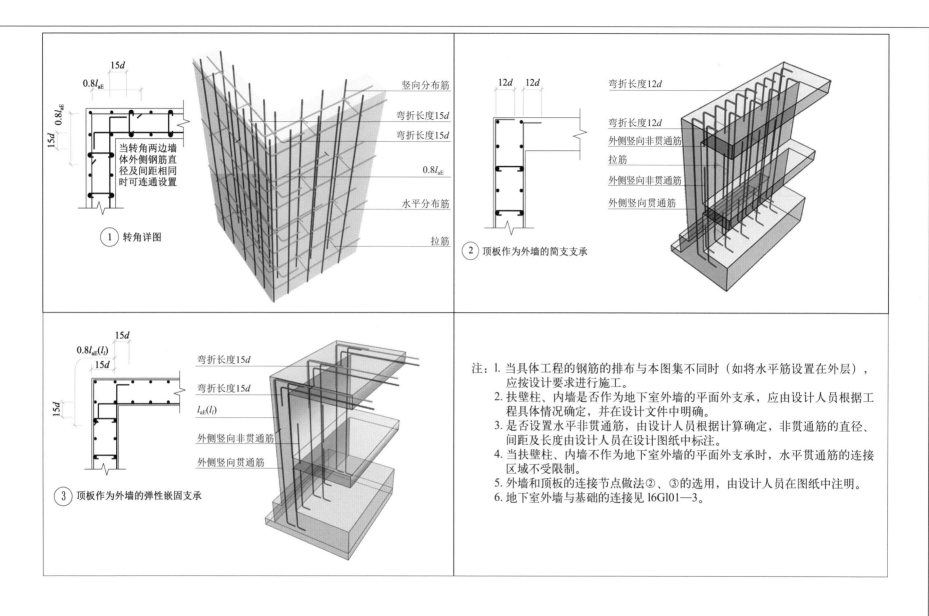

15d

0.8l_{aE}

0.8l_{aE}

15d

当转角两边墙体外侧钢筋直径及间距相同时可连通设置

① 转角详图

竖向分布筋

弯折长度15d

弯折长度15d

0.8l_{aE}

水平分布筋

拉筋

12d   12d

② 顶板作为外墙的简支支承

弯折长度12d

弯折长度12d

外侧竖向非贯通筋

拉筋

外侧竖向非贯通筋

外侧竖向贯通筋

15d

0.8$l_{aE}(l_l)$

15d

15d

③ 顶板作为外墙的弹性嵌固支承

弯折长度15d

弯折长度15d

$l_{aE}(l_l)$

外侧竖向非贯通筋

外侧竖向贯通筋

注：1. 当具体工程的钢筋的排布与本图集不同时（如将水平筋设置在外层），
应按设计要求进行施工。
2. 扶壁柱、内墙是否作为地下室外墙的平面外支承，应由设计人员根据工
程具体情况确定，并在设计文件中明确。
3. 是否设置水平非贯通筋，由设计人员根据计算确定，非贯通筋的直径、
间距及长度由设计人员在设计图纸中标注。
4. 当扶壁柱、内墙不作为地下室外墙的平面外支承时，水平贯通筋的连接
区域不受限制。
5. 外墙和顶板的连接节点做法②、③的选用，由设计人员在图纸中注明。
6. 地下室外墙与基础的连接见16G101—3。

地下室外墙 DWQ 钢筋构造（二）					图集号	16G101—1—82
审核	郭仁俊	校对	廖宜香	设计	傅华夏	

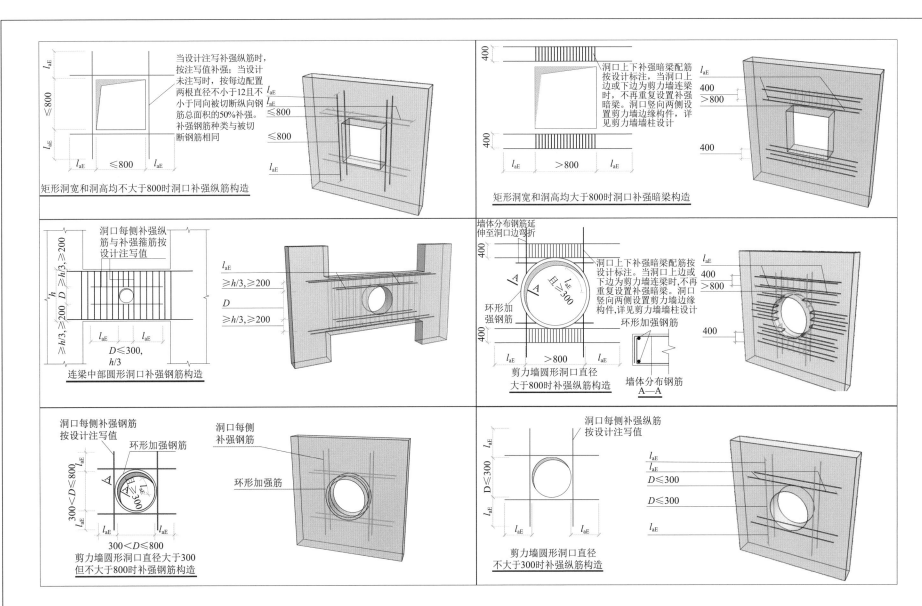

当设计注写补强纵筋时，按注写值补强；当设计未注写时，按每边配置两根直径不小于12且不小于同向被切断纵向钢筋总面积的50%补强。补强钢筋种类与被切断钢筋相同

矩形洞宽和洞高均不大于800时洞口补强纵筋构造

洞口上下补强暗梁配筋按设计标注，当洞口上边或下边为剪力墙连梁时，不再重复设置补强暗梁。洞口竖向两侧设置剪力墙边缘构件，详见剪力墙墙柱设计

矩形洞宽和洞高均大于800时洞口补强暗梁构造

洞口每侧补强纵筋与补强箍筋按设计注写值

连梁中部圆形洞口补强钢筋构造

$D \leqslant 300,\ h/3$

墙体分布钢筋延伸至洞口边弯折

洞口上下补强暗梁配筋按设计标注。当洞口上边或下边为剪力墙连梁时，不再重复设置补强暗梁。洞口竖向两侧设置剪力墙边缘构件，详见剪力墙墙柱设计

环形加强钢筋

剪力墙圆形洞口直径大于800时补强纵筋构造

墙体分布钢筋

A—A

洞口每侧补强钢筋按设计注写值

环形加强钢筋

洞口每侧补强钢筋

环形加强筋

$300 < D \leqslant 800$

剪力墙圆形洞口直径大于300但不大于800时补强钢筋构造

洞口每侧补强纵筋按设计注写值

$D \leqslant 300$

$D \leqslant 300$

剪力墙圆形洞口直径不大于300时补强纵筋构造

注：图中数据单位为 mm。

				剪力墙洞口补强构造	图集号	16G101—1—83
审核	郭仁俊	校对	廖宜香	设计　　傅华夏		

梁平法标准构造详图
及三维示意图

第**4**章

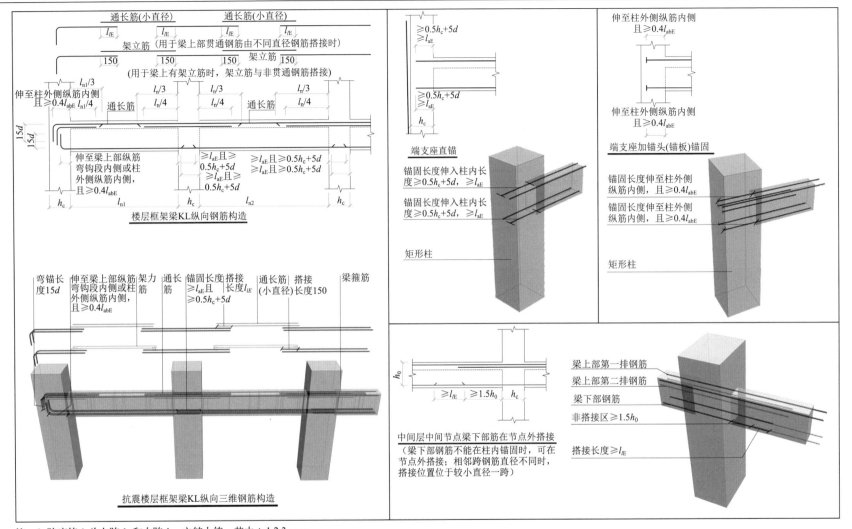

楼层框架梁KL纵向钢筋构造

抗震楼层框架梁KL纵向三维钢筋构造

注：1. 跨度值 l_n 为左跨 l_{ni} 和右跨 l_{n+1} 之较大值，其中 i=1.2.3……
2. 图中 h_c 为柱截面沿框架方向的高度。
3. 梁上部通长钢筋与非贯通钢筋直径相同时，连接位置宜位于跨中 $l_n/3$ 范围内；梁下部钢筋连接位置宜位于支座 $l_n/3$ 范围内。且在同一连接区段内，钢筋接头面积百分率不宜大于50%。
4. 钢筋连接要求见 16G101—1 第 59 页。
5. 当梁纵筋（不包括侧面 G 打头的构造筋及架立筋）采用绑扎搭接接长时，搭接区内箍筋直径及间距要求见 16G101—1 第 59 页。
6. 梁侧面构造钢筋要求见 16G101—1 第 90 页。
7. 当上柱截面尺寸小于下柱截面尺寸时，梁上部钢筋的锚固长度算起位置为上柱内边缘，梁下纵筋的锚固长度起算位置为下柱内边缘。
8. 图中数据单位为 mm。.

楼层框架梁 KL 纵向钢筋构造					图集号	16G101—1—84
审核	郭仁俊	校对	廖宜香	设计	傅华夏	

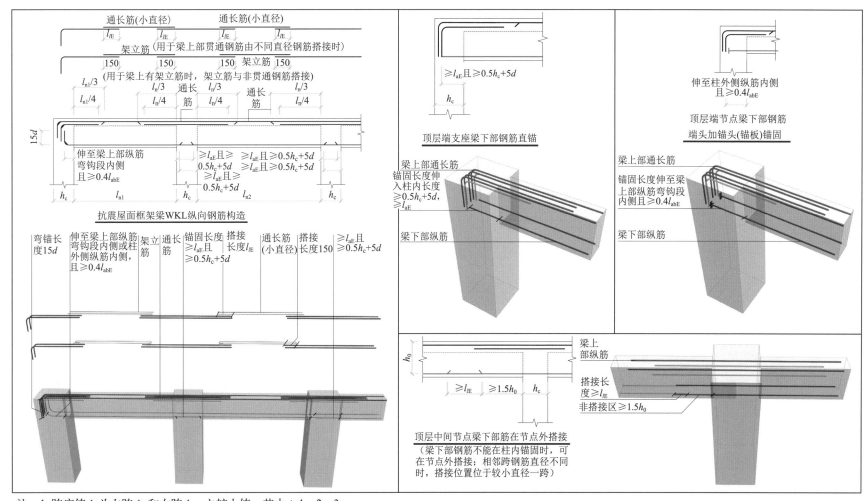

注：1. 跨度值 l_n 为左跨 l_{ni} 和右跨 l_{ni+1} 之较大值，其中 $i=1，2，3\cdots$。
　　2. 图中 h_c 为柱截面沿框架方向的高度。
　　3. 梁上部通长钢筋与非贯通钢筋直径相同时，连接位置宜位于跨中 $l_n/3$ 范围内；梁下部钢筋连接位置宜位于支座 $l_n/3$ 范围内；且在同一连接区段内，钢筋接头面积百分率不宜大于 50%。
　　4. 钢筋连接要求见 16G101—1 第 59 页。
　　5. 当梁纵筋（不包括侧面 G 打头的构造筋及架立筋）采用绑扎搭接长时，搭接区内箍筋直径及间距要求见 16G101—1 第 59 页。
　　6. 当上柱截面尺寸小于下柱截面尺寸时，梁上部钢筋的锚固长度算起位置为上柱内边缘，梁下纵筋的锚固长度起算位置为下柱内边缘。
　　7. 图中数据单位为 mm。

屋面框架梁 WKL 纵向钢筋构造					图集号	16G101—1—85
审核	郭仁俊	校对	廖宜香	设计	傅华夏	

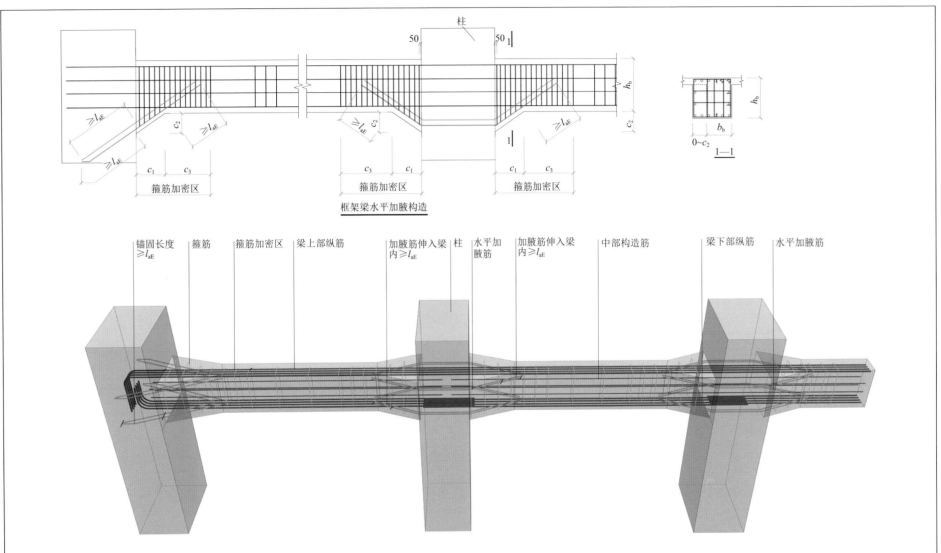

框架梁水平加腋构造

注：1. 当梁结构平法施工图中水平加腋部位的配筋设计未给出时，其梁腋上下部斜纵筋（仅设置第一排）直径分别同梁内上下纵筋，水平间距不宜大于200mm；水平加腋部位侧面纵向构造筋的设置及构造要求同梁内侧面纵向构造筋，见16G101—1第90页。

2. 图中 c_3 取值，当抗震等级为一级时 $\geq 2.0h_b$ 且 $\geq 500mm$。当抗震等级为二～四级时 $\geq 1.5h_b$ 且 $\geq 500mm$。

3. 图中数据单位为mm。

框架梁水平、竖向加腋构造（一）						图集号	16G101—1—86
审核	郭仁俊	校对	廖宜香	设计	傅华夏		

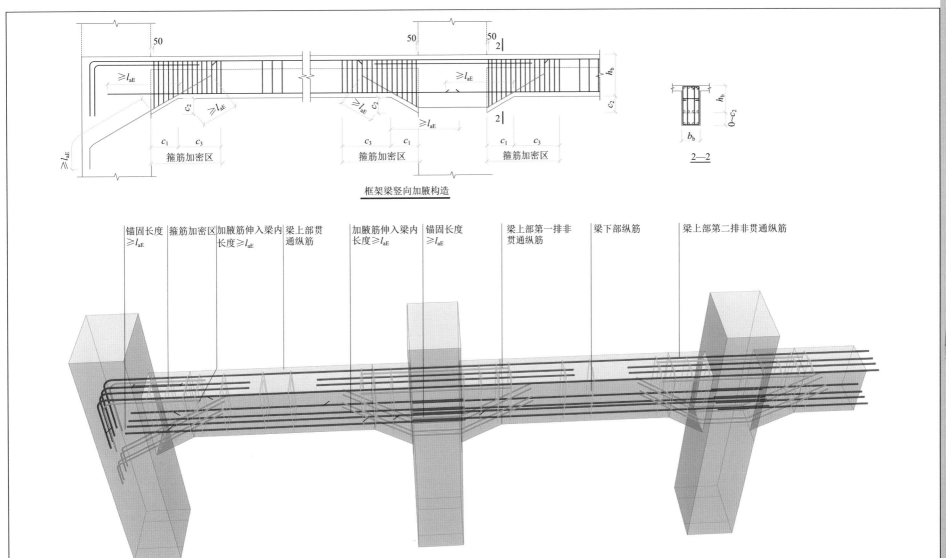

框架梁竖向加腋构造

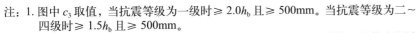

锚固长度≥l_{aE}　箍筋加密区　加腋筋伸入梁内长度≥l_{aE}　梁上部贯通纵筋　加腋筋伸入梁内长度≥l_{aE}　锚固长度≥l_{aE}　梁上部第一排非贯通纵筋　梁下部纵筋　梁上部第二排非贯通纵筋

注：1. 图中 c_3 取值，当抗震等级为一级时≥ $2.0h_b$ 且≥ 500mm。当抗震等级为二～四级时≥ $1.5h_b$ 且≥ 500mm。
　　2. 本图中框架梁竖向加腋构造适用于加腋部分参与框架梁计算，配筋由设计标注；其他情况设计应另行给出做法。
　　3. 加腋部位箍筋规格及肢距与梁端部的钢筋相同。
　　4. 图中数据单位为mm。

框架梁水平、竖向加腋构造（二）					图集号	16G101—1—86
审核	郭仁俊	校对	廖宜香	设计	傅华夏	

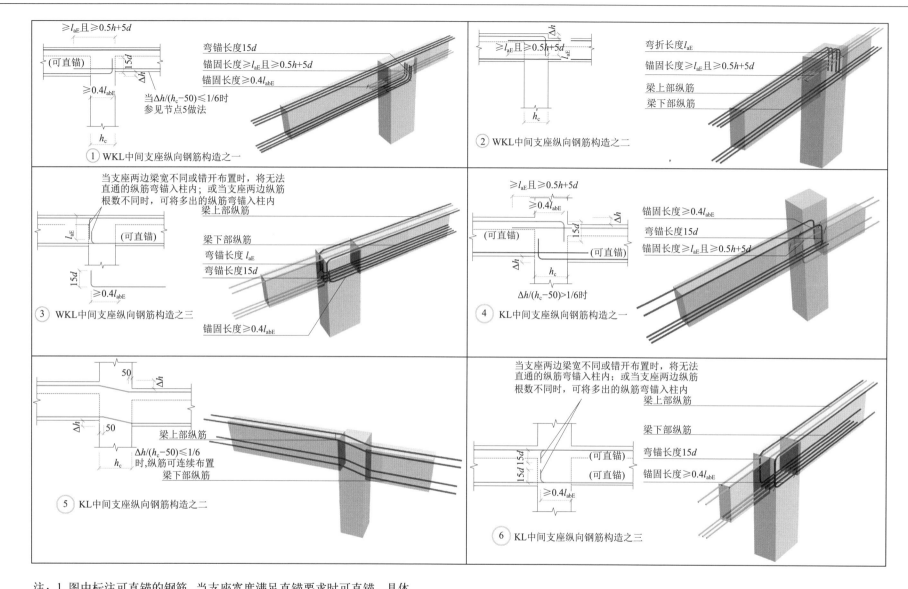

① WKL中间支座纵向钢筋构造之一

② WKL中间支座纵向钢筋构造之二

③ WKL中间支座纵向钢筋构造之三

④ KL中间支座纵向钢筋构造之一

⑤ KL中间支座纵向钢筋构造之二

⑥ KL中间支座纵向钢筋构造之三

①图中：
弯锚长度15d
锚固长度≥l_{aE}且≥0.5h+5d
锚固长度≥0.4l_{abE}
（可直锚）
15d
≥l_{aE}且≥0.5h+5d
≥0.4l_{abE}
h_c
Δh
当$\Delta h/(h_c-50)$≤1/6时
参见节点5做法

②图中：
弯折长度l_{aE}
锚固长度≥l_{aE}且≥0.5h+5d
梁上部纵筋
梁下部纵筋
≥l_{aE}且≥0.5h+5d
Δh
h_c

③图中：
当支座两边梁宽不同或错开布置时，将无法
直通的纵筋弯锚入柱内；或当支座两边纵筋
根数不同时，可将多出的纵筋弯锚入柱内
梁上部纵筋
梁下部纵筋
弯锚长度l_{aE}
弯锚长度15d
锚固长度≥0.4l_{abE}
l_{aE}
（可直锚）
15d
≥0.4l_{abE}

④图中：
锚固长度≥0.4l_{abE}
弯锚长度15d
锚固长度≥l_{aE}且≥0.5h+5d
≥l_{aE}且≥0.5h+5d
≥0.4l_{abE}
15d
（可直锚）
Δh
Δh
h_c
$\Delta h/(h_c-50)$>1/6时

⑤图中：
50
Δh
Δh
50
梁上部纵筋
$\Delta h/(h_c-50)$≤1/6
时，纵筋可连续布置
梁下部纵筋
h_c

⑥图中：
当支座两边梁宽不同或错开布置时，将无法
直通的纵筋弯锚入柱内；或当支座两边纵筋
根数不同时，可将多出的纵筋弯锚入柱内
梁上部纵筋
梁下部纵筋
弯锚长度15d
锚固长度≥0.4l_{abE}
15d
15d
（可直锚）
（可直锚）
≥0.4l_{abE}

注：1. 图中标注可直锚的钢筋，当支座宽度满足直锚要求时可直锚，具体
构造要求见16G101—1第84、85页。
2. 图中数据单位为mm。

KL、WKL中间支座纵向钢筋构造						图集号	16G101—1—87
审核	郭仁俊	校对	廖宜香	设计	傅华夏		

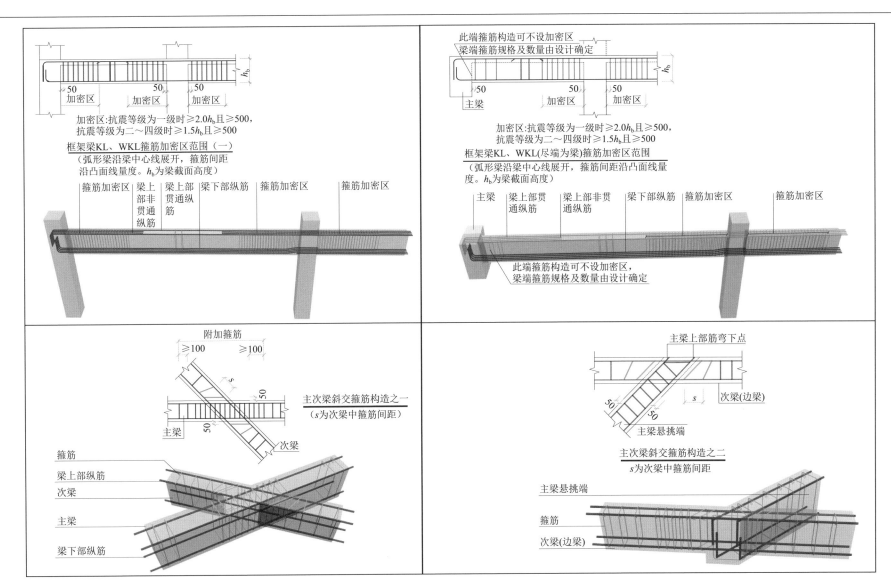

加密区:抗震等级为一级时≥2.0h_b且≥500,
抗震等级为二~四级时≥1.5h_b且≥500

框架梁KL、WKL箍筋加密区范围（一）
（弧形梁沿梁中心线展开，箍筋间距
沿凸面线量度。h_b为梁截面高度）

箍筋加密区　梁上部非贯通纵筋　梁上部贯通纵筋　梁下部纵筋　箍筋加密区　箍筋加密区

此端箍筋构造可不设加密区
梁端箍筋规格及数量由设计确定

加密区:抗震等级为一级时≥2.0h_b且≥500,
抗震等级为二~四级时≥1.5h_b且≥500

框架梁KL、WKL(尽端为梁)箍筋加密区范围
（弧形梁沿梁中心线展开，箍筋间距沿凸面线量
度。h_b为梁截面高度）

主梁　梁上部贯通纵筋　梁上部非贯通纵筋　梁下部纵筋　箍筋加密区　箍筋加密区

此端箍筋构造可不设加密区,
梁端箍筋规格及数量由设计确定

附加箍筋
≥100　≥100
s
50
50
50

主次梁斜交箍筋构造之一
（s为次梁中箍筋间距）

箍筋
梁上部纵筋
次梁
主梁
梁下部纵筋

主梁上部筋弯下点
s
次梁(边梁)
50　50
主梁悬挑端

主次梁斜交箍筋构造之二
s为次梁中箍筋间距

主梁悬挑端
箍筋
次梁(边梁)

注：1. 本图框架梁箍筋加密区范围同样适用于框架梁与剪力墙平面内连接的
　　　情况。
　　2. 当梁纵筋（不包括侧面 G 打头的构造筋及架立筋）采用绑扎搭接接长
　　　时，搭接区内箍筋直径及间距要求见 16G101—1 第 59 页。
　　3. 图中数据单位为 mm。

梁箍筋构造（一）						图集号	16G101—1—88
审核	郭仁俊	校对	廖宜香	设计	傅华夏		

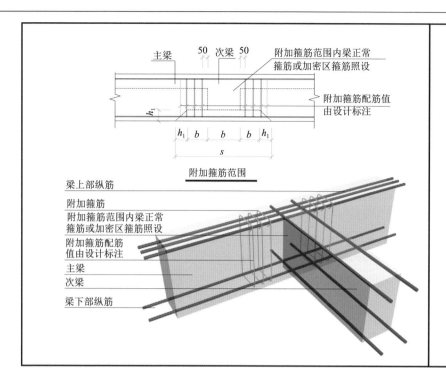

主梁　50 次梁 50　附加箍筋范围内梁正常
箍筋或加密区箍筋照设

附加箍筋配筋值
由设计标注

h_1

h_1 b b b h_1

s

附加箍筋范围

梁上部纵筋
附加箍筋
附加箍筋范围内梁正常
箍筋或加密区箍筋照设
附加箍筋配筋
值由设计标注
主梁
次梁
梁下部纵筋

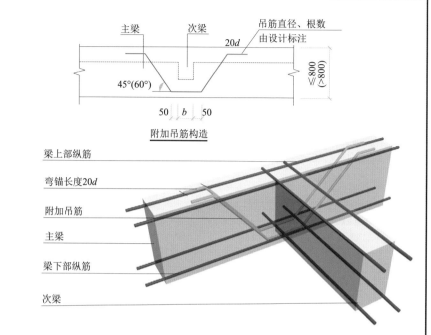

主梁　次梁　吊筋直径、根数
由设计标注

$20d$

45°(60°)

≤800
(>800)

50 b 50

附加吊筋构造

梁上部纵筋
弯锚长度$20d$
附加吊筋
主梁
梁下部纵筋
次梁

注：1. 本图框架梁箍筋加密区范围同样适用于框架梁与剪力墙平面内连接的情况。
　　2. 当梁纵筋（不包括侧面G打头的构造筋及架立筋）采用绑扎搭接接长时，搭接区内箍筋直径及间距要求见16G101—1第59页。
　　3. 图中数据单位为mm。

梁箍筋构造（二）					图集号	16G101—1—88
审核	郭仁俊	校对	廖宜香	设计	傅华夏	

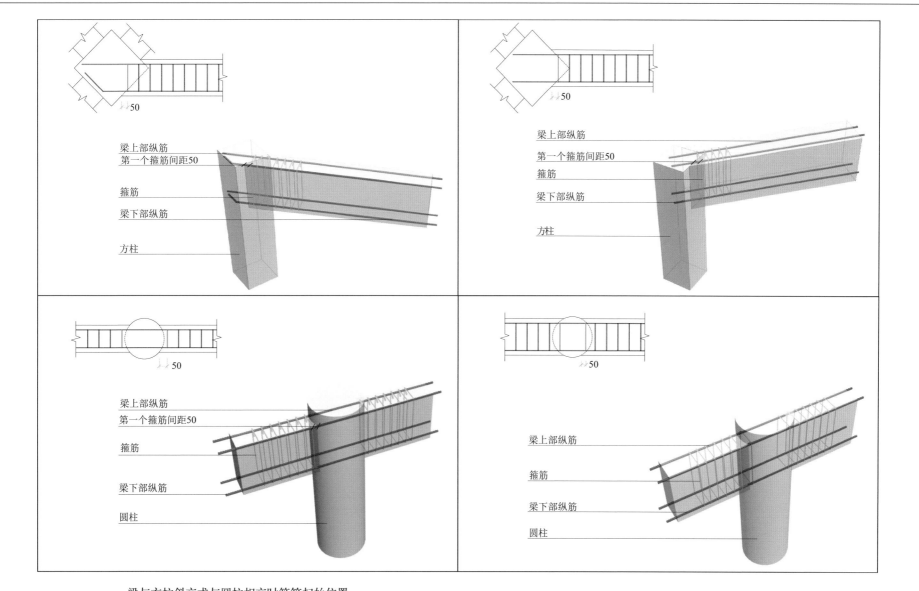

梁上部纵筋
第一个箍筋间距50
箍筋
梁下部纵筋
方柱

梁上部纵筋
第一个箍筋间距50
箍筋
梁下部纵筋
方柱

梁上部纵筋
第一个箍筋间距50
箍筋
梁下部纵筋
圆柱

梁上部纵筋
箍筋
梁下部纵筋
圆柱

梁与方柱斜交或与圆柱相交时箍筋起始位置

为便于施工，梁在柱内的箍筋在现场可用两个半套箍搭接或焊接

注：图中数据单位为mm。

梁箍筋构造（三）					图集号	16G101—1—88
审核	郭仁俊	校对	廖宜香	设计	傅华夏	

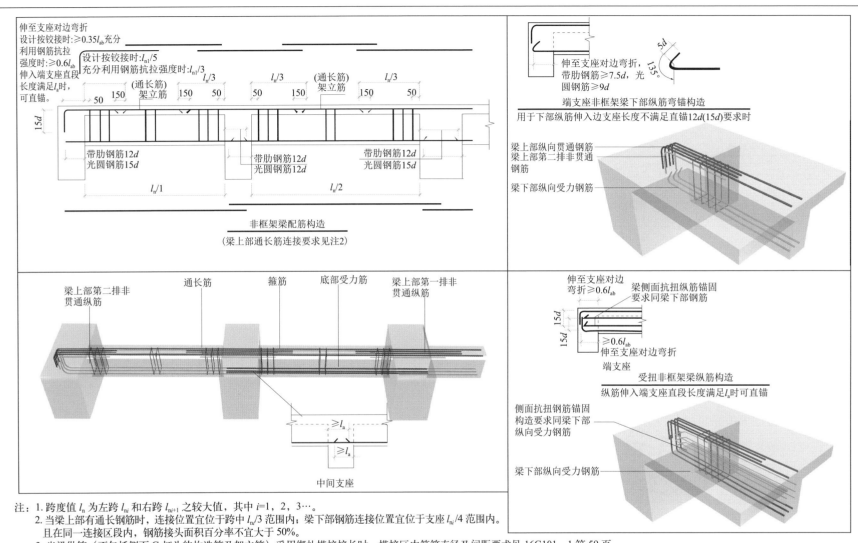

伸至支座对边弯折
设计按铰接时：≥0.35l_{ab}充分
利用钢筋抗拉
强度时：≥0.6l_{ab}
伸入端支座直段
长度满足l_a时，
可直锚。

设计按铰接时：$l_{n1}/5$
充分利用钢筋抗拉强度时：$l_{n1}/3$

15d

(通长筋)
架立筋

$l_n/3$ $l_n/3$ (通长筋) $l_n/3$
架立筋

50 150   150 50   50   150   50 150   150 50

带肋钢筋12d 带肋钢筋12d 带肋钢筋12d
光圆钢筋15d 光圆钢筋12d 光圆钢筋15d

$l_n/1$ $l_n/2$

非框架梁配筋构造

（梁上部通长筋连接要求见注2）

伸至支座对边弯折，
带肋钢筋≥7.5d，光
圆钢筋≥9d

5d 135°

端支座非框架梁下部纵筋弯锚构造

用于下部纵筋伸入边支座长度不满足直锚12d(15d)要求时

梁上部纵向贯通钢筋
梁上部第二排非贯通
钢筋

梁下部纵向受力钢筋

梁上部第二排非
贯通纵筋   通长筋   箍筋   底部受力筋   梁上部第一排非
贯通纵筋

≥l_a

≥l_a

中间支座

伸至支座对边
弯折≥0.6l_{ab} 梁侧面抗扭纵筋锚固
要求同梁下部钢筋

15d

15d ≥0.6l_{ab}
伸至支座对边弯折

端支座

受扭非框架梁纵筋构造

纵筋伸入端支座直段长度满足l_a时可直锚

侧面抗扭钢筋锚固
构造要求同梁下部
纵向受力钢筋

梁下部纵向受力钢筋

注：1. 跨度值 l_n 为左跨 l_{ni} 和右跨 l_{ni+1} 之较大值，其中 i=1，2，3…。
　　2. 当梁上部有通长钢筋时，连接位置宜位于跨中 $l_{ni}/3$ 范围内；梁下部钢筋连接位置宜位于支座 $l_{ni}/4$ 范围内。
　　　 且在同一连接区段内，钢筋接头面积百分率不宜大于50%。
　　3. 当梁纵筋（不包括侧面 G 打头的构造筋及架立筋）采用绑扎搭接接长时，搭接区内箍筋直径及间距要求见 16G101—1 第59页。
　　4. 当梁纵筋兼做温度应力筋时，梁下部钢筋锚入支座长度由设计确定。
　　5. 梁侧面构造钢筋要求见 16G101—1 第90页。
　　6. 图中"设计按铰接时"用于代号为 L 的非框架梁，"充分利用钢筋的抗拉强度时"
　　　 用于代号为 Lg 的非框架梁。
　　7. 弧形非框架梁的箍筋间距沿梁凸面线度量。
　　8. 图中"受扭非框架梁纵筋构造"用于梁配有受扭钢筋时，当梁侧未配受扭钢
　　　 筋的非框架梁需采用此构造时，设计应明确指定。
　　9. 图中数据单位为 mm。

非框架梁 L、Lg 配筋构造					图集号	16G101—1—89
审核	郭仁俊	校对	廖宜香	设计	傅华夏	

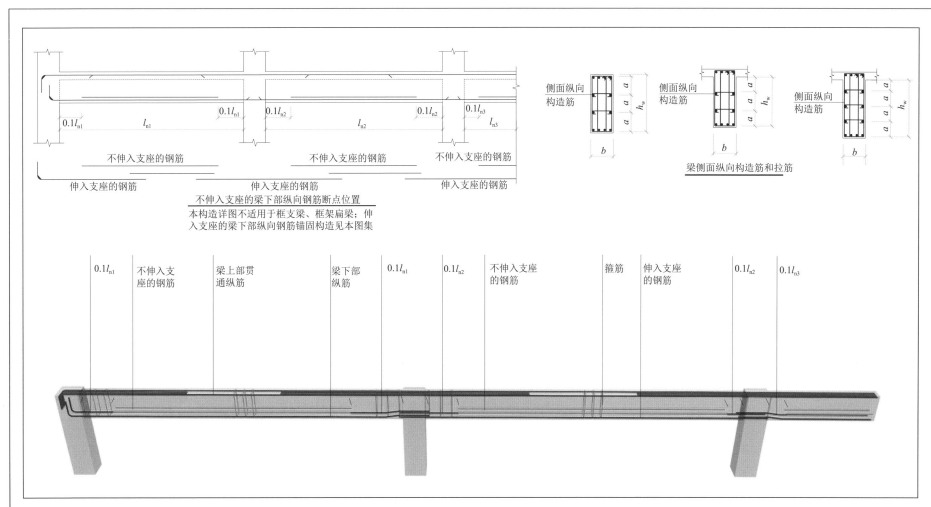

梁侧面纵向构造筋和拉筋

不伸入支座的钢筋

伸入支座的钢筋

不伸入支座的钢筋

伸入支座的钢筋

不伸入支座的钢筋

伸入支座的钢筋

不伸入支座的梁下部纵向钢筋断点位置

本构造详图不适用于框支梁、框架扁梁；伸入支座的梁下部纵向钢筋锚固构造见本图集

$0.1l_{n1}$

不伸入支座的钢筋

梁上部贯通纵筋

梁下部纵筋

$0.1l_{n1}$

$0.1l_{n2}$

不伸入支座的钢筋

箍筋

伸入支座的钢筋

$0.1l_{n2}$

$0.1l_{n3}$

注：1. 当 $h_w \geqslant 450mm$ 时，在梁的两个侧面应沿高度配置纵向构造钢筋；纵向构造钢筋间距 $a \leqslant 200mm$。
2. 当梁侧面配有直径不小于构造纵筋的受拉纵筋时，受拉钢筋可以代替构造钢筋。
3. 梁侧面构造纵筋的搭接与锚固长度取 $15d$，梁侧面受拉纵筋的搭接长度为 l_{lE}，其锚固长度为 l_{aE} 或 l_a，锚固方式同框架梁下部纵筋。
4. 当梁宽 $\leqslant 350mm$ 时，拉筋直径为 6mm；梁宽 $>350mm$ 时，拉筋直径为 8mm。拉筋间距为非加密区箍筋间距的 2 倍。当设有多排拉筋时，上下两排拉筋竖向错开设置。
5. 图中数据单位为 mm。

不伸入支座的梁下部纵向钢筋断点位置 梁侧面纵向构造筋和拉筋					图集号	16G101—1—90
审核	郭仁俊	校对	廖宜香	设计	傅华夏	

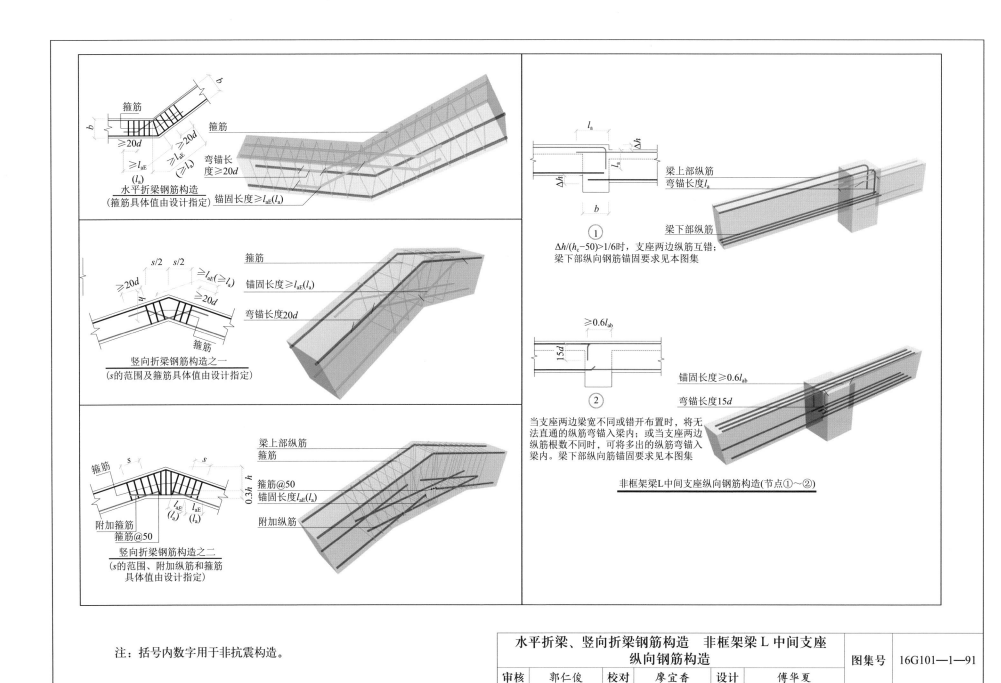

水平折梁钢筋构造
（箍筋具体值由设计指定）

竖向折梁钢筋构造之一
（s的范围及箍筋具体值由设计指定）

竖向折梁钢筋构造之二
（s的范围、附加纵筋和箍筋
具体值由设计指定）

①
$\Delta h/(h_c-50)>1/6$时，支座两边纵筋互错；
梁下部纵向钢筋锚固要求见本图集

②
当支座两边梁宽不同或错开布置时，将无
法直通的纵筋弯锚入梁内；或当支座两边
纵筋根数不同时，可将多出的纵筋弯锚入
梁内。梁下部纵向筋锚固要求见本图集

非框架梁L中间支座纵向钢筋构造(节点①～②)

注：括号内数字用于非抗震构造。

水平折梁、竖向折梁钢筋构造 非框架梁 L 中间支座
纵向钢筋构造

审核	郭仁俊	校对	廖宜香	设计	傅华夏

图集号 16G101—1—91

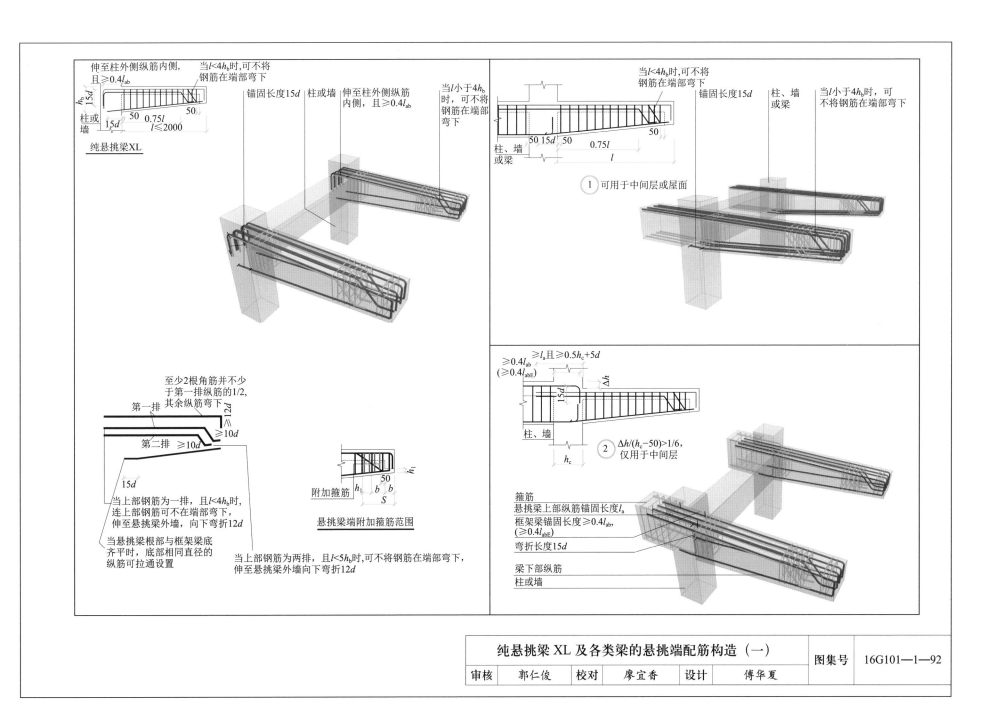

伸至柱外侧纵筋内侧，且≥0.4l_{ab}

当$l<4h_b$时，可不将钢筋在端部弯下

锚固长度15d

柱或墙

伸至柱外侧纵筋内侧，且≥0.4l_{ab}

当l小于4h_b时，可不将钢筋在端部弯下

15d
h_b
柱或墙
15d
50 0.75l 50
l≤2000

纯悬挑梁XL

当$l<4h_b$时，可不将钢筋在端部弯下

锚固长度15d

柱、墙或梁

当l小于4h_b时，可不将钢筋在端部弯下

柱、墙或梁
50 15d 50 0.75l 50
l

① 可用于中间层或屋面

至少2根角筋并不少于第一排纵筋的1/2，其余纵筋弯下

第一排
≥12d
≥10d

第二排 ≥10d

15d

当上部钢筋为一排，且$l<4h_b$时，连上部钢筋可不在端部弯下，伸至悬挑梁外墙，向下弯折12d

当悬挑梁根部与框架梁底齐平时，底部相同直径的纵筋可拉通设置

附加箍筋

h_1
50
h_1 b b
S

悬挑梁端附加箍筋范围

当上部钢筋为两排，且$l<5h_b$时，可不将钢筋在端部弯下，伸至悬挑梁外墙向下弯折12d

≥0.4l_{ab}且≥0.5h_c+5d
(≥0.4l_{abE})
Δh
15d
柱、墙
h_c

② $\Delta h/(h_c-50)>1/6$，仅用于中间层

箍筋
悬挑梁上部纵筋锚固长度l_a
框架梁锚固长度≥0.4l_{ab}，(≥0.4l_{abE})
弯折长度15d
梁下部纵筋
柱或墙

纯悬挑梁 XL 及各类梁的悬挑端配筋构造（一）	图集号	16G101—1—92
审核 郭仁俊 校对 廖宜香 设计 傅华夏		

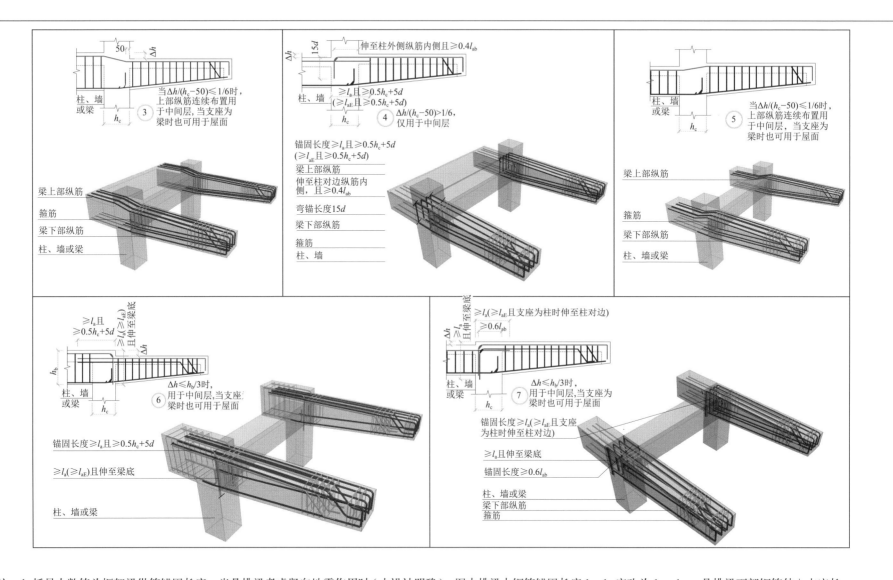

注：1. 括号内数值为框架梁纵筋锚固长度。当悬挑梁考虑竖向地震作用时（由设计明确），图中挑梁中钢筋锚固长度 l_a、l_{ab} 应改为 l_{aE}、l_{abE}，悬挑梁下部钢筋伸入支座长度也应采用 l_{aE}。

2. ①、⑥、⑦节点，当屋面框架梁与悬挑端根部底平，且下部纵筋通长设置时框架柱中纵向钢筋锚固要求可按中柱柱顶节点。

3. 当梁上部设有第三排钢筋时，其伸出长度应由设计者注明。

4. 各数据单位为 mm。

纯悬挑梁 XL 及各类梁的悬挑端配筋构造（二）						图集号	16G101—1—92
审核	郭仁俊	校对	廖宜香	设计	傅华夏		

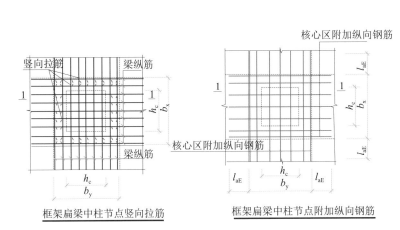

竖向拉筋 梁纵筋

h_c
b_x

核心区附加纵向钢筋

h_c
b_y

梁纵筋

框架扁梁中柱节点竖向拉筋

核心区附加纵向钢筋

h_c
b_x

l_{aE}

l_{aE}

h_c
b_y

l_{aE}

框架扁梁中柱节点附加纵向钢筋

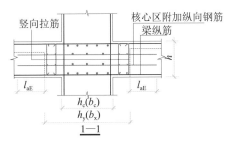

竖向拉筋 核心区附加纵向钢筋

梁纵筋

h

l_{aE} l_{aE}

$h_c(b_c)$
$h_y(b_x)$

1—1

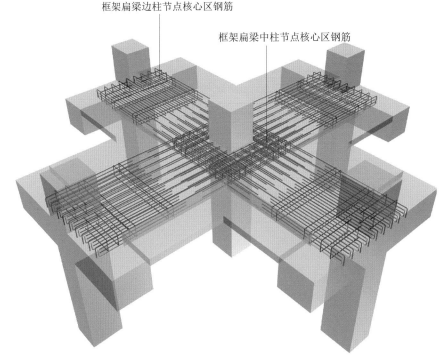

框架扁梁边柱节点核心区钢筋

框架扁梁中柱节点核心区钢筋

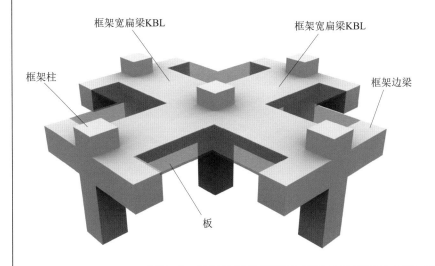

框架宽扁梁KBL 框架宽扁梁KBL

框架柱

框架边梁

板

框架扁梁构成的框架结构局部三维示意图

● 框架扁梁上部纵向受力钢筋
● 框架扁梁下部纵向受力钢筋
● 框架扁梁节点核心区附加纵筋
● 箍筋与拉筋

注：1. 框架扁梁上部通长钢筋连接位置、非贯通钢筋伸出长度要求同框架梁。
2. 穿过柱截面的框架扁梁下部纵筋，可在柱内锚固；未穿过柱截面下部纵筋应贯通节点区。
3. 框架扁梁下部纵筋在节点外连接时，连接位置宜避开箍筋加密区，并宜位于支座 $l_n/3$ 范围之内。
4. 箍筋加密区要求详见 16G101—1 第 84 页。
5. 竖向拉筋同时勾住扁梁上下双向纵筋，拉筋末端采用 135° 弯钩，平直段长度为 10d。

框架扁梁中柱节点					图集号	16G101—1—93
审核	郭仁俊	校对	廖宜香	设计	傅华夏	

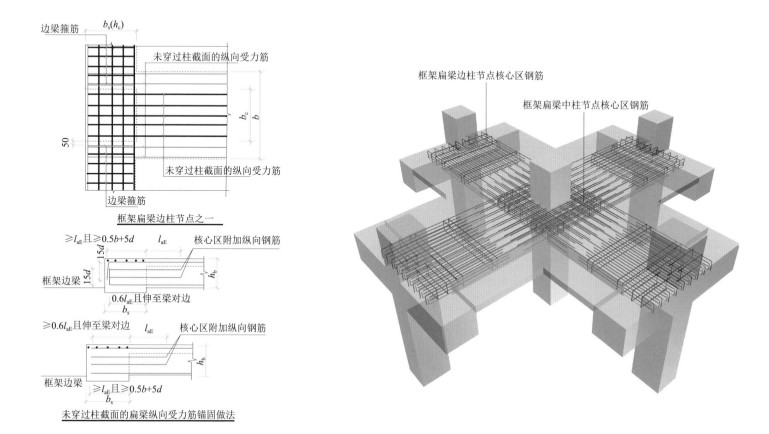

框架扁梁边柱节点之一

$\geqslant l_{aE}$ 且 $\geqslant 0.5b+5d$
核心区附加纵向钢筋

框架边梁

$0.6l_{aE}$ 且伸至梁对边

$\geqslant 0.6l_{aE}$ 且伸至梁对边
核心区附加纵向钢筋

框架边梁

$\geqslant l_{aE}$ 且 $\geqslant 0.5b+5d$

未穿过柱截面的扁梁纵向受力筋锚固做法

边梁箍筋

$b_s(h_c)$

未穿过柱截面的纵向受力筋

未穿过柱截面的纵向受力筋

边梁箍筋

框架扁梁边柱节点核心区钢筋

框架扁梁中柱节点核心区钢筋

注：1. 穿过柱截面框架扁梁纵向受力钢筋锚固做法同框架梁，见 16G101—1 第 84 页。
　　2. 框架扁梁上部通长钢筋连接位置、非贯通钢筋伸出长度要求同框架梁。
　　3. 框架扁梁下部钢筋在节点外连接时，连接位置宜避开箍筋加密区，并宜位于支座 $l_{ni}/3$ 范围之内。
　　4. 节点核心区附加纵向钢筋在柱及边梁中锚固，同框架扁架纵向受力钢筋。

框架扁梁边柱节点（一）							图集号	16G101—1—94
审核	郭仁俊	校对	廖宜香	设计	傅华夏			

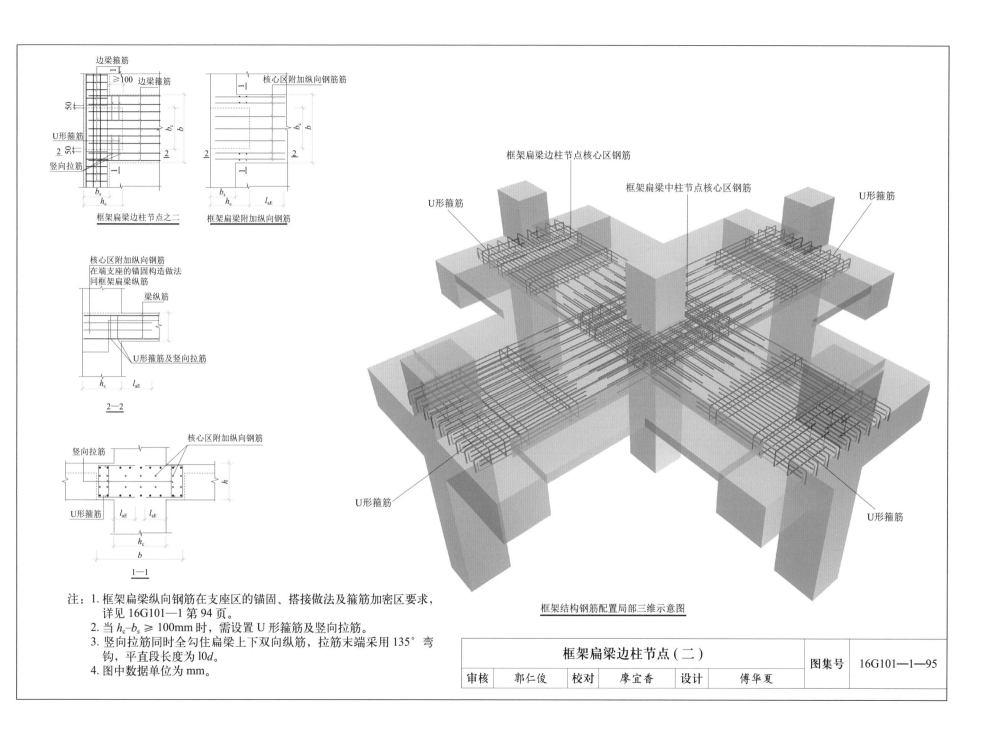

边梁箍筋

≥100 边梁箍筋

50

U形箍筋

2

50

竖向拉筋

b_s

h_c

b_c

b

框架扁梁边柱节点之二

核心区附加纵向钢筋

2—2

b_s

h_c

l_{aE}

b_c

b

框架扁梁附加纵向钢筋

核心区附加纵向钢筋
在端支座的锚固构造做法
同框架扁梁纵筋

梁纵筋

U形箍筋及竖向拉筋

h_c

l_{aE}

2—2

竖向拉筋

核心区附加纵向钢筋

U形箍筋

l_{aE} l_{aE}

h_c

b

h

1—1

框架扁梁边柱节点核心区钢筋

框架扁梁中柱节点核心区钢筋

U形箍筋

U形箍筋

U形箍筋

U形箍筋

框架结构钢筋配置局部三维示意图

注：1. 框架扁梁纵向钢筋在支座区的锚固、搭接做法及箍筋加密区要求，
详见 16G101—1 第 94 页。
2. 当 $h_c-b_s \geqslant 100\text{mm}$ 时，需设置 U 形箍筋及竖向拉筋。
3. 竖向拉筋同时全勾住扁梁上下双向纵筋，拉筋末端采用 135° 弯
钩，平直段长度为 10d。
4. 图中数据单位为 mm。

框架扁梁边柱节点（二）						图集号	16G101—1—95
审核	郭仁俊	校对	廖宜香	设计	傅华夏		

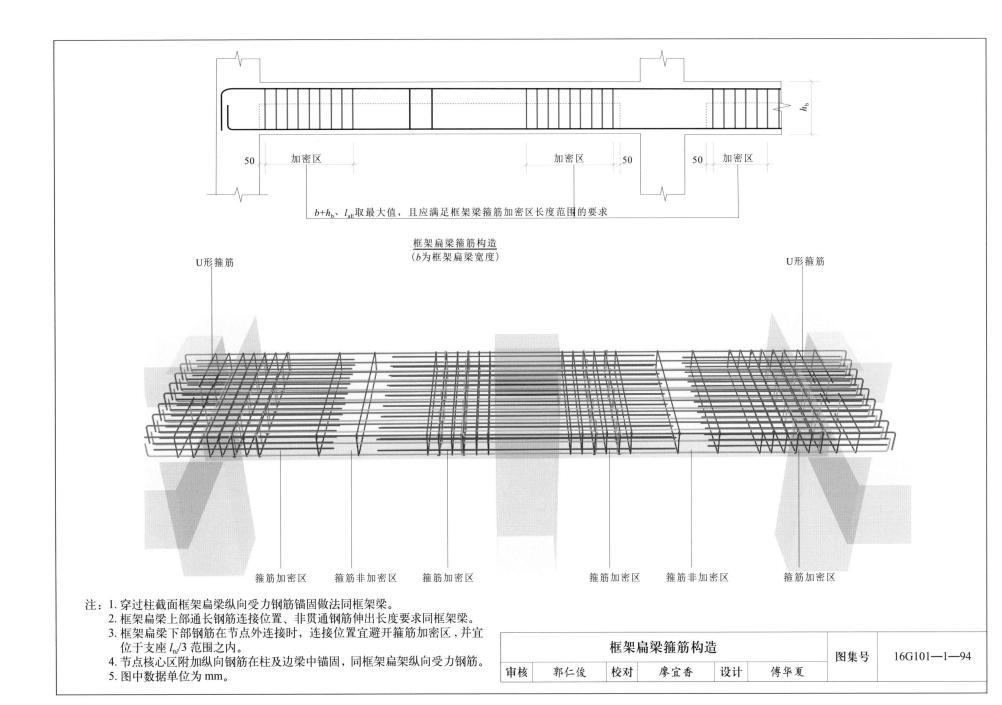

$b+h_b$、l_{aE}取最大值，且应满足框架梁箍筋加密区长度范围的要求

框架扁梁箍筋构造
（b为框架扁梁宽度）

U形箍筋

U形箍筋

箍筋加密区　　箍筋非加密区　　箍筋加密区　　　　箍筋加密区　　箍筋非加密区　　箍筋加密区

注：1. 穿过柱截面框架扁梁纵向受力钢筋锚固做法同框架梁。
　　2. 框架扁梁上部通长钢筋连接位置、非贯通钢筋伸出长度要求同框架梁。
　　3. 框架扁梁下部钢筋在节点外连接时，连接位置宜避开箍筋加密区，并宜位于支座 $l_n/3$ 范围之内。
　　4. 节点核心区附加纵向钢筋在柱及边梁中锚固，同框架扁架纵向受力钢筋。
　　5. 图中数据单位为 mm。

框架扁梁箍筋构造						图集号	16G101—1—94
审核	郭仁俊	校对	廖宜香	设计	傅华夏		

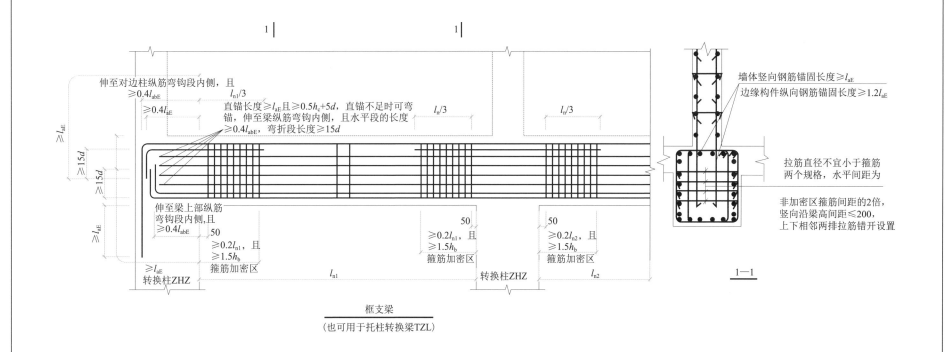

注：1. 跨度值 l_n 为左跨 l_{ni} 和右跨 l_{ni+1} 一之较大值，其中 i=1，2，3…
　　2. 图中 h_b 为梁截面的高度、h_c 为转换柱截面沿转换框架梁方向的高度。
　　3. 梁纵向钢筋宜采用机械连接接头同一截面内接头钢筋截面积不超过全部纵筋截面积的 50%，接头位置应避开墙体开洞部位、梁上托柱部位及受力较大部位。对于转换梁的托柱部位或上部的墙体开洞部位，梁的箍筋应加密配置，加密范围可取梁上托柱边或墙边两侧各 1.5 倍转换梁高度，具体做法见 16101—1 第 97 页。
　　4. 转换柱纵筋中心距离不应小于 80mm，且净距不应小于 50mm。
　　5. 图中各数据单位为 mm。

框支梁 KZL、转换柱 ZHZ 配筋构造（一）				图集号	16G101—1—96
审核	郭仁俊	校对 廖宜香	设计	傅华夏	

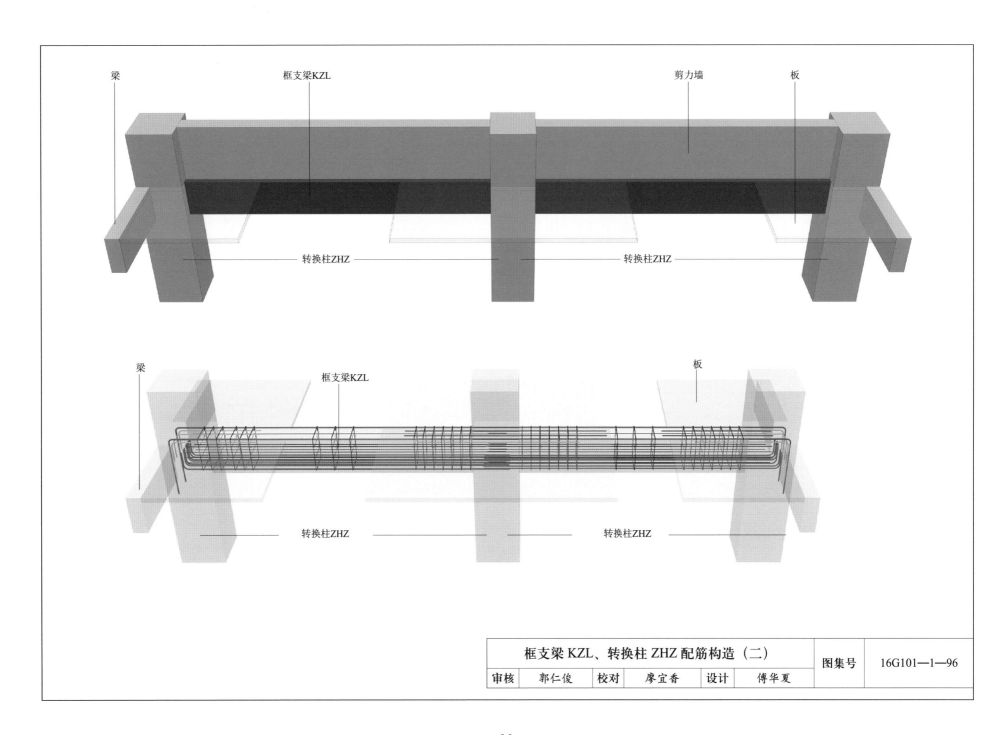

梁　　框支梁KZL　　剪力墙　　板

转换柱ZHZ　　转换柱ZHZ

梁　　框支梁KZL　　板

转换柱ZHZ　　转换柱ZHZ

框支梁 KZL、转换柱 ZHZ 配筋构造（二）						图集号	16G101—1—96
审核	郭仁俊	校对	廖宜香	设计	傅华夏		

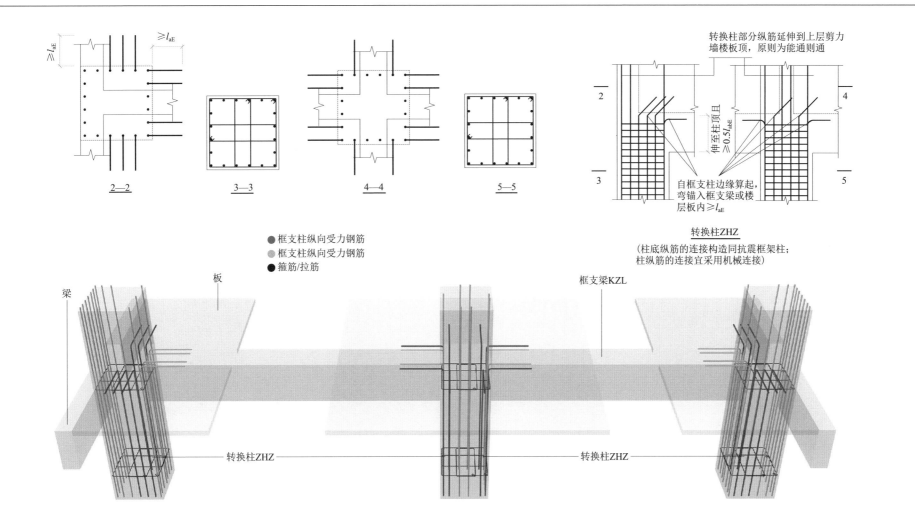

注：1. 跨度值 l_n 为左跨 l_{ni} 和右跨 l_{ni+1} 一之较大值，其中 $i=1$，2，3…
　　2. 图中 h_b 为梁截面的高度，h_c 为转换柱截面沿转换框架梁方向的高度。
　　3. 梁纵向钢筋宜采用机械连接接头同一截面内接头钢筋截面积不超过全部纵筋截面积的 50%，接头位置应避开墙体开洞部位、梁上托柱部位及受力较大部位。对于转换梁的托柱部位或上部的墙体开洞部位，梁的箍筋应加密配置，加密区范围可取梁上托柱边或墙边两侧各 1.5 倍转换梁高度，具体做法见 16G101—1 第 97 页。
　　4. 转换柱纵筋中心距离不应小于 80mm，且净距不应小于 50mm。
　　5. 图中各数据单位为 mm。

框支梁 KZL、转换柱 ZHZ 配筋构造（三）						图集号	16G101—1—96
审核	郭仁俊	校对	廖宜香	设计	傅华夏		

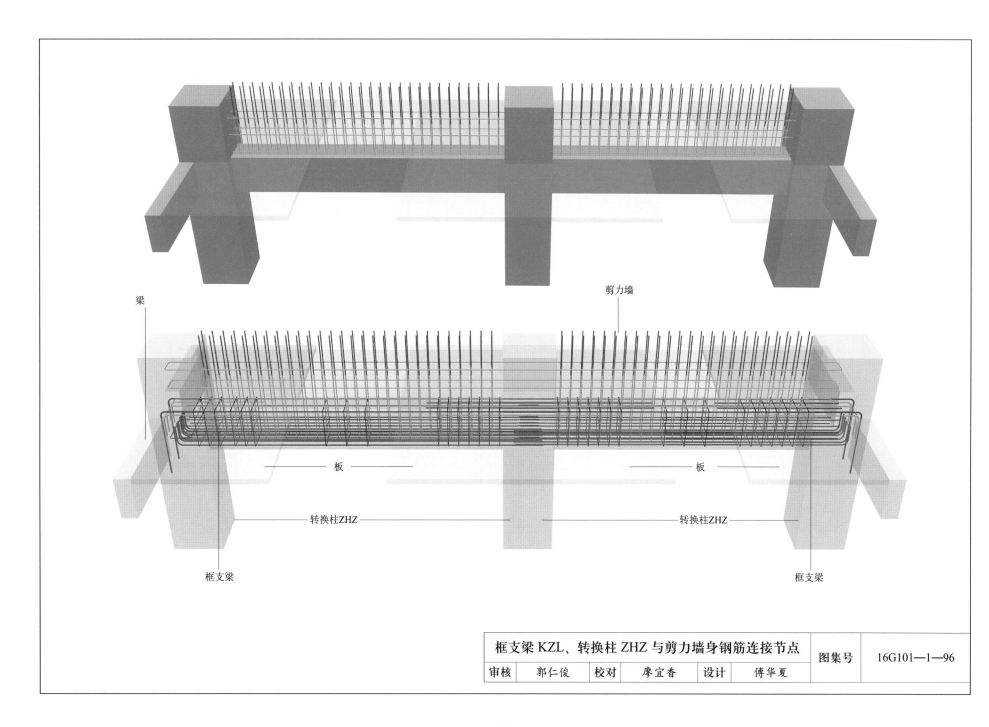

梁

剪力墙

板

板

转换柱ZHZ

转换柱ZHZ

框支梁

框支梁

框支梁 KZL、转换柱 ZHZ 与剪力墙身钢筋连接节点						图集号	16G101—1—96
审核	郭仁俊	校对	廖宜香	设计	傅华夏		

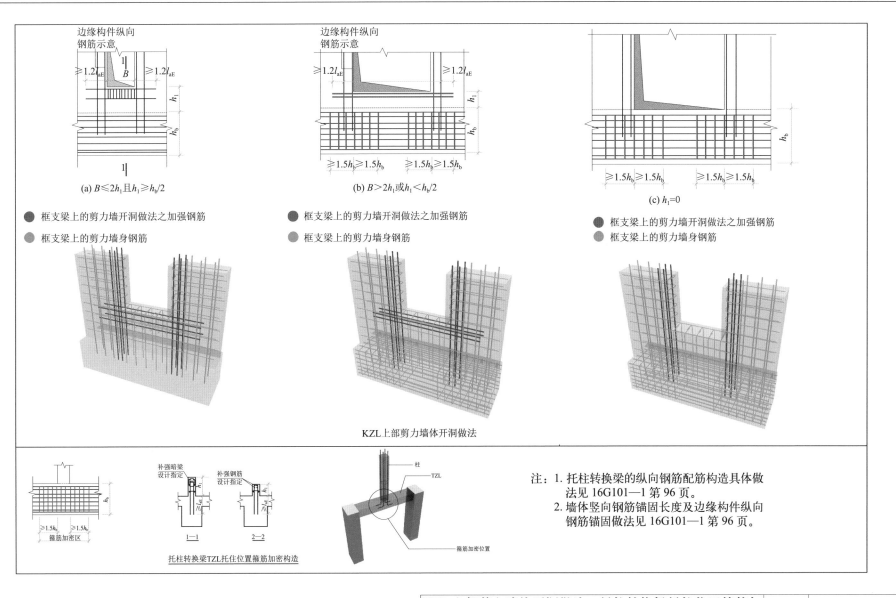

(a) $B \leq 2h_1$ 且 $h_1 \geq h_b/2$

(b) $B > 2h_1$ 或 $h_1 < h_b/2$

(c) $h_1 = 0$

● 框支梁上的剪力墙开洞做法之加强钢筋

● 框支梁上的剪力墙身钢筋

● 框支梁上的剪力墙开洞做法之加强钢筋

● 框支梁上的剪力墙身钢筋

● 框支梁上的剪力墙开洞做法之加强钢筋

● 框支梁上的剪力墙身钢筋

KZL上部剪力墙体开洞做法

补强暗梁设计指定

补强钢筋设计指定

1—1   2—2

托柱转换梁TZL托住位置箍筋加密构造

柱

TZL

箍筋加密位置

注：1. 托柱转换梁的纵向钢筋配筋构造具体做法见16G101—1第96页。
    2. 墙体竖向钢筋锚固长度及边缘构件纵向钢筋锚固做法见16G101—1第96页。

KZL上部剪力墙体开洞做法 托柱转换梁托柱位置箍筋加密构造					图集号	16G101—1—97
审核	郭仁俊	校对	廖宜香	设计	傅华夏	

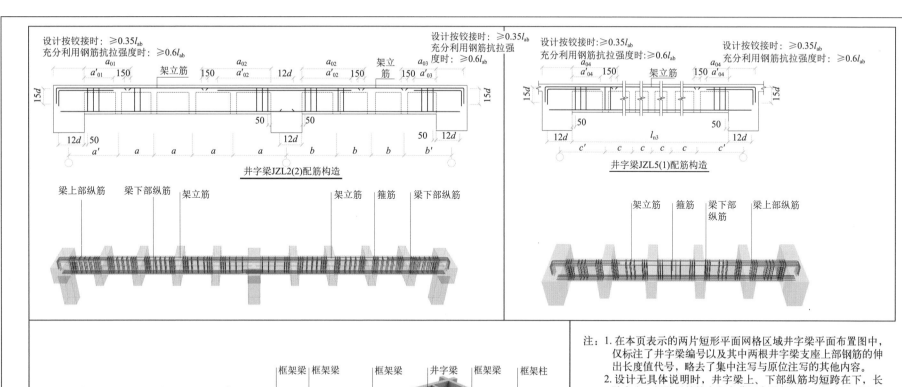

井字梁JZL2(2)配筋构造

梁上部纵筋　梁下部纵筋　架立筋　　　　　架立筋　箍筋　梁下部纵筋

井字梁JZL5(1)配筋构造

架立筋　箍筋　梁下部纵筋　梁上部纵筋

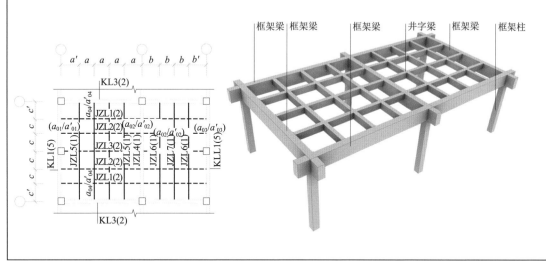

注：1. 在本页表示的两片矩形平面网格区域井字梁平面布置图中，仅标注了井字梁编号以及其中两根井字梁支座上部钢筋的伸出长度值代号，略去了集中注写与原位注写的其他内容。
2. 设计无具体说明时，井字梁上、下部纵筋均短跨在下，长跨在上。短跨梁箍筋在相交范围内通长设置；相交处两侧各附加3道箍筋，间距50，箍筋直径及肢数同梁内箍筋。
3. JZL3(2) 在柱子的纵筋锚固及箍筋加密要求同框架梁。
4. 纵筋在端支座应伸至主梁外侧纵筋内侧后弯折，当直段长度不小于 l_a 时可不弯折。
5. 当梁上部有通长钢筋时，连接位置宜位于跨中 $l_{ni}/3$ 范围内；梁下部钢筋连接位置宜位于支座 $l_{ni}/4$ 范围内。且在同一连接区段内钢筋接头面积百分率不宜大于50%。
6. 钢筋连接要求见16G101—1 第59页。
7. 当梁纵筋（不包括侧面 G 打头的构造前及架立筋）采用绑扎接长时，搭接区内箍筋直径及间距要求见第59页。
8. 当梁中纵筋采用光面钢筋时，图中 12d 应改为 15d。
9. 梁侧面构造钢筋要求见16G101—1 第90页。
10. 图中"设计按铰接时"用于代号为 JZL 的井字梁，"充分利用钢筋的抗拉强度时"用于代号为 JZLg 的井字梁。
11. 各数据单位为 mm。

井字梁 JZL、JZLg 配筋构造						图集号	16G101—1—98
审核	郭仁俊	校对	廖宜香	设计	傅华夏		

板平法标准构造详图及三维示意图

第5章

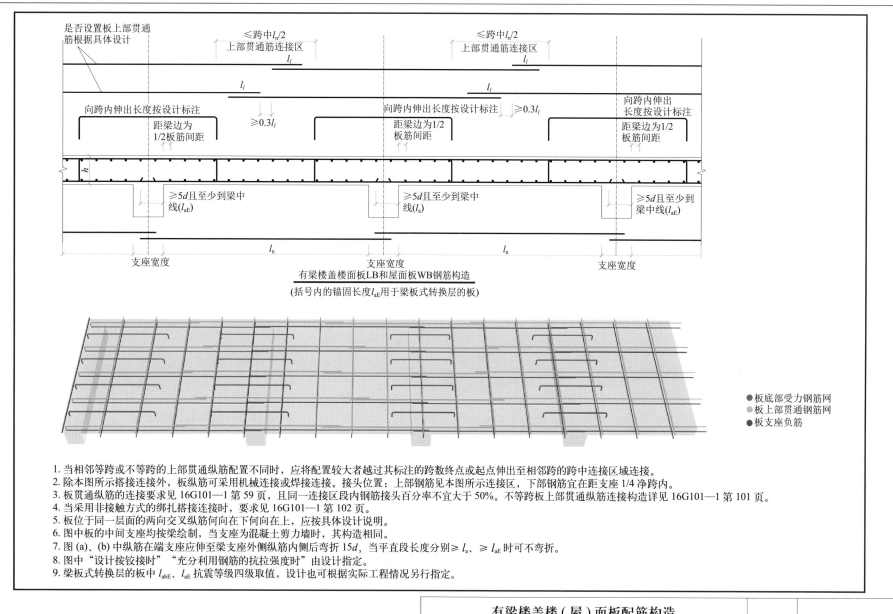

是否设置板上部贯通
筋根据具体设计

≤跨中$l_n/2$
上部贯通筋连接区
l_l

≤跨中$l_n/2$
上部贯通筋连接区
l_l

l_l

l_l

向跨内伸出长度按设计标注   ≥$0.3l_l$

向跨内伸出长度按设计标注   ≥$0.3l_l$

向跨内伸出
长度按设计标注

距梁边为
1/2板筋间距

距梁边为1/2
板筋间距

距梁边为1/2
板筋间距

h

≥$5d$且至少到梁中
线(l_{aE})

≥$5d$且至少到梁中
线(l_a)

≥$5d$且至少到梁中
线(l_{aE})

l_n

l_n

支座宽度

支座宽度

支座宽度

有梁楼盖楼面板LB和屋面板WB钢筋构造
(括号内的锚固长度l_{aE}用于梁板式转换层的板)

●板底部受力钢筋网
●板上部贯通钢筋网
●板支座负筋

1. 当相邻等跨或不等跨的上部贯通纵筋配置不同时，应将配置较大者越过其标注的跨数终点或起点伸出至相邻跨的跨中连接区域连接。
2. 除本图所示搭接连接外，板纵筋可采用机械连接或焊接连接。接头位置：上部钢筋见本图所示连接区，下部钢筋宜在距支座1/4净跨内。
3. 板贯通纵筋的连接要求见16G101—1第59页，且同一连接区段内钢筋接头百分率不宜大于50%。不等跨板上部贯通纵筋连接构造详见16G101—1第101页。
4. 当采用非接触方式的绑扎搭接连接时，要求见16G101—1第102页。
5. 板位于同一层面的两向交叉纵筋何向在下何向在上，应按具体设计说明。
6. 图中板的中间支座均按梁绘制，当支座为混凝土剪力墙时，其构造相同。
7. 图(a)、(b)中纵筋在端支座应伸至梁支座外侧纵筋内侧后弯折15d，当平直段长度分别≥l_a、≥l_{aE}时可不弯折。
8. 图中"设计按铰接时""充分利用钢筋的抗拉强度时"由设计指定。
9. 梁板式转换层的板中l_{abE}、l_{aE}抗震等级四级取值，设计也可根据实际工程情况另行指定。

有梁楼盖楼(屋)面板配筋构造						图集号	16G101—1—99
审核	郭仁俊	校对	廖宜香	设计	傅华夏		

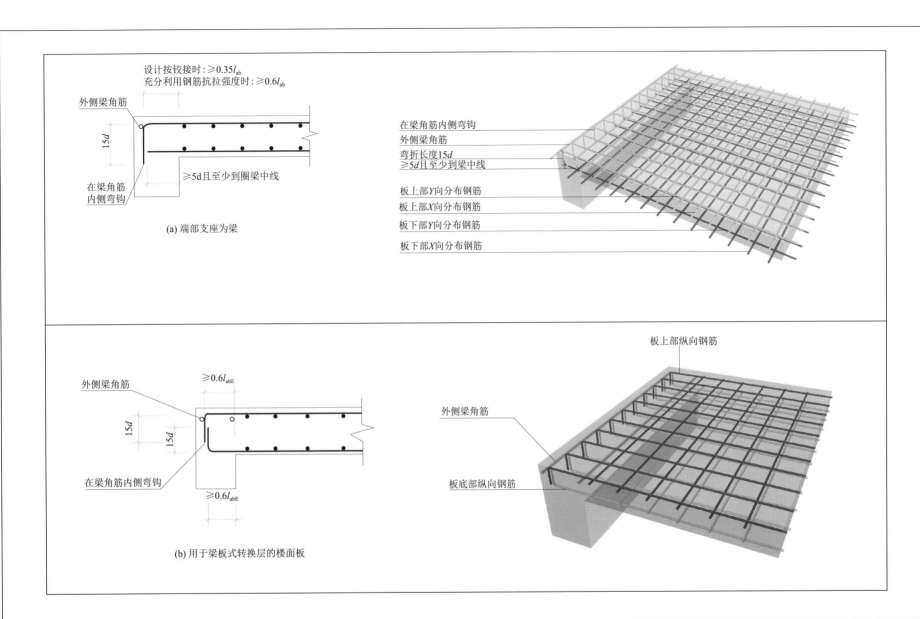

设计按铰接时：≥0.35l_{ab}
充分利用钢筋抗拉强度时：≥0.6l_{ab}

外侧梁角筋

15d

在梁角筋内侧弯钩

≥5d且至少到圈梁中线

(a) 端部支座为梁

在梁角筋内侧弯钩
外侧梁角筋
弯折长度15d
≥5d且至少到梁中线
板上部Y向分布钢筋
板上部X向分布钢筋
板下部Y向分布钢筋
板下部X向分布钢筋

外侧梁角筋

≥0.6l_{abE}

15d

15d

在梁角筋内侧弯钩

≥0.6l_{abE}

(b) 用于梁板式转换层的楼面板

板上部纵向钢筋

外侧梁角筋

板底部纵向钢筋

板在端部支座的锚固构造（一）					图集号	16G101—1—99
审核	郭仁俊	校对	廖宜香	设计	傅华夏	

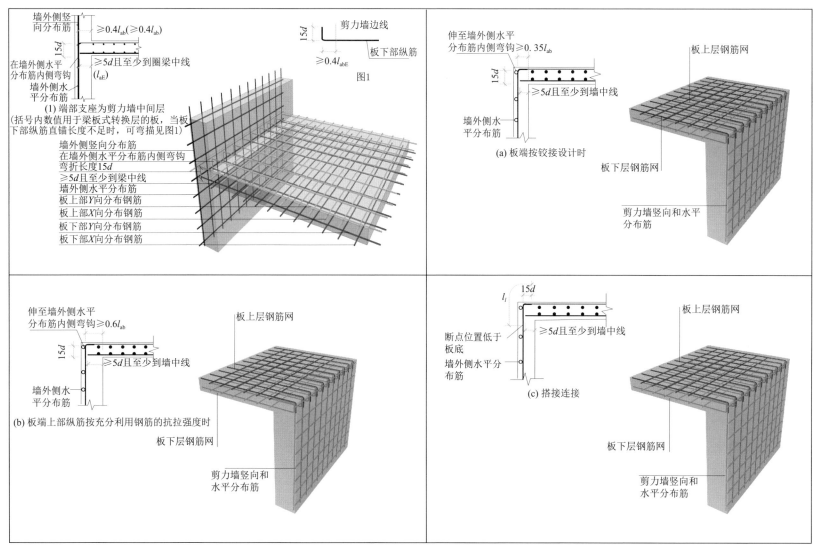

墙外侧竖向分布筋

≥0.4l_{ab}(≥0.4l_{ab})

15d

在墙外侧水平分布筋内侧弯钩

≥5d且至少到圈梁中线（l_{aE}）

墙外侧水平分布筋

15d

剪力墙边线

≥0.4l_{abE}

板下部纵筋

图1

(1) 端部支座为剪力墙中间层

（括号内数值用于梁板式转换层的板，当板下部纵筋直锚长度不足时，可弯描见图1)

墙外侧竖向分布筋

在墙外侧水平分布筋内侧弯钩

弯折长度15d

≥5d且至少到梁中线

墙外侧水平分布筋

板上部Y向分布钢筋

板上部X向分布钢筋

板下部Y向分布钢筋

板下部X向分布钢筋

伸至墙外侧水平分布筋内侧弯钩≥0.35l_{ab}

板上层钢筋网

15d

≥5d且至少到墙中线

墙外侧水平分布筋

(a) 板端按铰接设计时

板下层钢筋网

剪力墙竖向和水平分布筋

伸至墙外侧水平分布筋内侧弯钩≥0.6l_{ab}

板上层钢筋网

15d

≥5d且至少到墙中线

墙外侧水平分布筋

(b) 板端上部纵筋按充分利用钢筋的抗拉强度时

板下层钢筋网

剪力墙竖向和水平分布筋

l_l　15d

断点位置低于板底

墙外侧水平分布筋

≥5d且至少到墙中线

板上层钢筋网

(c) 搭接连接

板下层钢筋网

剪力墙竖向和水平分布筋

注：1. 板端部支座为剪力墙墙顶时，图(a)、(b)、(c)做法由设计指定。
　　2. 板在端部支座的锚固构造（二）中，纵筋在端支座应伸至墙外侧水平分布钢筋内侧后弯折15d，当平直段长度分别≥l_a、≥l_{aE}时可不弯折。
　　3. 梁板式转换层的板中，l_{abE}、l_{aE}。按抗震等级四级取值，设计也可根据实际工程情况另行指定。

板在端部支座的锚固构造（二）						图集号	16G101—1—100
审核	郭仁俊	校对	廖宜香	设计	傅华夏		

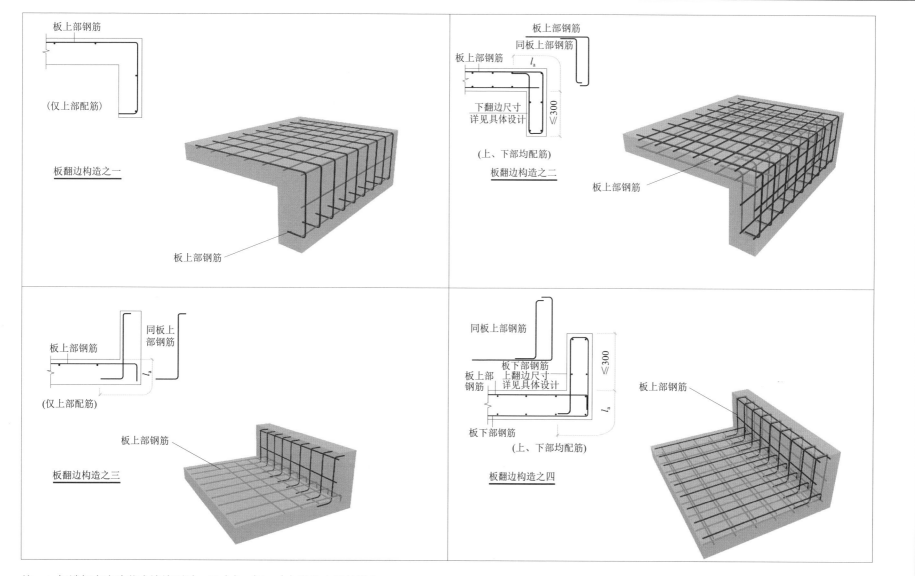

板翻边构造之一

（仅上部配筋）

板上部钢筋

板上部钢筋

板翻边构造之二

板上部钢筋

同板上部钢筋

板上部钢筋

l_a

下翻边尺寸
详见具体设计

≤300

（上、下部均配筋）

板上部钢筋

板翻边构造之三

板上部钢筋

同板上部钢筋

l_a

（仅上部配筋）

板上部钢筋

板翻边构造之四

同板上部钢筋

板下部钢筋

上翻边尺寸
详见具体设计

板上部钢筋

≤300

l_a

板下部钢筋

板上部钢筋

（上、下部均配筋）

注：1. 板端部支座为剪力墙墙顶时，图 (a)、(b)、(c) 做法由设计指定。
 2. 板在端部支座的锚固构造（二）中，纵筋在端支座应伸至墙外侧水平分布
 钢筋内侧后弯折 15d，当平直段长度分别 ≥ l_a、≥ l_{aE} 时可不弯折。
 3. 梁板式转换层的板中，l_{abE}、l_{aE}。按抗震等级四级取值，设计也可根据实
 际工程情况另行指定。

板翻边构造					图集号	16G101—1—100
审核	郭仁俊	校对	廖宜香	设计	傅华夏	

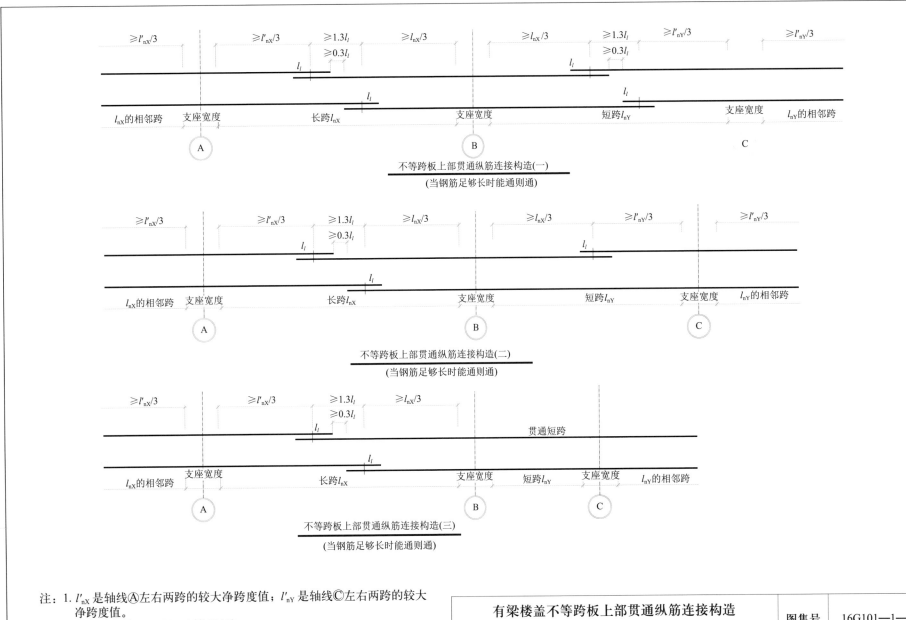

不等跨板上部贯通纵筋连接构造(一)
(当钢筋足够长时能通则通)

不等跨板上部贯通纵筋连接构造(二)
(当钢筋足够长时能通则通)

不等跨板上部贯通纵筋连接构造(三)
(当钢筋足够长时能通则通)

注：1. l'_{nX} 是轴线Ⓐ左右两跨的较大净跨度值；l'_{nY} 是轴线Ⓒ左右两跨的较大净跨度值。
　　2. 其余要求见 16G101—1 第99页。

有梁楼盖不等跨板上部贯通纵筋连接构造						图集号	16G101—1—101
审核	郭仁俊	校对	廖宜香	设计	傅华夏		

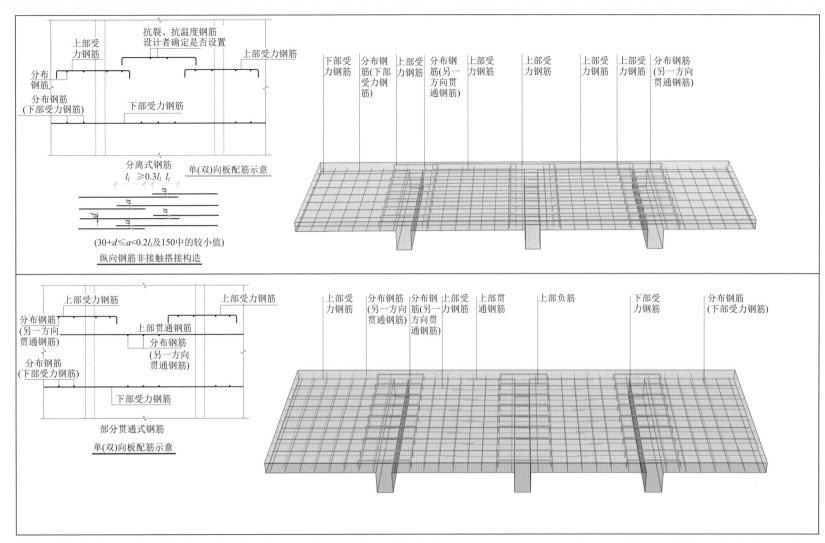

单(双)向板配筋示意

分离式钢筋

$l_l \geqslant 0.3l_l \quad l_l$

$(30+d \leqslant a < 0.2l_l 及 150 中的较小值)$

纵向钢筋非接触搭接构造

部分贯通式钢筋
单(双)向板配筋示意

注：1. 在搭接范围内，相互搭接的纵筋与横向钢筋的每个交叉点均应进行绑扎。
　　2. 抗裂构造钢筋、抗温度筋自身及其与受力主筋搭接长度为 l_l。
　　3. 板上下贯通筋可兼作抗裂构造筋和抗温度筋。当下部贯通筋兼作 抗温度钢筋时，其在支座的锚固由设计者确定。
　　4. 分布筋自身及与受力主筋、构造钢筋的搭接长度为 150mm；当分布筋 兼作抗温度筋时，其自身及与受力主筋、构造钢筋的搭接长度为 l_l，其在支座的锚固按受拉要求考虑。
　　5. 其余要求见 16G101—1 第 99 页。

单（双）向板配筋示意 纵向钢筋非接触搭接构造						图集号	16G101—1—102
审核	郭仁俊	校对	廖宜香	设计	傅华夏		

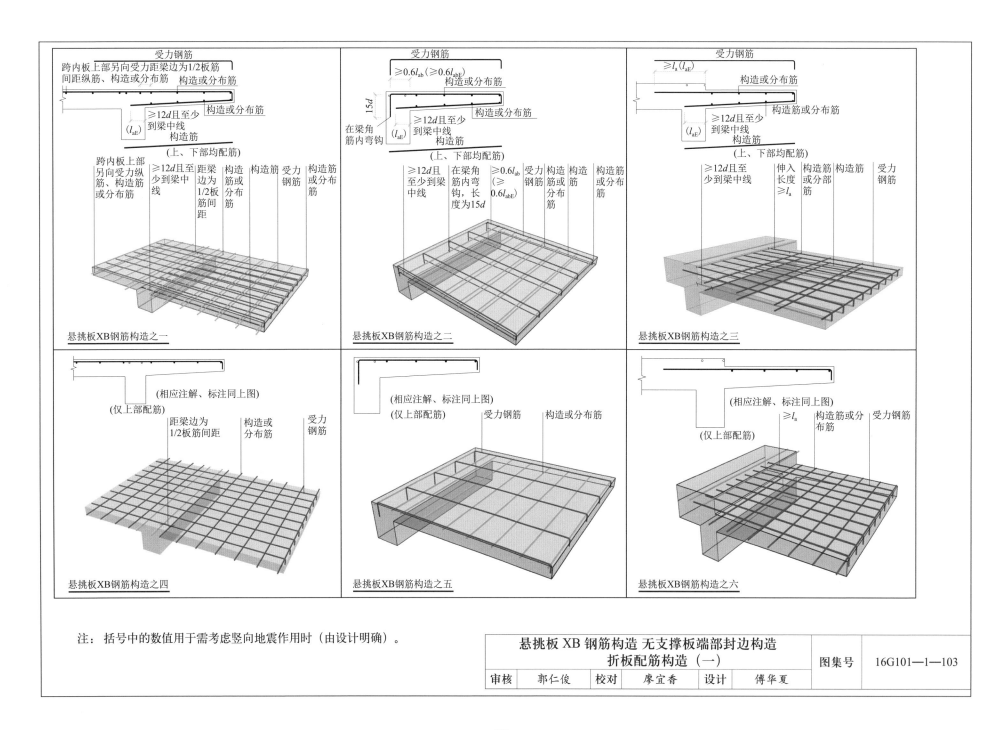

受力钢筋
跨内板上部另向受力钢筋距梁边为1/2板筋
间距纵筋、构造或分布筋
构造或分布筋
≥12d且至少到梁中线
构造筋
(上、下部均配筋)
跨内板上部另向受力纵筋、构造筋或分布筋
≥12d且至少到梁中线
距梁边为1/2板筋间距
构造或分布筋
构造或分布筋
受力钢筋
构造筋或分布筋

悬挑板XB钢筋构造之一

受力钢筋
≥0.6l_{ab}(≥0.6l_{abE})
构造或分布筋
构造或分布筋
15d
≥12d且至少到梁中线
在梁角筋内弯钩
构造筋
(上、下部均配筋)
≥12d且至少到梁中线
在梁角筋内弯钩,长度为15d
≥0.6l_{ab}(≥0.6l_{abE})
受力钢筋
构造或分布筋
构造筋
构造或分布筋

悬挑板XB钢筋构造之二

受力钢筋
≥l_a(l_{aE})
构造或分布筋
构造筋或分布筋
≥12d且至少到梁中线
构造筋
(上、下部均配筋)
≥12d且至少到梁中线
伸入长度≥l_a
构造筋或分部筋
受力钢筋

悬挑板XB钢筋构造之三

(相应注解、标注同上图)
(仅上部配筋)
距梁边为1/2板筋间距
构造或分布筋
受力钢筋

悬挑板XB钢筋构造之四

(相应注解、标注同上图)
(仅上部配筋)
受力钢筋
构造或分布筋

悬挑板XB钢筋构造之五

(相应注解、标注同上图)
(仅上部配筋)
≥l_a
构造筋或分布筋
受力钢筋

悬挑板XB钢筋构造之六

注: 括号中的数值用于需考虑竖向地震作用时(由设计明确)。

悬挑板 XB 钢筋构造 无支撑板端部封边构造 折板配筋构造(一)	图集号	16G101—1—103
审核 郭仁俊 校对 廖宜香 设计 傅华夏		

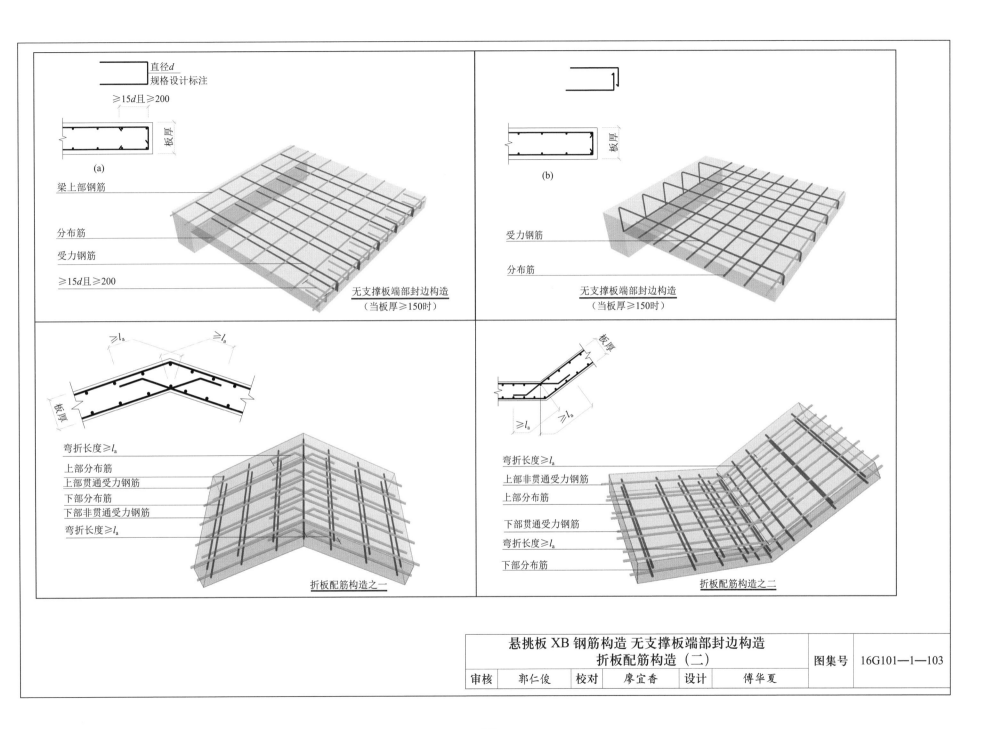

直径d
规格设计标注

≥15d且≥200

板厚

(a)

梁上部钢筋

分布筋

受力钢筋

≥15d且≥200

无支撑板端部封边构造
（当板厚≥150时）

板厚

(b)

受力钢筋

分布筋

无支撑板端部封边构造
（当板厚≥150时）

≥l_a   ≥l_a

板厚

弯折长度≥l_a
上部分布筋
上部贯通受力钢筋
下部分布筋
下部非贯通受力钢筋
弯折长度≥l_a

折板配筋构造之一

板厚

≥l_a   ≥l_a

弯折长度≥l_a
上部非贯通受力钢筋
上部分布筋
下部贯通受力钢筋
弯折长度≥l_a
下部分布筋

折板配筋构造之二

悬挑板 XB 钢筋构造 无支撑板端部封边构造 折板配筋构造（二）					图集号	16G101—1—103
审核	郭仁俊	校对	廖宜香	设计	傅华夏	

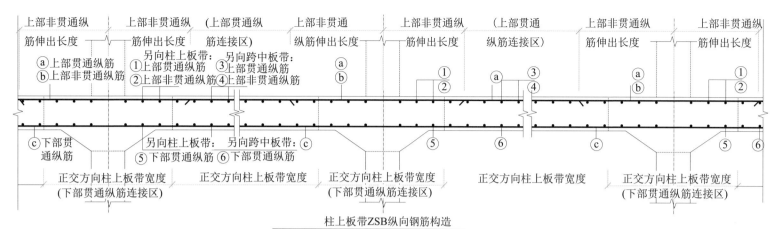

柱上板带ZSB纵向钢筋构造
(板带上部非贯通纵筋向跨内伸出长度按设计标注)

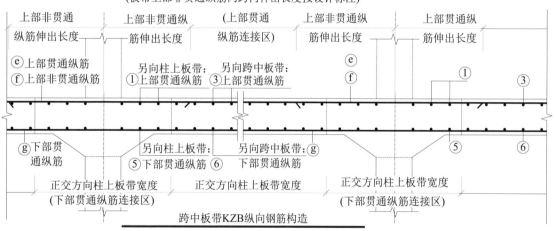

跨中板带KZB纵向钢筋构造
(板带上部非贯通纵筋向跨内伸出长度按设计标注)

注：1. 当相邻等跨或不等跨的上部贯通纵筋配置不同时，应将配置较大者越过其标注的跨数终点或起点伸出至相邻跨的跨中连接区域连接。

2. 板贯通纵筋的连接要求详见16G101—1第59页纵向钢筋连接构造，且同一连接区段内钢筋接头百分率不宜大于50%。不等跨板上部贯通纵筋连接构造详见16G101—1第101页。当采用非接触方式的绑扎搭接连接时，具体构造要求详见16G101—1第102页。

3. 板贯通纵筋在连接区域内也可采用机械连接或焊接连接。

4. 板各部位同一层面的两向交叉纵筋何向在下何向在上，应按具体设计说明。

5. 本图构造同样适用于无柱帽的无梁楼盖。

6. 板带端支座与悬挑端的纵向钢筋构造见16G101—1第105页。

7. 无梁楼盖柱上板带内贯通纵筋搭接长度为l_{lE}。无柱帽柱上板带的下部贯通纵筋，宜在距柱面2倍板厚以外连接，采用搭接时钢筋端部宜设置垂直于板面的弯钩。

无梁楼盖柱上板带 ZSB 与跨中板带 KZB 纵向钢筋构造 （一）					图集号	16G101—1—104
审核	郭仁俊	校对	廖宜香	设计	傅华夏	

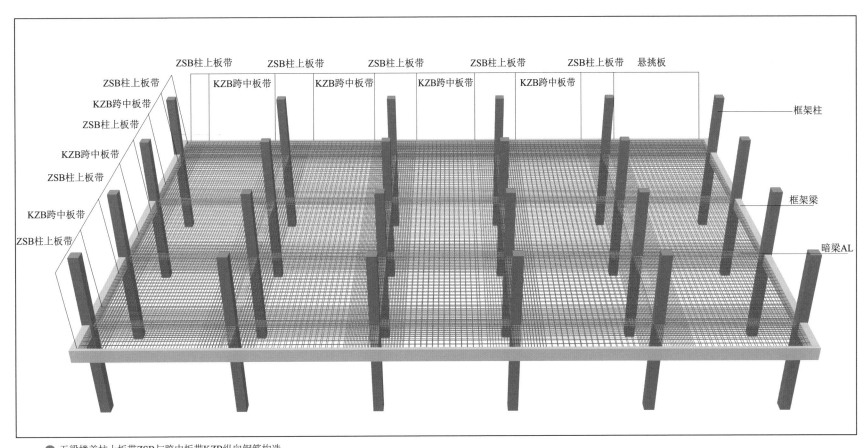

ZSB柱上板带　　ZSB柱上板带　　ZSB柱上板带　　ZSB柱上板带　　ZSB柱上板带　　悬挑板

ZSB柱上板带

KZB跨中板带　　KZB跨中板带　　KZB跨中板带　　KZB跨中板带

KZB跨中板带

ZSB柱上板带

KZB跨中板带

ZSB柱上板带

KZB跨中板带

ZSB柱上板带

框架柱

框架梁

暗梁AL

● 无梁楼盖柱上板带ZSB与跨中板带KZB纵向钢筋构造

● 暗梁纵向钢筋构造

无梁楼盖柱上板带 ZSB 与跨中板带 KZB 纵向钢筋构造（二）						图集号	16G101—1—104
审核	郭仁俊	校对	廖宜香	设计	傅华夏		

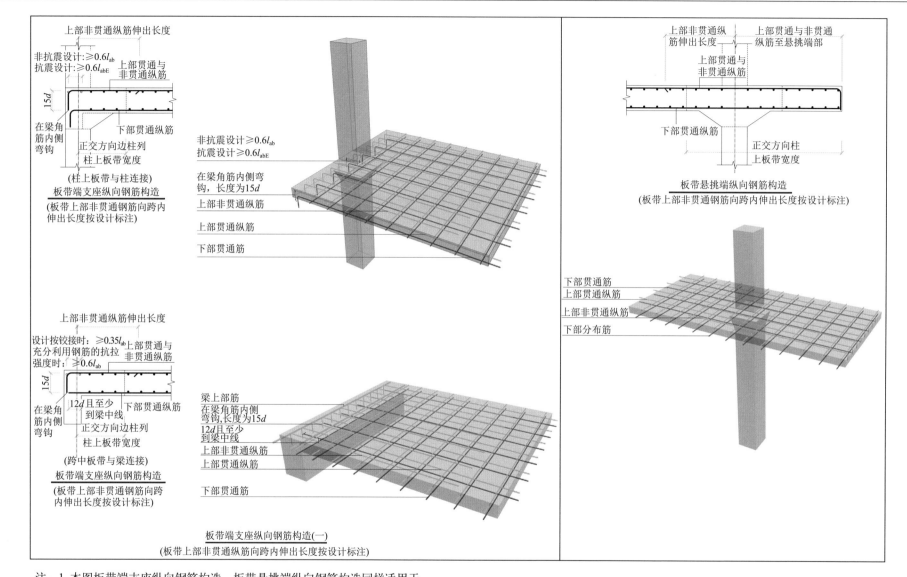

上部非贯通纵筋伸出长度

非抗震设计：≥0.6l_{ab}
抗震设计：≥0.6l_{abE}

上部贯通与非贯通纵筋

15d

在梁角筋内侧弯钩

下部贯通纵筋

正交方向边柱列
柱上板带宽度

（柱上板带与柱连接）
板带端支座纵向钢筋构造
（板带上部非贯通钢筋向跨内伸出长度按设计标注）

非抗震设计≥0.6l_{ab}
抗震设计≥0.6l_{abE}

在梁角筋内侧弯钩，长度为15d

上部非贯通纵筋

上部贯通纵筋

下部贯通筋

上部非贯通纵筋伸出长度

设计按铰接时：≥0.35l_{ab}
充分利用钢筋的抗拉强度时：≥0.6l_{ab}

上部贯通与非贯通纵筋

15d

12d且至少到梁中线

在梁角筋内侧弯钩

下部贯通纵筋

正交方向边柱列
柱上板带宽度

（跨中板带与梁连接）
板带端支座纵向钢筋构造
（板带上部非贯通钢筋向跨内伸出长度按设计标注）

梁上部筋

在梁角筋内侧弯钩，长度为15d

12d且至少到梁中线

上部非贯通纵筋

上部贯通纵筋

下部贯通筋

板带端支座纵向钢筋构造(一)
（板带上部非贯通纵筋向跨内伸出长度按设计标注）

上部非贯通纵筋伸出长度

上部贯通与非贯通纵筋至悬挑端部

上部贯通与非贯通纵筋

下部贯通纵筋

正交方向柱上板带宽度

板带悬挑端纵向钢筋构造
（板带上部非贯通钢筋向跨内伸出长度按设计标注）

下部贯通筋
上部贯通纵筋
上部非贯通纵筋
下部分布筋

注：1. 本图板带端支座纵向钢筋构造、板带悬挑端纵向钢筋构造同样适用于无柱帽的无梁楼盖。
2. 其余要求见 16G101—1 第 104 页。
3. 图中"设计按铰接时""充分利用钢筋的抗拉强度时"由设计指定。

板带端支座纵向钢筋构造（一）板带悬挑端纵向钢筋构造						图集号	16G101—1—105
审核	郭仁俊	校对	廖宜香	设计	傅华夏		

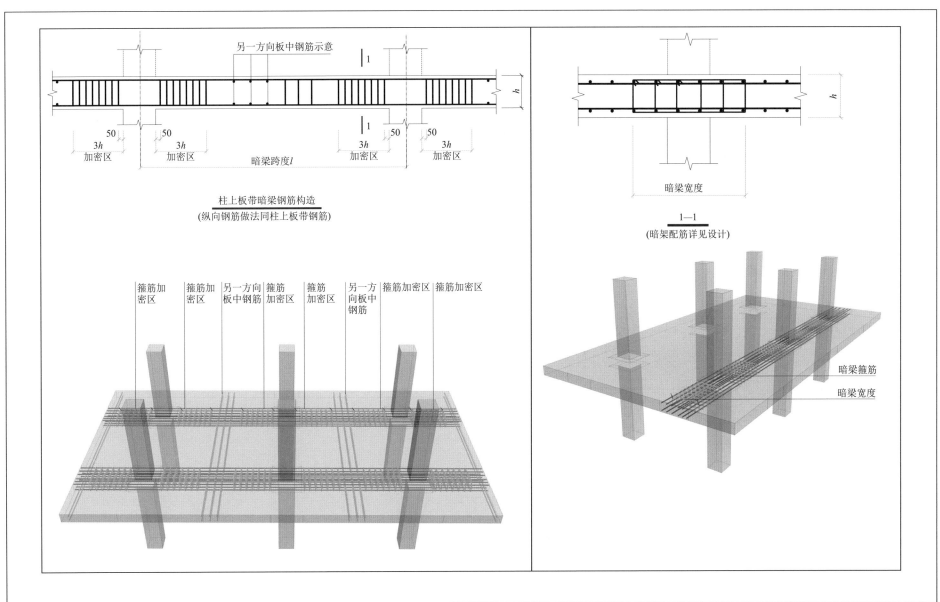

另一方向板中钢筋示意

h

50 50 50 50
3h 3h 3h 3h
加密区 加密区 暗梁跨度 l 加密区 加密区

柱上板带暗梁钢筋构造
(纵向钢筋做法同柱上板带钢筋)

h

暗梁宽度

1—1
(暗架配筋详见设计)

箍筋加 箍筋加 另一方 箍筋 箍筋 另一方 箍筋加密区 箍筋加密区
密区 密区 向板 加密区 加密区 向板中
中钢筋 钢筋

暗梁箍筋

暗梁宽度

柱上板带暗梁钢筋构造						图集号	16G101—1—105
审核	郭仁俊	校对	廖宜香	设计	傅华夏		

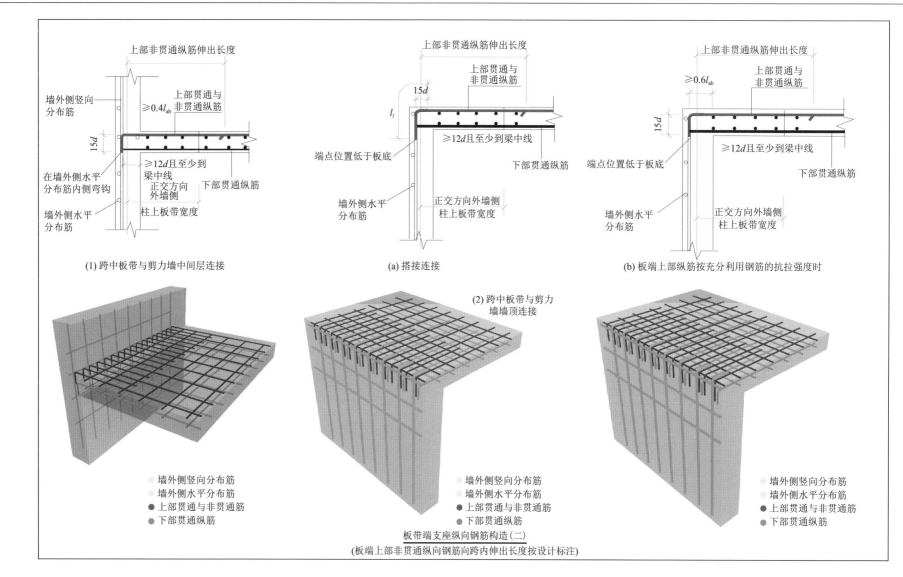

(1) 跨中板带与剪力墙中间层连接

(a) 搭接连接

(b) 板端上部纵筋按充分利用钢筋的抗拉强度时

(2) 跨中板带与剪力墙墙顶连接

- 墙外侧竖向分布筋
- 墙外侧水平分布筋
- 上部贯通与非贯通筋
- 下部贯通纵筋

- 墙外侧竖向分布筋
- 墙外侧水平分布筋
- 上部贯通与非贯通筋
- 下部贯通纵筋

- 墙外侧竖向分布筋
- 墙外侧水平分布筋
- 上部贯通与非贯通筋
- 下部贯通纵筋

板带端支座纵向钢筋构造(二)
(板端上部非贯通纵向钢筋向跨内伸出长度按设计标注)

注：1. 跨中板带与剪力墙墙顶连接时，图 (a)、(b) 做法由设计指定。
　　2. 纵向钢筋构造见 16G101—1 第 104 页。

板带端支座纵向钢筋构造（二）							图集号	16G101—1—106
审核	郭仁俊	校对	廖宜香	设计	傅华夏			

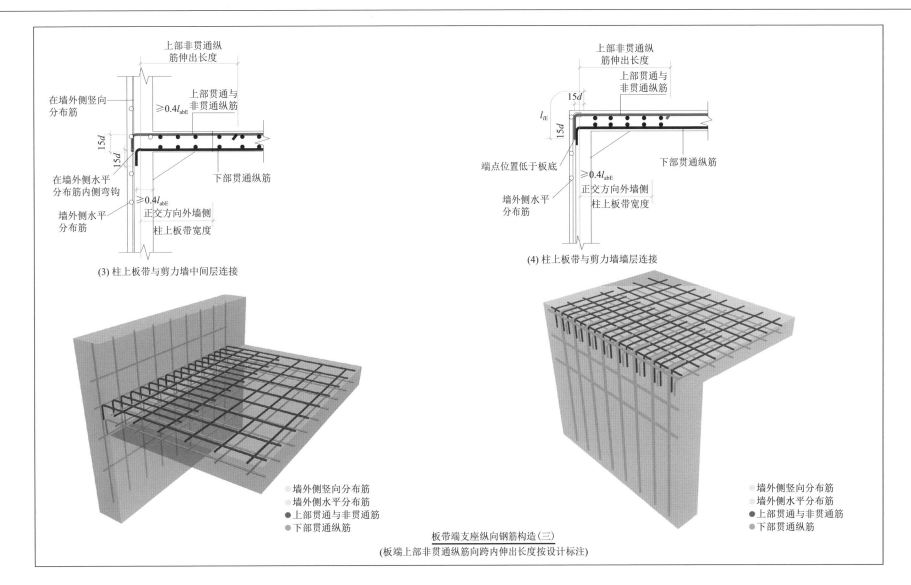

(3) 柱上板带与剪力墙中间层连接

(4) 柱上板带与剪力墙墙层连接

● 墙外侧竖向分布筋
● 墙外侧水平分布筋
● 上部贯通与非贯通筋
● 下部贯通纵筋

● 墙外侧竖向分布筋
● 墙外侧水平分布筋
● 上部贯通与非贯通筋
● 下部贯通纵筋

板带端支座纵向钢筋构造(三)
(板端上部非贯通纵筋向跨内伸出长度按设计标注)

注：1. 跨中板带与剪力墙墙顶连接时，图 (a)、(b) 做法由设计指定。
　　2. 纵向钢筋构造见 16G101—1 第 104 页。

板带端支座纵向钢筋构造（三）						图集号	16G101—1—106
审核	郭仁俊	校对	廖宜香	设计	傅华夏		

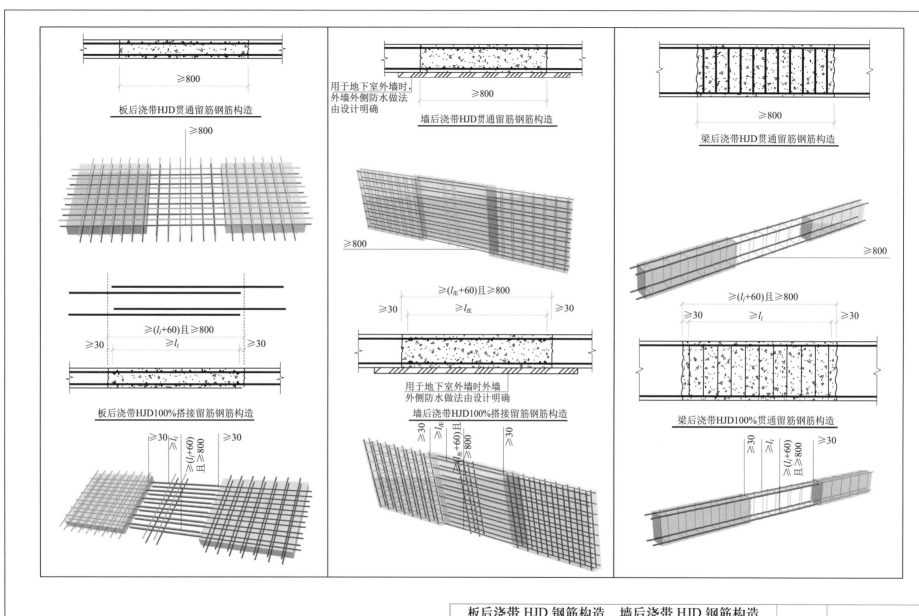

板后浇带HJD贯通留筋钢筋构造

墙后浇带HJD贯通留筋钢筋构造

梁后浇带HJD贯通留筋钢筋构造

用于地下室外墙时，外墙外侧防水做法由设计明确

板后浇带HJD100%搭接留筋钢筋构造

用于地下室外墙时外墙外侧防水做法由设计明确

墙后浇带HJD100%搭接留筋钢筋构造

梁后浇带HJD100%贯通留筋钢筋构造

板后浇带 HJD 钢筋构造　墙后浇带 HJD 钢筋构造 梁后浇带 HJD 钢筋构造					图集号	16G101—1—107
审核	郭仁俊	校对	廖宜香	设计	傅华夏	

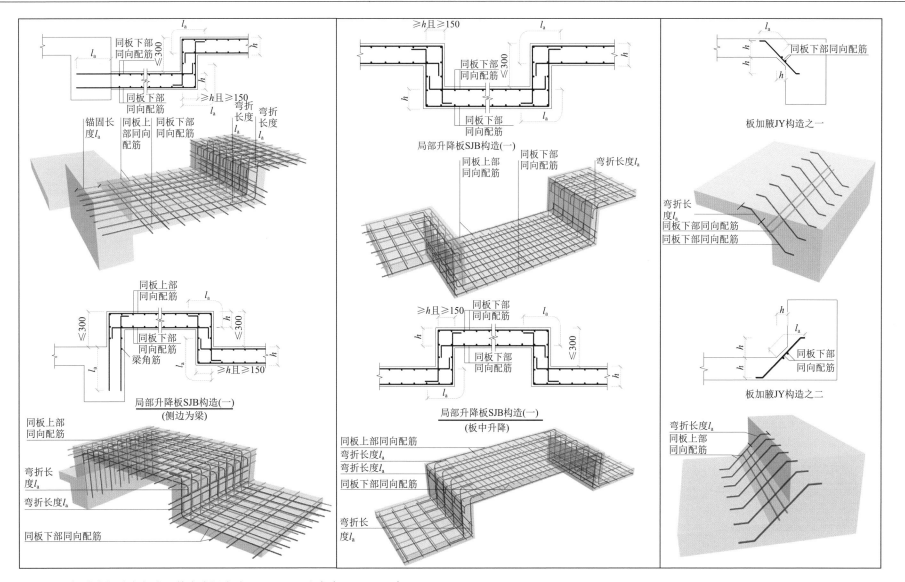

局部升降板SJB构造(一)

同板上部同向配筋

同板下部同向配筋

局部升降板SJB构造(一)
(侧边为梁)

局部升降板SJB构造(一)
(板中升降)

板加腋JY构造之一

板加腋JY构造之二

注：1. 局部升降板升高与降低的高度限定为≤300mm，当高度>300mm时，
     设计应补充配筋构造图。
    2. 局部升降板的下部与上部配筋宜为双向贯通筋。
    3. 本图构造同样适用于狭长沟状降板。

板加腋 JY 构造 局部升降板 SJB 构造（一）						图集号	16G101—1—108
审核	郭仁俊	校对	廖宜香	设计	傅华夏		

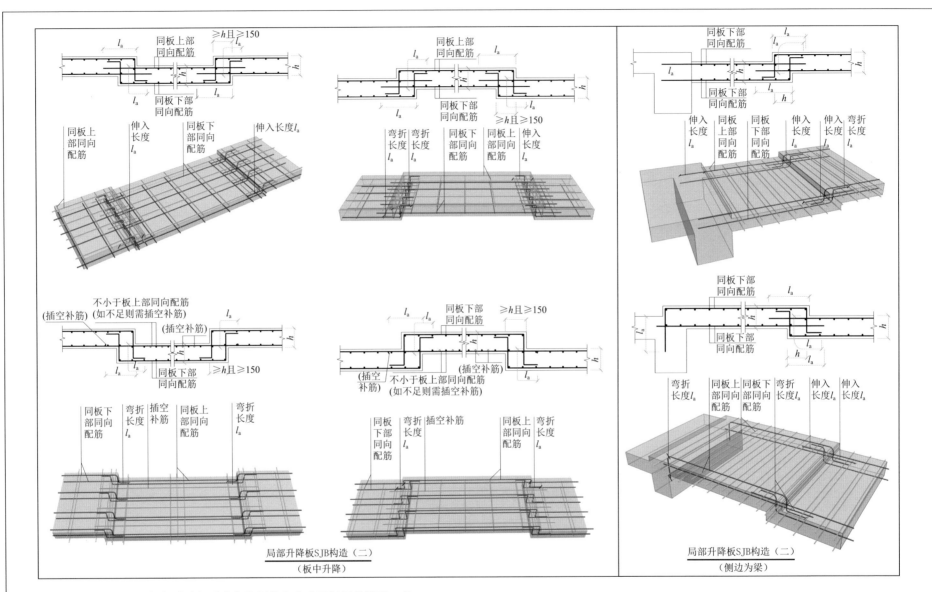

局部升降板SJB构造（二）
（板中升降）

局部升降板SJB构造（二）
（侧边为梁）

注：1. 本图构造用于局部升降板升高与降低的高度小于板厚的情况，高
　　　度大于板厚见 16G101—1 第 108 页。
　　2. 局部升降板的下部与上部配筋宜为双向贯通筋。
　　3. 本图构造同样适用于狭长沟状降板。

局部升降板 SJB 构造（二）					图集号	16G101—1—109
审核	郭仁俊	校对	廖宜香	设计	傅华夏	

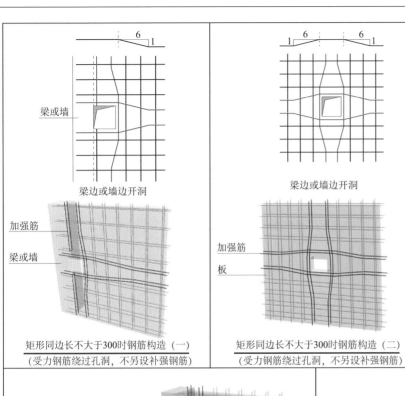

梁或墙

梁边或墙边开洞

加强筋

梁或墙

矩形同边长不大于300时钢筋构造（一）
（受力钢筋绕过孔洞，不另设补强钢筋）

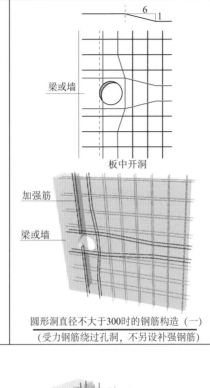

梁边或墙边开洞

加强筋

板

矩形同边长不大于300时钢筋构造（二）
（受力钢筋绕过孔洞，不另设补强钢筋）

梁或墙

板中开洞

加强筋

梁或墙

圆形洞直径不大于300时的钢筋构造（一）
（受力钢筋绕过孔洞，不另设补强钢筋）

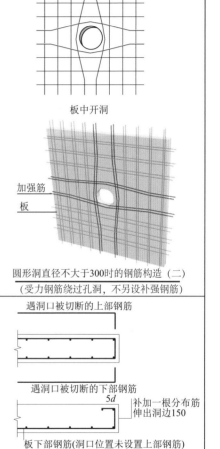

板中开洞

加强筋

板

圆形洞直径不大于300时的钢筋构造（二）
（受力钢筋绕过孔洞，不另设补强钢筋）

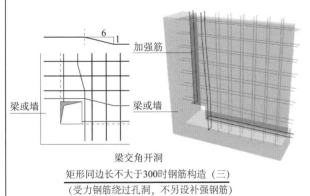

加强筋

梁或墙

梁或墙

梁交角开洞

矩形同边长不大于300时钢筋构造（三）
（受力钢筋绕过孔洞，不另设补强钢筋）

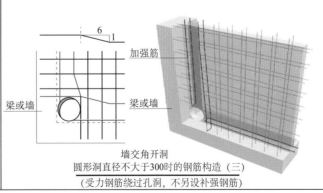

加强筋

梁或墙

梁或墙

墙交角开洞

圆形洞直径不大于300时的钢筋构造（三）
（受力钢筋绕过孔洞，不另设补强钢筋）

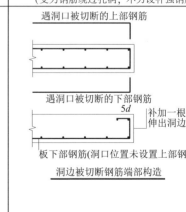

遇洞口被切断的上部钢筋

遇洞口被切断的下部钢筋

5d

补加一根分布筋
伸出洞边150

板下部钢筋(洞口位置未设置上部钢筋)

洞边被切断钢筋端部构造

板开洞 BD 与洞边加强钢筋构造（洞边无集中荷载）					图集号	16G101—1—110
审核	郭仁俊	校对	廖宜香	设计	傅华夏	

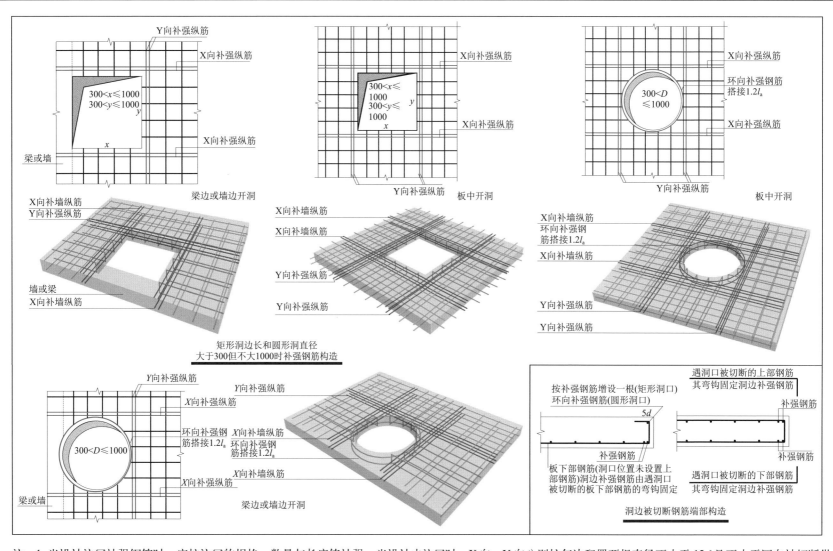

矩形洞边长和圆形洞直径
大于300但不大1000时补强钢筋构造

板中开洞

梁边或墙边开洞

洞边被切断钢筋端部构造

注：1. 当设计注写补强钢筋时，应按注写的规格、数量与长度值补强。当设计未注写时，X向、Y向分别按每边配置两根直径不小于12d且不小于同向被切断纵向钢筋总面积的50%其补强，补强钢筋与被切断钢筋布置在同一层面，两根补强钢筋之间的净距为30mm；环向上下各配置一根直径不小于10mm的钢筋补强。
2. 补强钢筋的强度等级与被切断钢筋相同。
3. X向、Y向补强纵筋伸入支座的锚固方式同板中钢筋，当不伸入支座时，设计应标注。

板开洞 BD 与洞边加强钢筋构造（洞边无集中荷载）						图集号	16G101—1—111
审核	郭仁俊	校对	廖宜香	设计	傅华夏		

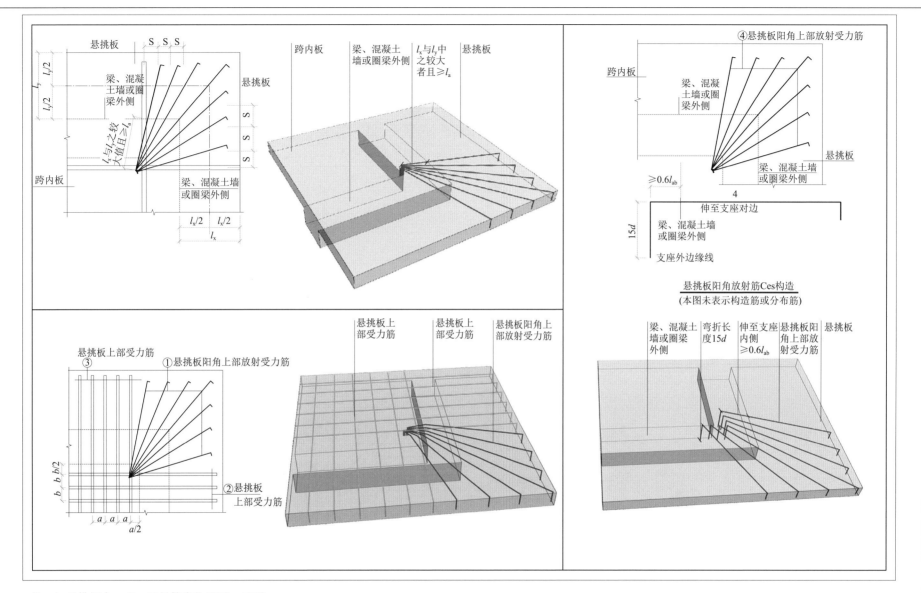

悬挑板阳角放射筋 Ces 构造
（本图未表示构造筋或分布筋）

注：1. 悬挑板内，①～③号筋应位于同一层面。
　　2. 在支座和跨内，①号筋应向下斜弯到②号与③号筋下面与两筋交叉并向跨内平伸。
　　3. 需要考虑竖向地震作用时，另行设计。

悬挑板阳角放射筋 Ces 构造						图集号	16G101—1—112
审核	郭仁俊	校对	廖宜香	设计	傅华夏		

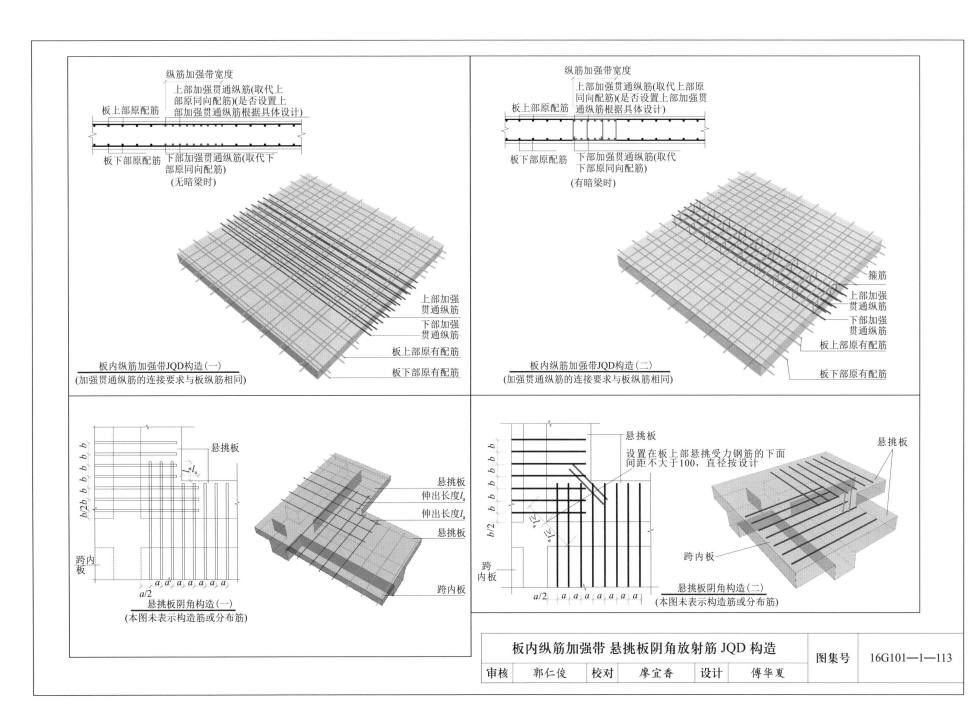

纵筋加强带宽度
上部加强贯通纵筋(取代上部原同向配筋)(是否设置上部加强贯通纵筋根据具体设计)
板上部原配筋
板下部原配筋
下部加强贯通纵筋(取代下部原同向配筋)
(无暗梁时)
上部加强贯通纵筋
下部加强贯通纵筋
板上部原有配筋
板下部原有配筋

板内纵筋加强带JQD构造(一)
(加强贯通纵筋的连接要求与板纵筋相同)

纵筋加强带宽度
上部加强贯通纵筋(取代上部原同向配筋)(是否设置上部加强贯通纵筋根据具体设计)
板上部原配筋
板下部原配筋
下部加强贯通纵筋(取代下部原同向配筋)
(有暗梁时)
箍筋
上部加强贯通纵筋
下部加强贯通纵筋
板上部原有配筋
板下部原有配筋

板内纵筋加强带JQD构造(二)
(加强贯通纵筋的连接要求与板纵筋相同)

悬挑板
悬挑板
伸出长度 l_a
伸出长度 l_a
悬挑板
跨内板
$b/2$ b b b b
$a/2$ a a a a a a

悬挑板阴角构造(一)
(本图未表示构造筋或分布筋)

悬挑板
设置在板上部悬挑受力钢筋的下面间距不大于100,直径按设计
悬挑板
跨内板
$b/2$ b b b b
$a/2$ a a a a a a

悬挑板阴角构造(二)
(本图未表示构造筋或分布筋)

板内纵筋加强带 悬挑板阴角放射筋 JQD 构造	图集号	16G101—1—113

审核	郭仁俊	校对	廖宜香	设计	傅华夏

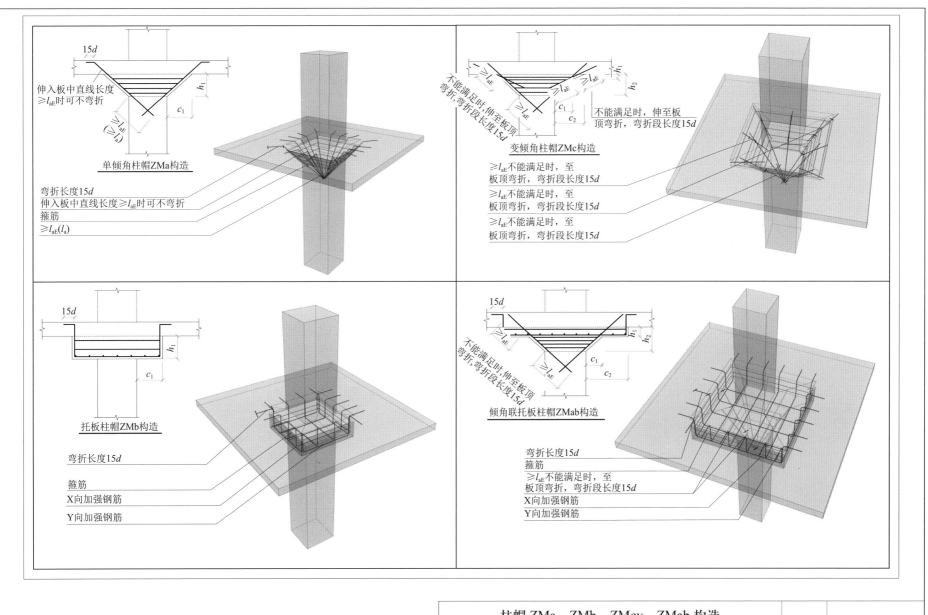

15d

伸入板中直线长度
≥l_{aE}时可不弯折

h_1

c_1

≥l_{aE}
(≥l_a)

单倾角柱帽ZMa构造

弯折长度15d
伸入板中直线长度≥l_{aE}时可不弯折

箍筋

≥l_{aE}(l_a)

不能满足时，伸至板顶
弯折，弯折段长度15d

≥l_{aE}

≥l_{aE}

≥l_{aE}

c_1

c_2

h_1

h_2

不能满足时，伸至板
顶弯折，弯折段长度15d

变倾角柱帽ZMc构造

≥l_{aE}不能满足时，至
板顶弯折，弯折段长度15d

≥l_{aE}不能满足时，至
板顶弯折，弯折段长度15d

≥l_{aE}不能满足时，至
板顶弯折，弯折段长度15d

15d

h_1

c_1

托板柱帽ZMb构造

弯折长度15d

箍筋

X向加强钢筋

Y向加强钢筋

15d

不能满足时，伸至板顶
弯折，弯折段长度15d

≥l_{aE}

≥l_{aE}

c_1

c_2

h_1

h_2

倾角联托板柱帽ZMab构造

弯折长度15d

箍筋

≥l_{aE}不能满足时，至
板顶弯折，弯折段长度15d

X向加强钢筋

Y向加强钢筋

柱帽 ZMa、ZMb、ZMcv、ZMab 构造					图集号	16G101—1—114
审核	郭仁俊	校对	廖宜香	设计	傅华夏	

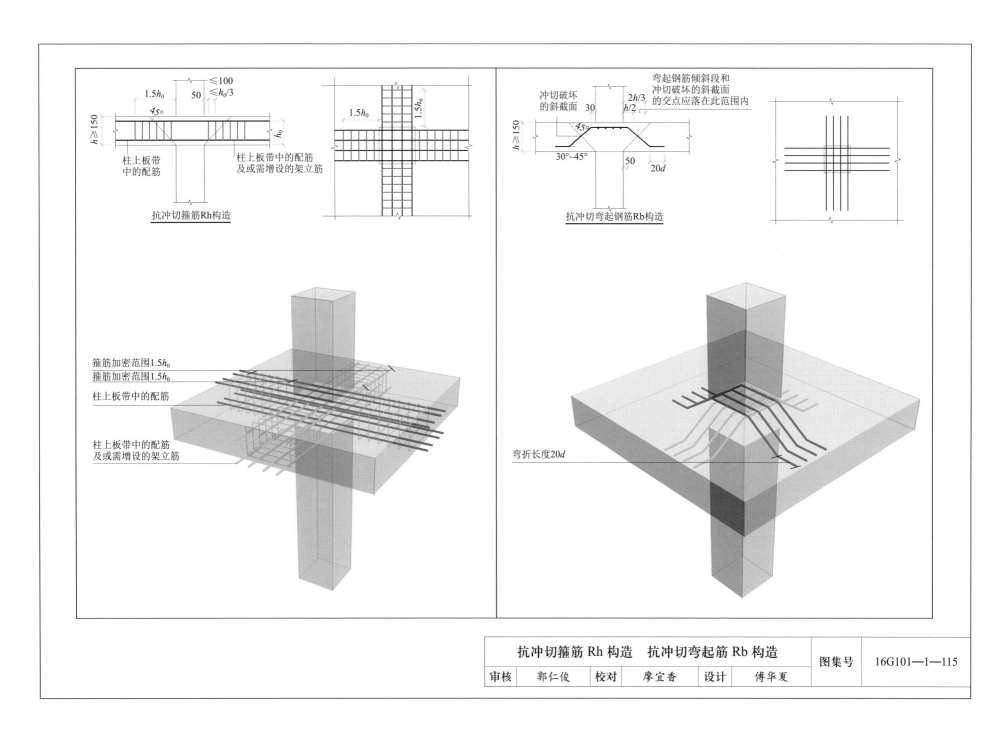

抗冲切箍筋 Rh 构造　抗冲切弯起筋 Rb 构造

| 图集号 | 16G101—1—115 |
| 审核 | 郭仁俊 | 校对 | 廖宜香 | 设计 | 傅华夏 |

楼梯平法识图规则与标准构造详图及三维示意图

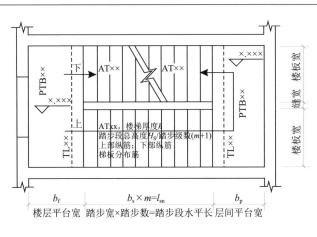

第6章

图1 注写方式　标高x.×××~标高x.×××楼梯平面图

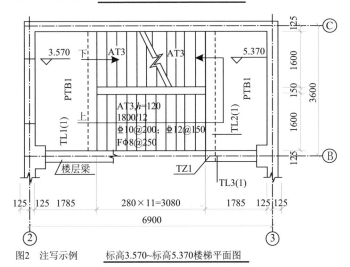

图2 注写示例　标高3.570~标高5.370楼梯平面图

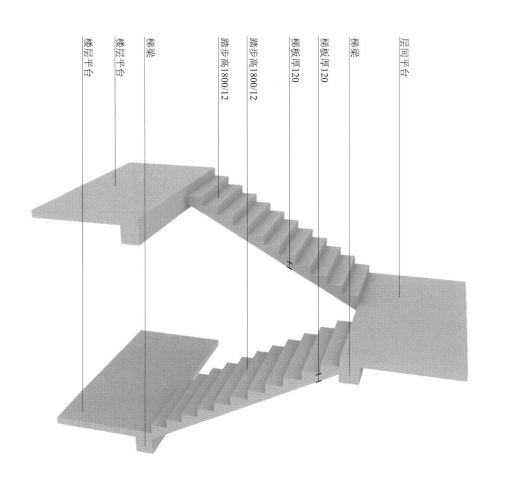

注：1. AT型楼梯的适用条件为两梯梁之间的短形梯板全部由踏步段构成，即踏步段两端
　　　均以梯梁为支座。凡是满足该条件的接梯均可为AT型，如双跑楼梯(图1、图2)、
　　　双分平行楼梯(图3)和剪刀楼梯(图4、图5)等。
　　2. AT型楼梯平面注写方式如图1所示，其中，集中注写的内容有5项：第1项为梯
　　　板类型代号与序号AT××，第2项为梯板厚度a，第3项为踏步段总高度H_s/踏步
　　　级数$(m+1)$，第4项为上部纵筋及下部纵筋，第5项为梯板分布筋。注写示例见图2。
　　3. 梯板的分布钢筋可直接标速，也可统一说明。
　　4. 平台板PTB、梯梁TL、梯柱TZ配筋可参照16G101—1标注。
　　5. 图中数据单位为mm，标高单位为m。

AT 型楼梯平面注写方式与适用条件（一）						图集号	16G101—2—23
审核	郭仁俊	校对	廖宜香	设计	傅华夏		

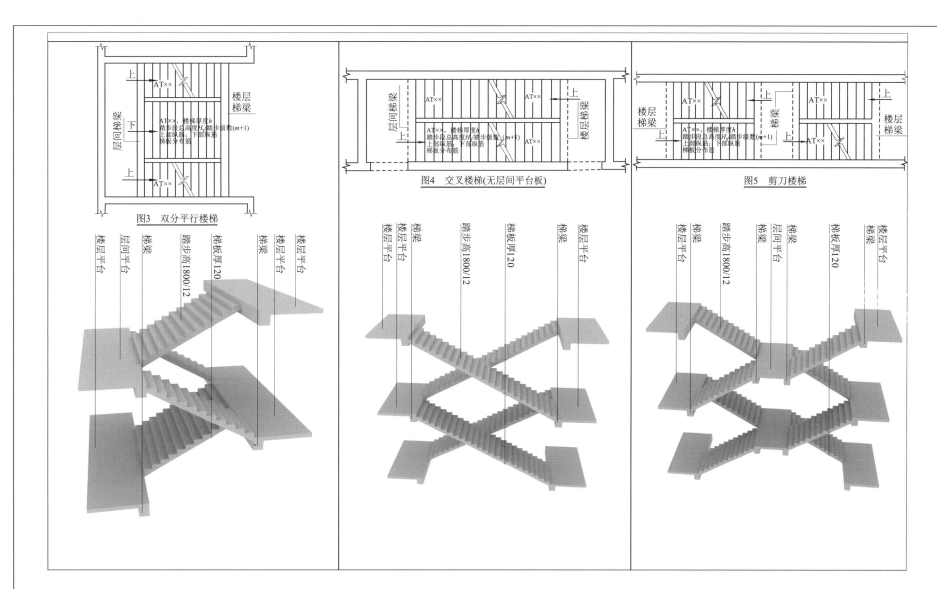

图3　双分平行楼梯

图4　交叉楼梯(无层间平台板)

图5　剪刀楼梯

AT 型楼梯平面注写方式与适用条件（二）							图集号	16G101—2—23
审核	郭仁俊	校对	廖宜香	设计	傅华夏			

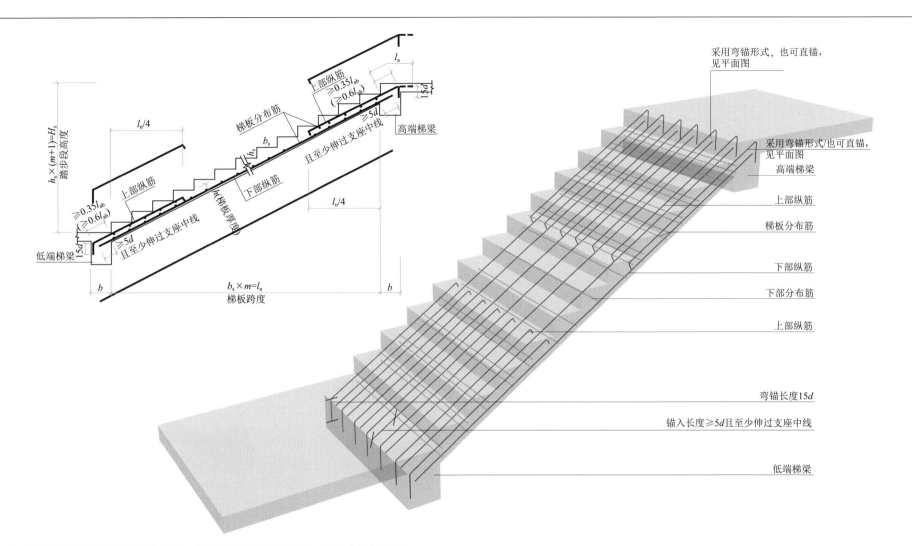

采用弯锚形式，也可直锚，见平面图

采用弯锚形式/也可直锚，见平面图

高端梯梁

上部纵筋

梯板分布筋

下部纵筋

下部分布筋

上部纵筋

弯锚长度15d

锚入长度≥5d且至少伸过支座中线

低端梯梁

注：1. 图中上部纵筋锚固长度 $0.35l_{ab}$ 用于设计按铰接的情况，括号内数据 $0.6l_{ab}$ 用于设计考虑充分发挥钢筋抗拉强度的情况。具体工程中，设计应指明采用何种情况。
2. 上部纵筋需伸至支座对边再向下弯折。
3. 上部纵筋有条件时可直接伸入平台板内锚固，从支座内边算起总锚固长度大于等于 l_a，如图中虚线所示。
4. 踏步两头高度调整见 16G101—2 第 50 页。

AT 型楼梯板配筋构造						图集号	16G101—2—24
审核	郭仁俊	校对	廖宜香	设计	傅华夏		

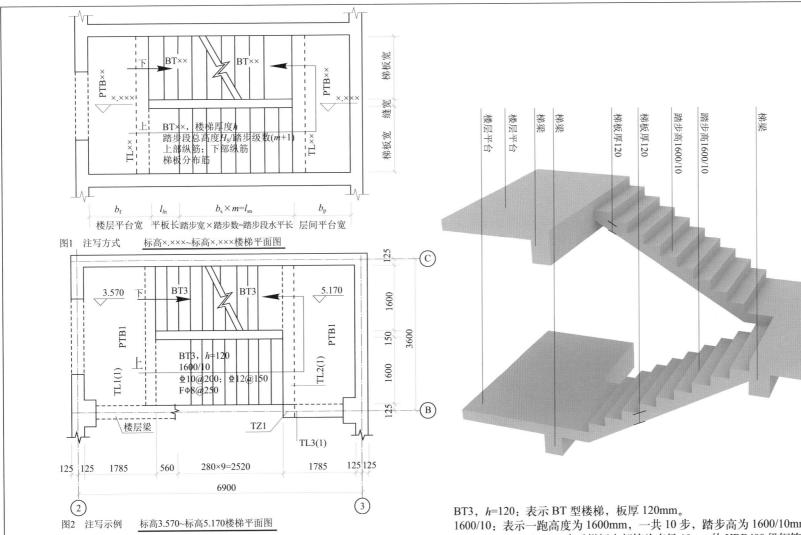

图1 注写方式 标高×.×××~标高×.×××楼梯平面图

图2 注写示例 标高3.570~标高5.170楼梯平面图

注: 1. BT型楼梯的适用条件为两梯梁之间的矩形梯板由低端平板和踏步段构成,两部分的一端各自以梯梁为支座。凡是满足该条件的楼梯均可为BT型,如双跑楼梯(图1、图2)、双分平行楼梯(图3)和剪刀楼梯(图4、图5)等。
2. BT型楼梯平面注写方式见图1,其中:集中注写的内容有5项,第1项为楼梯类型代号与序号BT××,第2项为梯板厚度 h,第3项为踏步段总高 H_s/踏步级数(m+1),第4项为上部纵筋及下部纵筋,第5项为梯板分布筋。注写示例见图2。
3. 梯板的分布钢筋可直接标注,也可统一说明。
4. 平台板 PTB、楼梯 TL、梯柱 TZ 配筋可参照 16G101—1 标注。
5. 各数据单位为 mm,标高单位为 m。

BT3,h=120:表示 BT 型楼梯,板厚 120mm。
1600/10:表示一跑高度为 1600mm,一共 10 步,踏步高为 1600/10mm。
Φ10@200;Φ12@150:表示梯板上部筋为直径 10mm 的 HRB400 级钢筋,按间距 200mm 布置;下部受力筋为直径 12mm 的 HRB400 级钢筋,按间距 150mm 布置。
Fϕ8@250:表示分布筋为直径 8mm 的 HPB300 级钢筋,按间距 250mm 布置。

BT 型楼梯平面注写方式与适用条件(一)						图集号	16G101—2—25
审核	郭仁俊	校对	廖宜香	设计	傅华夏		

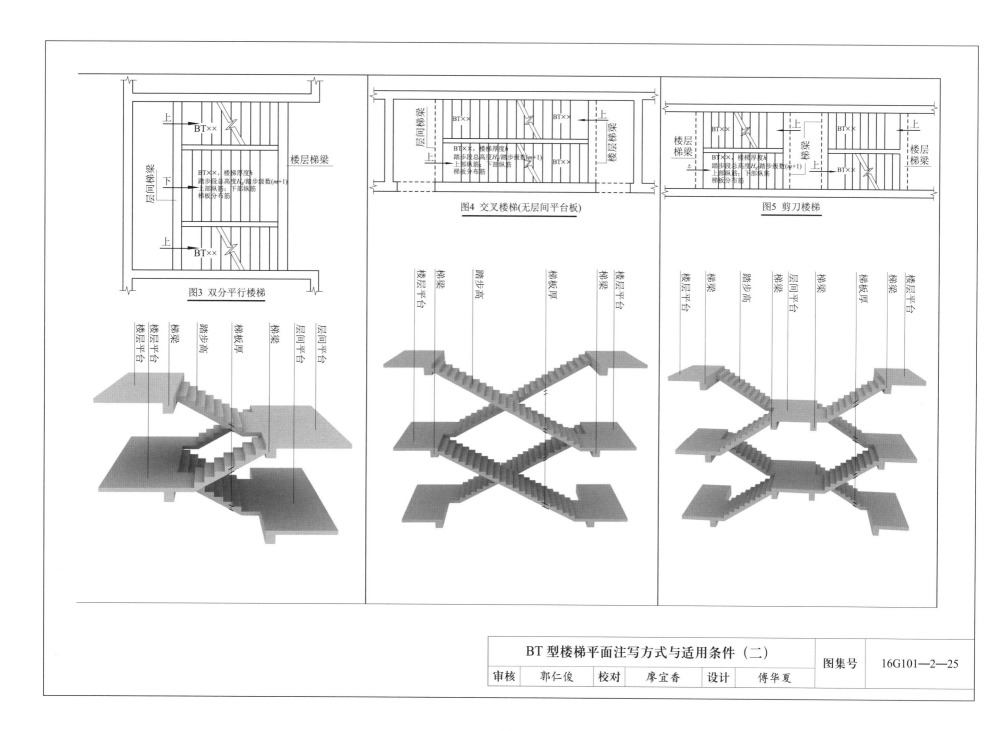

图3 双分平行楼梯

图4 交叉楼梯(无层间平台板)

图5 剪刀楼梯

BT 型楼梯平面注写方式与适用条件（二）						图集号	16G101—2—25
审核	郭仁俊	校对	廖宜香	设计	傅华夏		

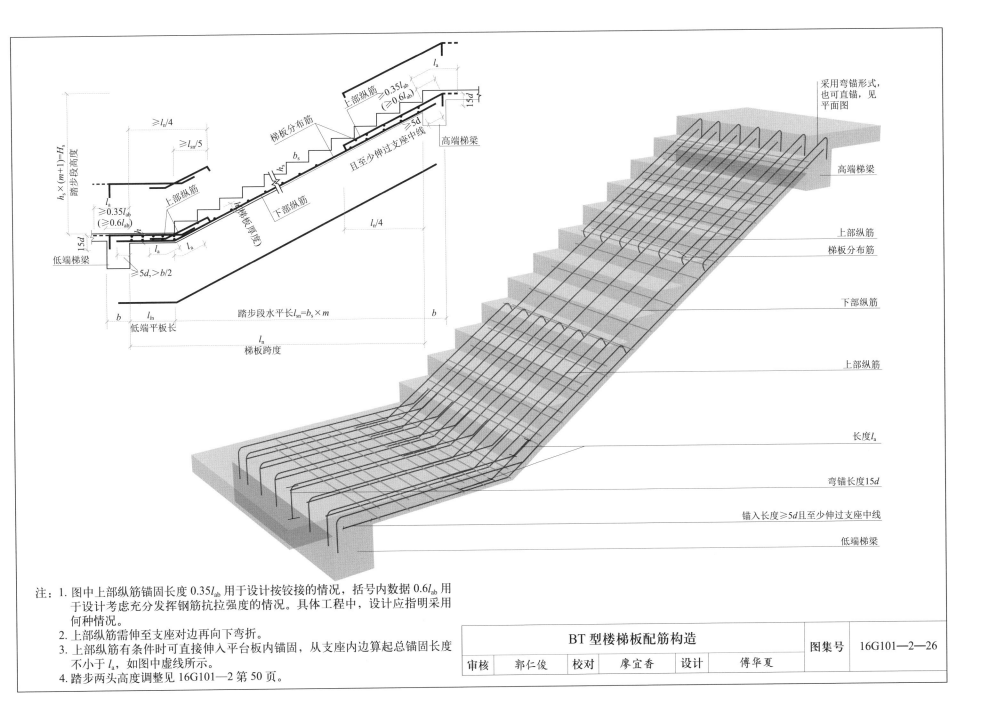

BT 型楼梯板配筋构造

注：1. 图中上部纵筋锚固长度 $0.35l_{ab}$ 用于设计按铰接的情况，括号内数据 $0.6l_{ab}$ 用于设计考虑充分发挥钢筋抗拉强度的情况。具体工程中，设计应指明采用何种情况。
2. 上部纵筋需伸至支座对边再向下弯折。
3. 上部纵筋有条件时可直接伸入平台板内锚固，从支座内边算起总锚固长度不小于 l_a，如图中虚线所示。
4. 踏步两头高度调整见 16G101—2 第 50 页。

图中标注：
- $\geqslant l_n/4$
- $\geqslant l_{sn}/5$
- 梯板分布筋
- 上部纵筋 $\geqslant 0.35l_{ab}$ ($\geqslant 0.6l_{ab}$)
- $5d$
- 且至少伸过支座中线
- 高端梯梯
- 高端梯梁
- $15d$
- $h_s \times (m+1) = H_s$ 踏步段高度
- 上部纵筋
- l_a
- $\geqslant 0.35l_{ab}$ ($\geqslant 0.6l_{ab}$)
- 下部纵筋
- 梯板厚度
- $15d$
- 低端梯梁
- $\geqslant 5d, > b/2$
- l_a l_a
- b l_{ln}
- 低端平板长
- 踏步段水平长 $l_{sn} = b_s \times m$
- $l_n/4$
- b
- l_n
- 梯板跨度
- b_s
- h_s
- 采用弯锚形式，也可直锚，见平面图
- 高端梯梁
- 上部纵筋
- 梯板分布筋
- 下部纵筋
- 上部纵筋
- 长度 l_a
- 弯锚长度 $15d$
- 锚入长度 $\geqslant 5d$ 且至少伸过支座中线
- 低端梯梁

| | 审核 | 郭仁俊 | 校对 | 廖宜香 | 设计 | 傅华夏 | 图集号 | 16G101—2—26 |

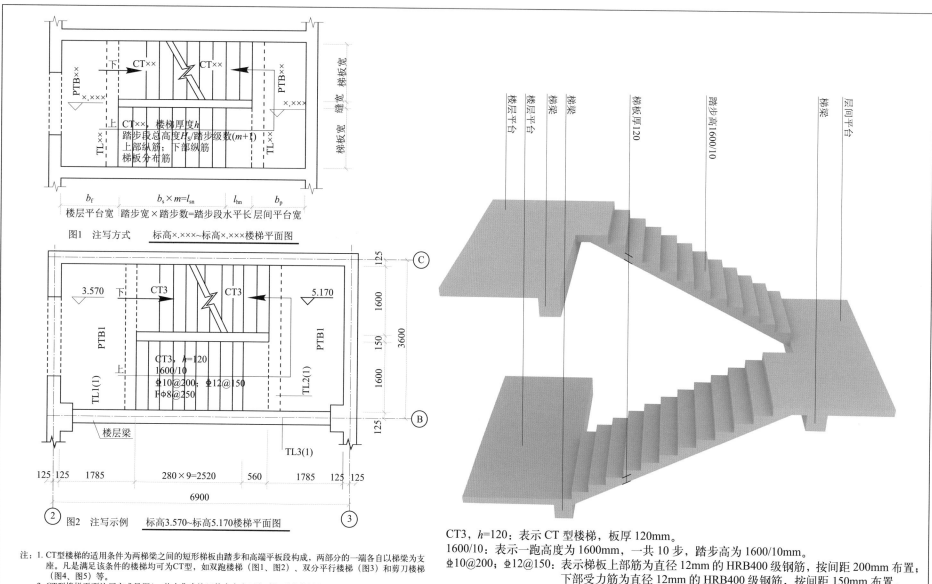

图1 注写方式　标高×.×××~标高×.×××楼梯平面图

图2 注写示例　标高3.570~标高5.170楼梯平面图

注：1. CT型楼梯的适用条件为两梯梁之间的短形梯板由踏步和高端平板段构成，两部分的一端各自以梯梁为支座。凡是满足该条件的楼梯均可为CT型，如双跑楼梯（图1、图2）、双分平行楼梯（图3）和剪刀楼梯（图4、图5）等。
2. CT型楼梯平面注写方式见图1，其中集中注写的内容有5项，第1项为楼梯类型代号与序号CT××，第2项为梯板厚度h，第3项为踏步段总高H_s/踏步级数$(m+1)$，第4项为上部纵筋及下部纵筋；第5项为梯板分布筋。注写示例见图2。
3. 梯板的分布钢筋可直接标注，也可统一说明。
4. 平台板PTB、楼梯TL、梯柱TZ配筋可参照16G101—1标注。
5. 标高单位为m，其余数据单位为mm。

CT3，$h=120$：表示CT型楼梯，板厚120mm。

1600/10：表示一跑高度为1600mm，一共10步，踏步高为1600/10mm。

$\Phi 10@200$；$\Phi 12@150$：表示梯板上部筋为直径12mm的HRB400级钢筋，按间距200mm布置；下部受力筋为直径12mm的HRB400级钢筋，按间距150mm布置。

F$\phi 8@250$：表示分布筋为直径8mm的HPB300级钢筋，按间距250mm布置。

CT 型楼梯平面注写方式与适用条件（一）						图集号	16G101—2—27
审核	郭仁俊	校对	廖宜香	设计	傅华夏		

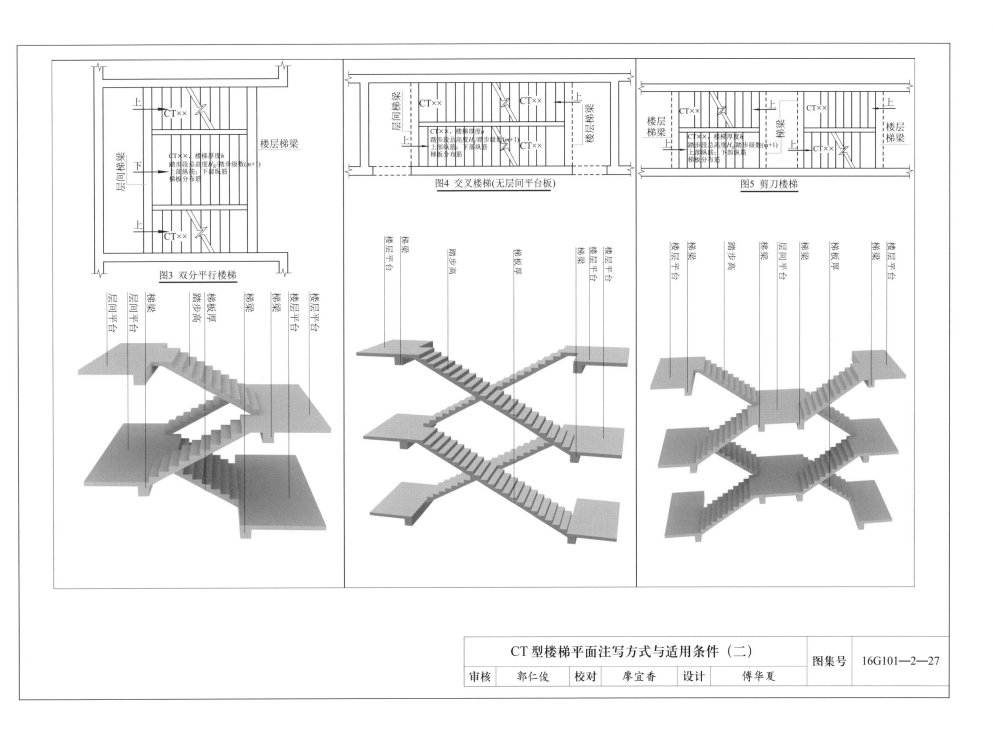

图3 双分平行楼梯

图4 交叉楼梯(无层间平台板)

图5 剪刀楼梯

CT×× ,楼梯厚度h
踏步段总高度Hs/踏步级数(m+1)
上部纵筋;下部纵筋
梯板分布筋

CT 型楼梯平面注写方式与适用条件（二）	图集号	16G101—2—27
审核 郭仁俊	校对 廖宜香	设计 傅华夏

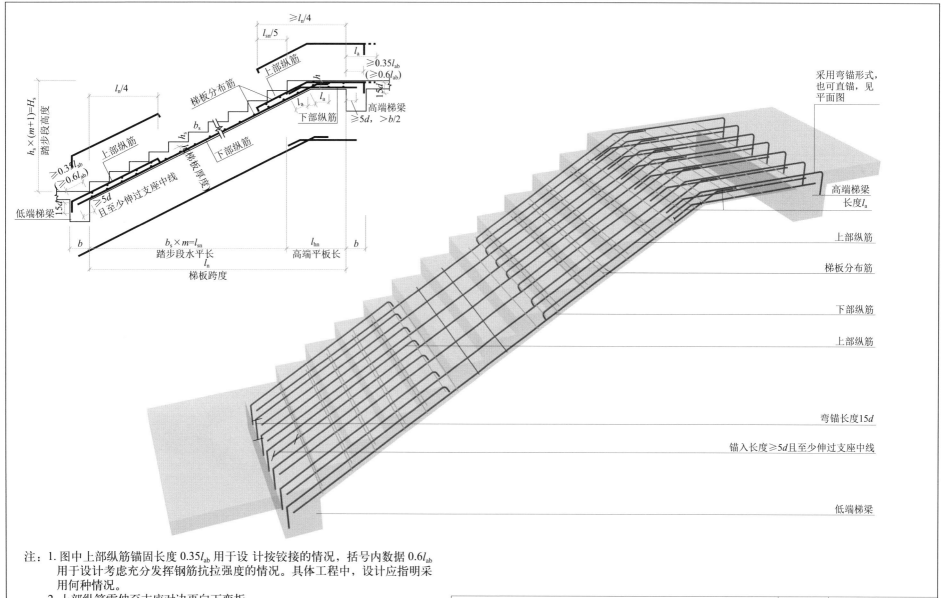

采用弯锚形式,
也可直锚,见
平面图

高端梯梁
长度 l_a

上部纵筋

梯板分布筋

下部纵筋

上部纵筋

弯锚长度15d

锚入长度≥5d且至少伸过支座中线

低端梯梁

注:1. 图中上部纵筋锚固长度 $0.35l_{ab}$ 用于设计按铰接的情况,括号内数据 $0.6l_{ab}$
用于设计考虑充分发挥钢筋抗拉强度的情况。具体工程中,设计应指明采
用何种情况。
2. 上部纵筋需伸至支座对边再向下弯折。
3. 上部纵筋有条件时可直接伸入平台板内锚固,从支座内边算起总锚固长度
大于或等于 l_a,如图中虚线所示。
4. 踏步两头高度调整见 16G101—2 第50页。

		CT 型楼梯板配筋构造			图集号	16G101—2—28
审核	郭仁俊	校对	廖宜香	设计	傅华夏	

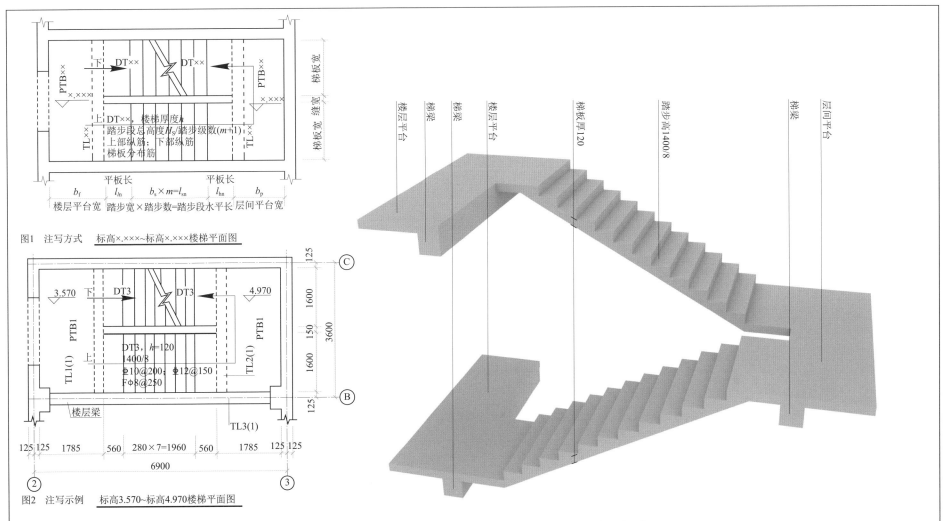

图1　注写方式　标高×.×××~标高×.×××楼梯平面图

图2　注写示例　标高3.570~标高4.970楼梯平面图

注：1. DT 型楼梯的适用条件为两梯梁之间的矩形梯板由低端平板、踏步段和高端平板构成，高低端平板的一端各自以梯梁为支座。凡是满足该条件的楼梯均可为 DT 型，如双跑楼梯（图1、图2）、双分平行楼梯（图3）和剪刀楼梯（图4、图5）等。
　　2. DT 型楼梯平面注写方式见图1，其中，集中注写的内容有 5 项，第 1 项为楼梯类型代号与序号 DT××，第 2 项为梯板厚度 h，第 3 项为踏步段总高 H_s/踏步级数（m+1），第 4 项为上部纵筋及下部纵筋，第 5 项为梯板分布筋。注写示例见图2。
　　3. 梯板的分布钢筋可直接标注，也可统一说明。
　　4. 平台板 PTB、梯梁 TL、梯柱 TZ 配筋可参照 16G101—1 标注。
　　5. 标高单位为 m，其余数据单位为 mm。

DT3，h=120：表示 DT 型楼梯，板厚 120mm。

1400/8：表示一跑高度为 1400mm，一共 8 步，踏步高为 1400/8mm。

Φ10@200；Φ12@150：表示梯板上部筋为直径 10mm 的 HRB400 级钢筋，按间距 200mm 布置；下部受力筋为直径 12mm 的 HRB400 级钢筋，按间距 150mm 布置。

Fϕ8@250：表示分布筋为直径 8mm 的 HPB300 级钢筋，按间距 250mm 布置。

DT 型楼梯平面注写方式与适用条件（一）						图集号	16G101—2—29
审核	郭仁俊	校对	廖宜香	设计	傅华夏		

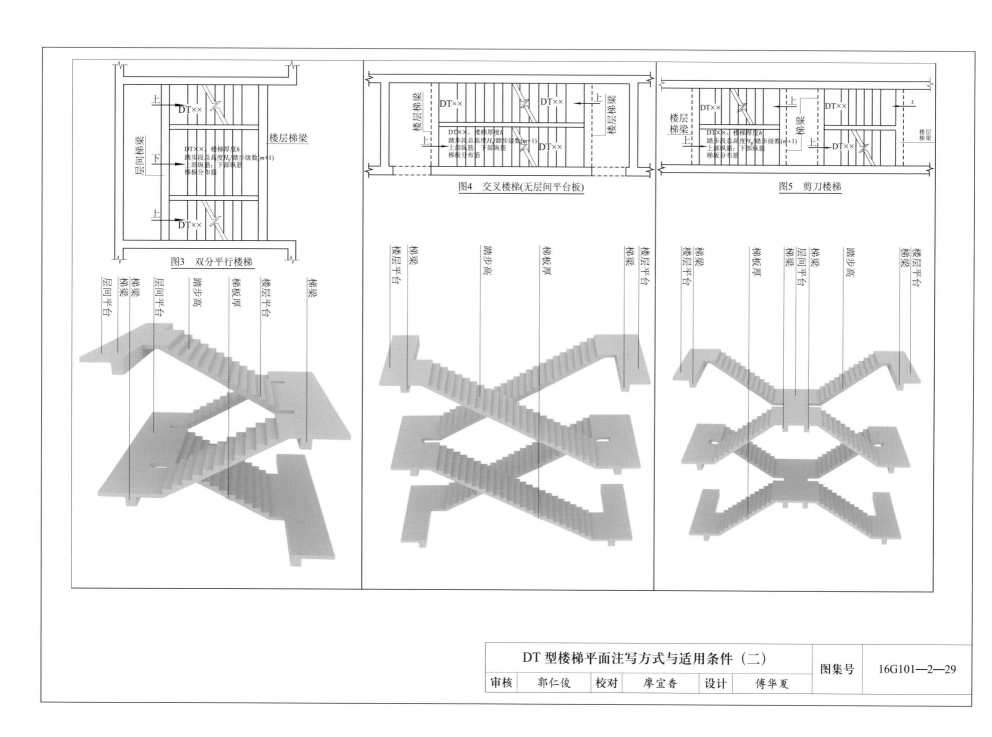

图3 双分平行楼梯

图4 交叉楼梯(无层间平台板)

图5 剪刀楼梯

图3楼梯标注：
DT××
DT××，楼梯厚度h
踏步段总高度H_s/踏步级数(m+1)
上部纵筋；下部纵筋
梯板分布筋

图3标注：楼层梯梁、层间梯梁、梯梁、踏步高、梯板厚、楼层平台、梯梁、层间平台、梯梁、踏步高、梯板厚、楼层平台、梯梁

图4标注：楼层梯梁、DT××、DT××、楼层梯梁
DT××，楼梯厚度h
踏步段总高度H_s/踏步级数(m+1)
上部纵筋；下部纵筋
梯板分布筋
DT××

图4标注：楼层平台、梯梁、踏步高、梯板厚、梯梁、楼层平台、楼层梯梁

图5标注：楼层梯梁、DT××、上、DT××、上、楼层梯梁
DT××，楼梯厚度h
踏步段总高度H_s/踏步级数(m+1)
上部纵筋；下部纵筋
梯板分布筋
DT××

图5标注：梯梁、楼层平台、梯板厚、梯梁、层间平台、楼层梯梁、楼层平台、踏步高、梯梁、楼层平台

DT型楼梯平面注写方式与适用条件（二）	图集号	16G101—2—29
审核 郭仁俊 校对 廖宜香 设计 傅华夏		

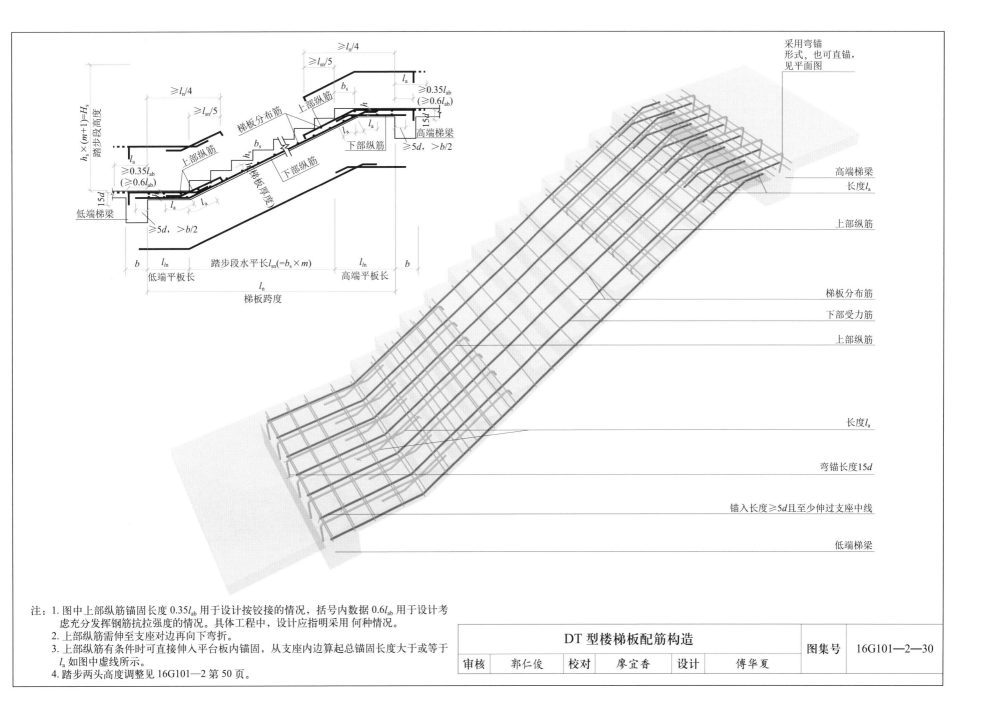

采用弯锚
形式，也可直锚，
见平面图

高端梯梁
长度l_a
上部纵筋

梯板分布筋
下部受力筋
上部纵筋

长度l_a

弯锚长度15d

锚入长度≥5d且至少伸过支座中线

低端梯梁

≥l_n/4
≥l_{sn}/5
b_s
l_a
≥0.35l_{ab}
(≥0.6l_{ab})
15d
高端梯梁
≥5d，>b/2
下部纵筋

≥l_n/4
≥l_{sn}/5
梯板分布筋
上部纵筋
b_s
h_s
梯板厚度
下部纵筋
上部纵筋
≥0.35l_{ab}
(≥0.6l_{ab})
15d
低端梯梁
l_a
≥5d，>b/2

h_s×(m+1)=H_s
踏步段高度

b | l_{ln} | 踏步段水平长l_{sn}(=b_s×m) | l_{ln} | b
低端平板长 | 高端平板长
l_n
梯板跨度

注：1. 图中上部纵筋锚固长度 0.35l_{ab} 用于设计按铰接的情况，括号内数据 0.6l_{ab} 用于设计考虑充分发挥钢筋抗拉强度的情况。具体工程中，设计应指明采用 何种情况。
2. 上部纵筋需伸至支座对边再向下弯折。
3. 上部纵筋有条件时可直接伸入平台板内锚固，从支座内边算起总锚固长度大于或等于 l_a 如图中虚线所示。
4. 踏步两头高度调整见 16G101—2 第 50 页。

| DT 型楼梯板配筋构造 | | | | | | 图集号 | 16G101—2—30 |
| 审核 | 郭仁俊 | 校对 | 廖宜香 | 设计 | 傅华夏 | | |

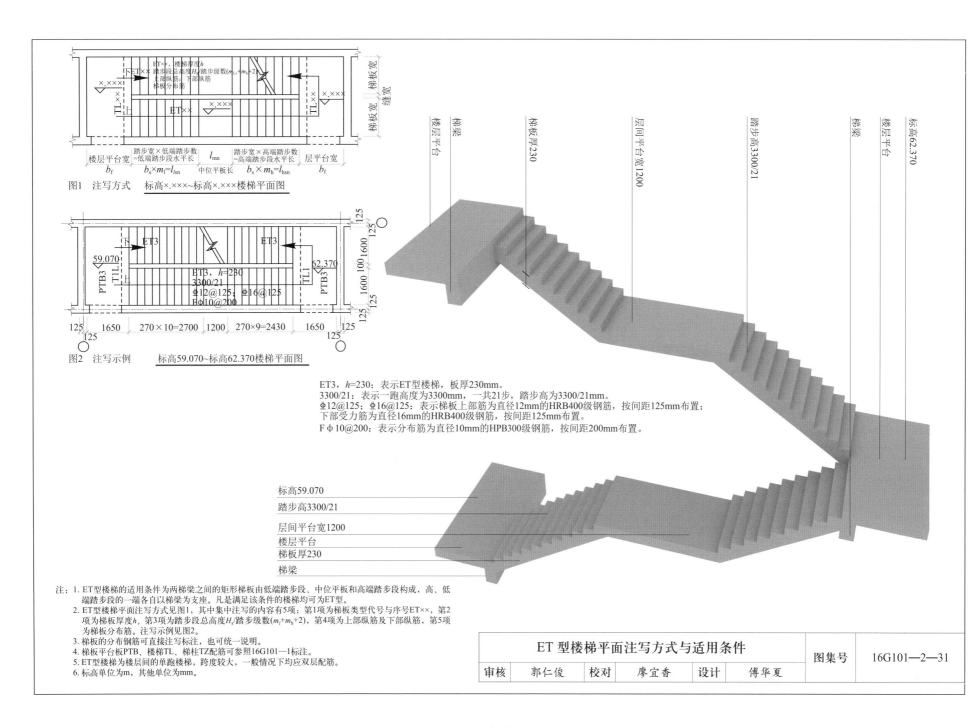

图1 注写方式　标高×.×××~标高×.×××楼梯平面图

图2 注写示例　标高59.070~标高62.370楼梯平面图

ET3，h=230：表示ET型楼梯，板厚230mm。
3300/21：表示一跑高度为3300mm，一共21步，踏步高为3300/21mm。
Φ12@125；Φ16@125：表示梯板上部筋为直径12mm的HRB400级钢筋，按间距125mm布置；
下部受力筋为直径16mm的HRB400级钢筋，按间距125mm布置。
FΦ10@200：表示分布筋为直径10mm的HPB300级钢筋，按间距200mm布置。

标高59.070
踏步高3300/21
层间平台宽1200
楼层平台
梯板厚230
梯梁

注：1. ET型楼梯的适用条件为两梯梁之间的矩形梯板由低端踏步段、中位平板和高端踏步段构成，高、低
　　　端踏步段的一端各自以梯梁为支座。凡是满足该条件的楼梯均可为ET型。
　　2. ET型楼梯平面注写方式见图1，其中集中注写的内容有5项：第1项为梯板类型代号与序号ET××，第2
　　　项为梯板厚度h，第3项为踏步段总高度H_s/踏步级数(m_l+m_h+2)，第4项为上部纵筋及下部纵筋，第5项
　　　为梯板分布筋。注写示例见图2。
　　3. 梯板的分布钢筋可直接注写标注，也可统一说明。
　　4. 梯板平台板PTB、楼梯TL、梯柱TZ配筋可参照16G101—1标注。
　　5. ET型楼梯为楼层间的单跑楼梯，跨度较大，一般情况下均应双层配筋。
　　6. 标高单位为m，其他单位为mm。

ET型楼梯平面注写方式与适用条件						图集号	16G101-2—31
审核	郭仁俊	校对	廖宜香	设计	傅华夏		

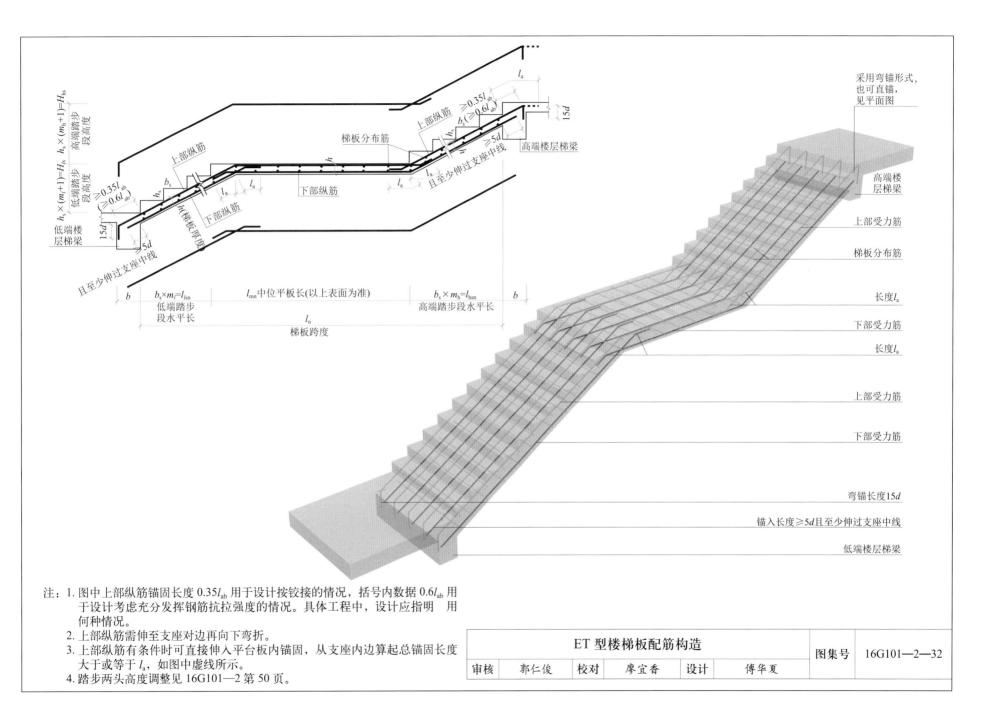

注：1. 图中上部纵筋锚固长度 $0.35l_{ab}$ 用于设计按铰接的情况，括号内数据 $0.6l_{ab}$ 用于设计考虑充分发挥钢筋抗拉强度的情况。具体工程中，设计应指明 用何种情况。
2. 上部纵筋需伸至支座对边再向下弯折。
3. 上部纵筋有条件时可直接伸入平台板内锚固，从支座内边算起总锚固长度大于或等于 l_a，如图中虚线所示。
4. 踏步两头高度调整见 16G101—2 第 50 页。

ET 型楼梯板配筋构造						图集号	16G101—2—32
审核	郭仁俊	校对	廖宜香	设计	傅华夏		

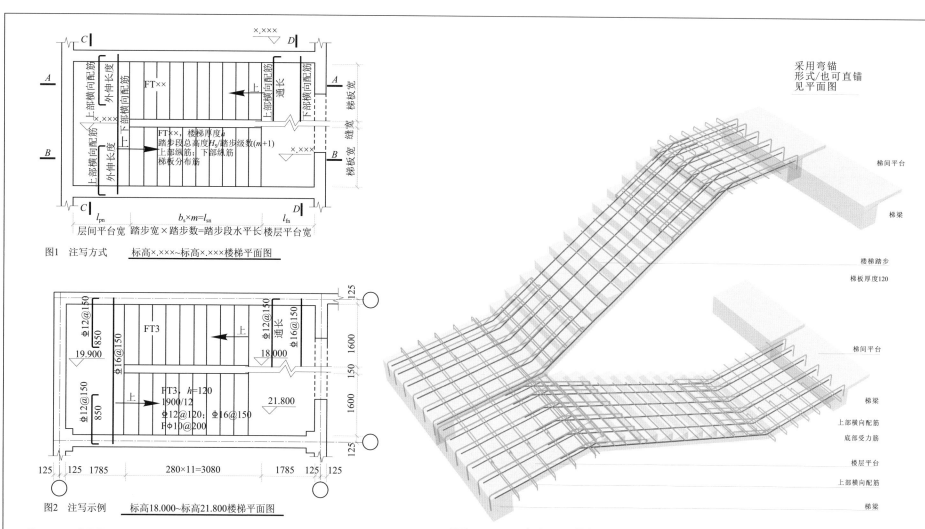

图1 注写方式 标高×.×××~标高×.×××楼梯平面图

图2 注写示例 标高18.000~标高21.800楼梯平面图

采用弯锚
形式/也可直锚
见平面图

梯间平台

梯梁

楼梯踏步

梯板厚度120

梯间平台

梯梁

上部横向配筋

底部受力筋

楼层平台

上部横向配筋

梯梁

注：1. FT 型楼梯的适用条件为：①矩形楼梯由楼层平板，两跑踏步段与层间平板三部分构成，楼梯间内不设置梯梁；②楼层平板及层间平板均采用三边支撑，另一边与踏步段相连；③同一楼层内各踏步段的水平长度相等、高度相等（即等分楼层高度）。凡是满足以上条件的可为 FT 型，如双跑楼梯。

2. FT 型楼梯平面注写方式如图1所示，其中集中注写的内容有5项：第1项为梯板类型代号与序号FT××；第2项为梯板厚度 h，当平板厚度与梯板厚度不同时，板厚标注方式见 16G101—2 图集制图规则第 2.3.2 条；第3项为踏步段总高度 Hₛ/踏步级数(m+1)；第4项为梯板上部纵筋及下部纵筋；第5项为梯板分布筋（梯板分布钢筋也可在平面图中注写或统一说明，原位注写的内容为楼层与层间平板上、下部横向配筋）。注写示例见图2。

3. 图1中的剖面符号仅为表示后面标准构造详图的表达部位而设，在结构设计施工图中不需要绘制剖面符号及详图。

4. 标高单位为 m，其余单位为 mm。

FT3，h=120：表示 FT 型楼梯，板厚 120mm。

1900/12：表示一跑高度为 1900mm，一共 12 步，踏步高为 1900/12mm。

Φ12@120；Φ16@150：表示梯板上部筋为直径 12mm 的 HRB400 级钢筋，按间距 120mm 布置；下部受力筋为直径 16mm 的 HRB400 级钢筋，按间距 150mm 布置。

F φ 10@200：表示分布筋为直径 10mm 的 HPB300 级钢筋，按间距 200mm 布置。

FT 型楼梯平面注写方式与适用条件						图集号	16G101—2—33
审核	郭仁俊	校对	廖宜香	设计	傅华夏		

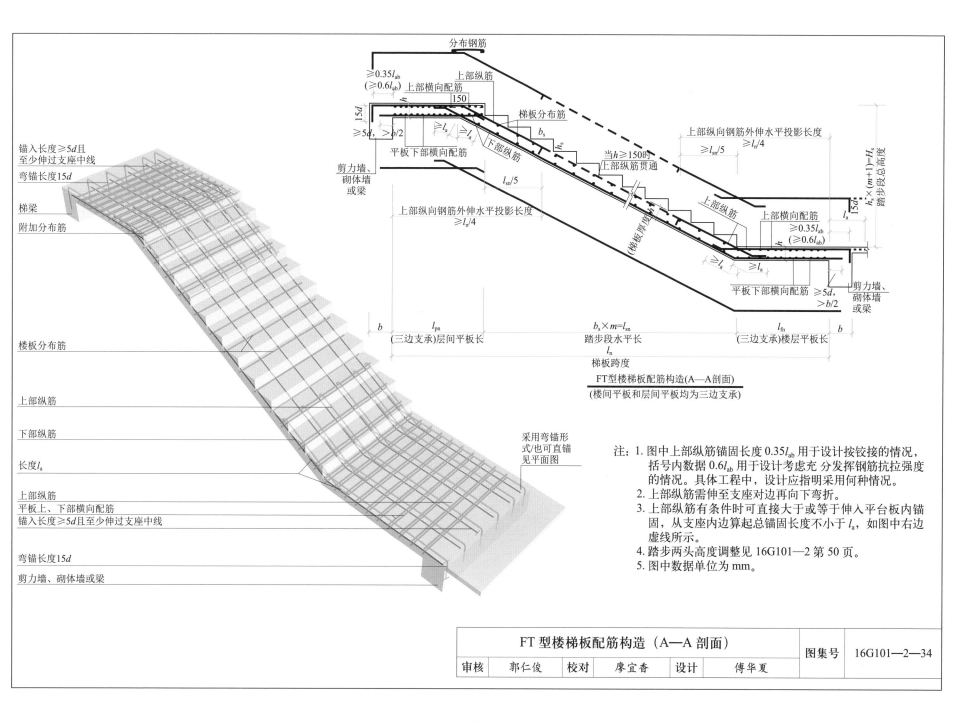

FT型楼梯板配筋构造(A—A剖面)

(楼间平板和层间平板均为三边支承)

注：1. 图中上部纵筋锚固长度 $0.35l_{ab}$ 用于设计按铰接的情况，括号内数据 $0.6l_{ab}$ 用于设计考虑充分发挥钢筋抗拉强度的情况。具体工程中，设计应指明采用何种情况。
2. 上部纵筋需伸至支座对边再向下弯折。
3. 上部纵筋有条件时可直接大于或等于伸入平台板内锚固，从支座内边算起总锚固长度不小于 l_a，如图中右边虚线所示。
4. 踏步两头高度调整见 16G101—2 第 50 页。
5. 图中数据单位为 mm。

FT 型楼梯板配筋构造（A—A 剖面）						图集号	16G101—2—34
审核	郭仁俊	校对	廖宜香	设计	傅华夏		

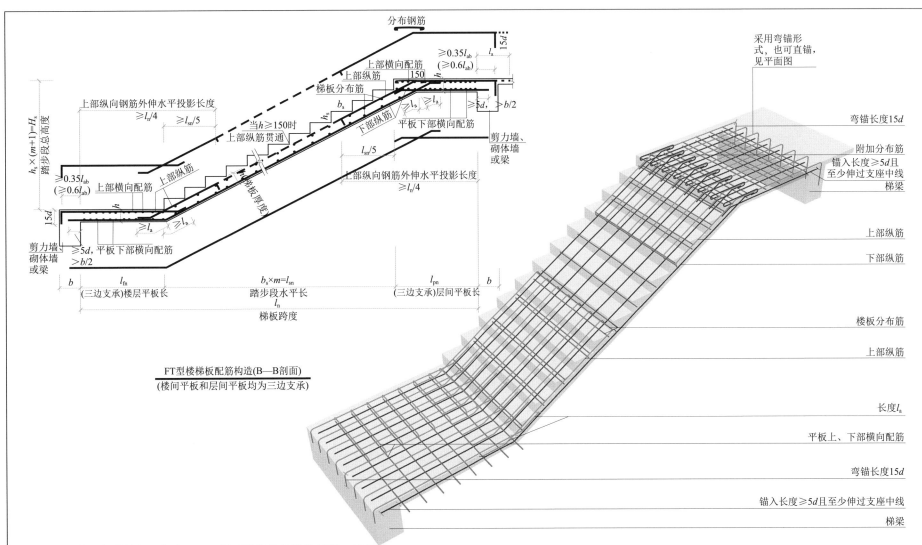

FT型楼梯板配筋构造(B—B剖面)
(楼间平板和层间平板均为三边支承)

注：1. 图中上部纵筋锚固长度 $0.35l_{ab}$ 用于设计按铰接的情况，括号内
    数据 $0.6l_{ab}$ 用于设计考虑充分发挥钢筋抗拉强度的情况。具体工
    程中，设计应指明采用何种情况。
   2. 上部纵筋需伸至支座对边再向下弯折。
   3. 上部纵筋有条件时可直接伸入平台板内锚固，从支座内边算起
    总锚固长度大于或等于 l_a 如图中右边虚线所示。
   4. 踏步两头高度调整见 16G101—2 第 50 页。
   5. 图中数据单位为 mm。

FT 型楼梯板配筋构造（B—B 剖面）					图集号	16G101—2—35
审核	郭仁俊	校对	廖宜香	设计	傅华夏	

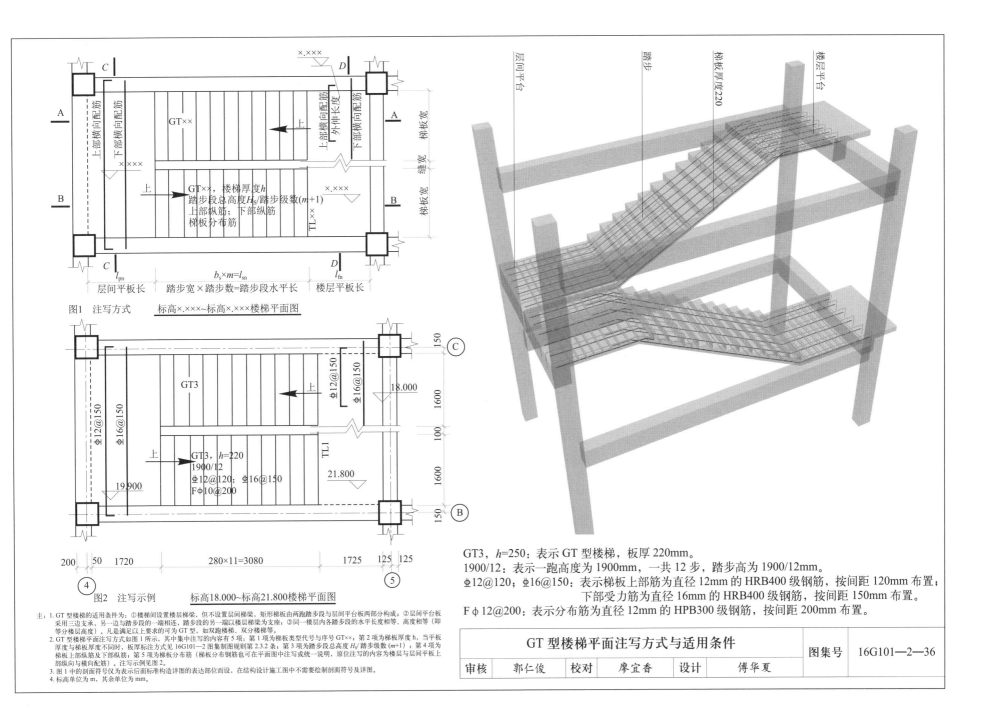

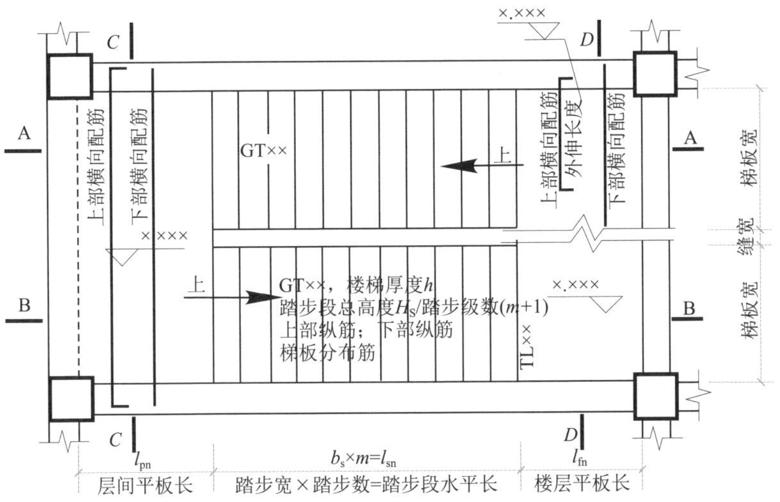
C
D
×.×××
A
B
上部横向配筋
下部横向配筋
GT××
上
上部横向配筋
外伸长度
下部横向配筋
梯板宽
缝宽
梯板宽
×.×××
GT××，楼梯厚度h
踏步段总高度H_s/踏步级数(m+1)
上部纵筋；下部纵筋
梯板分布筋
×.×××
TL××
l_{pn}
$b_s \times m = l_{sn}$
l_{fn}
层间平板长
踏步宽×踏步数=踏步段水平长
楼层平板长

图1　注写方式　　标高×.×××~标高×.×××楼梯平面图

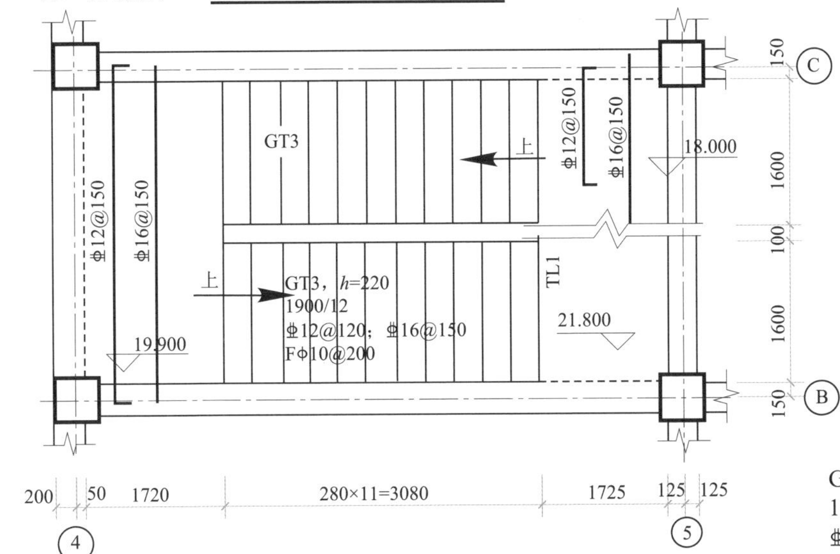
GT3
上
ɸ12@150
ɸ16@150
18.000
ɸ12@150
ɸ16@150
上
GT3，h=220
1900/12
ɸ12@120；ɸ16@150
Fɸ10@200
TL1
21.800
19.900
150
1600
100
1600
150
C
B
200
50
1720
280×11=3080
1725
125
125
4
5

图2　注写示例　　标高18.000~标高21.800楼梯平面图

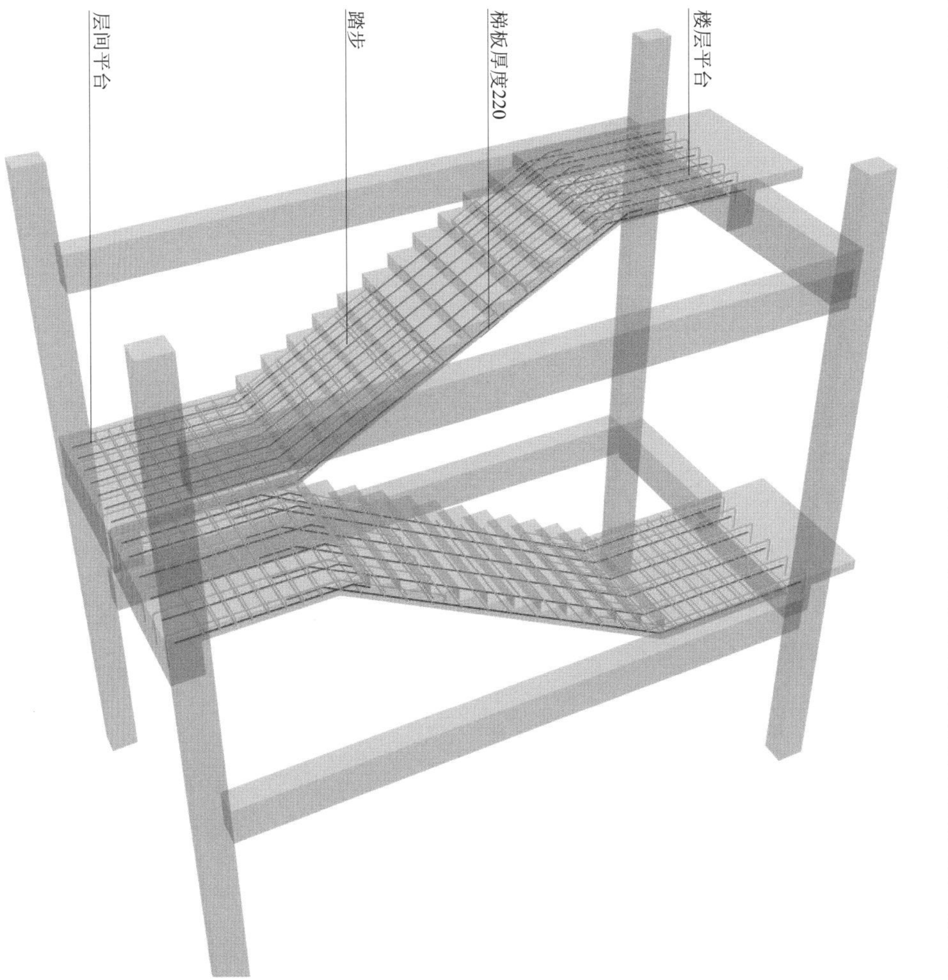
层间平台
踏步
梯板厚度220
楼层平台

GT3，h=250：表示 GT 型楼梯，板厚 220mm。

1900/12：表示一跑高度为 1900mm，一共 12 步，踏步高为 1900/12mm。

ɸ12@120；ɸ16@150：表示梯板上部筋为直径 12mm 的 HRB400 级钢筋，按间距 120mm 布置；下部受力筋为直径 16mm 的 HRB400 级钢筋，按间距 150mm 布置。

F ɸ 12@200：表示分布筋为直径 12mm 的 HPB300 级钢筋，按间距 200mm 布置。

主：1. GT 型楼梯的适用条件为：①楼梯间设置楼层梯梁，但不设置层间梯梁，矩形梯板由两跑踏步段与层间平台板两部分构成；②层间平台板采用三边支承，另一边与踏步段的一端相连，踏步段的另一端以楼层梯梁为支座；③同一楼层内各踏步段的水平长度相等、高度相等（即等分楼层高度）。凡是满足以上要求的可为 GT 型，如双跑楼梯、双分楼梯等。
2. GT 型楼梯平面注写方式如图 1 所示，其中集中注写的内容有 5 项：第 1 项为梯板类型代号与序号 GT××；第 2 项为梯板厚度 h，当平板厚度与梯板厚度不同时，板厚标注方式见 16G101—2 图集制图规则第 2.3.2 条；第 3 项为踏步段总高度 H_s/ 踏步级数 (m+1)；第 4 项为梯板上部纵筋及下部纵筋；第 5 项为梯板分布筋（梯板分布钢筋也可在平面图中注写或统一说明，原位注写的内容为楼层与层间平板上部纵向与横向配筋）。注写示例见图 2。
3. 图 1 中的剖面符号仅为表示后面标准构造详图的表达部位而设，在结构设计施工图中不需要绘制剖面符号及详图。
4. 标高单位为 m，其余单位为 mm。

GT 型楼梯平面注写方式与适用条件						图集号	16G101—2—36
审核	郭仁俊	校对	廖宜香	设计	傅华夏		

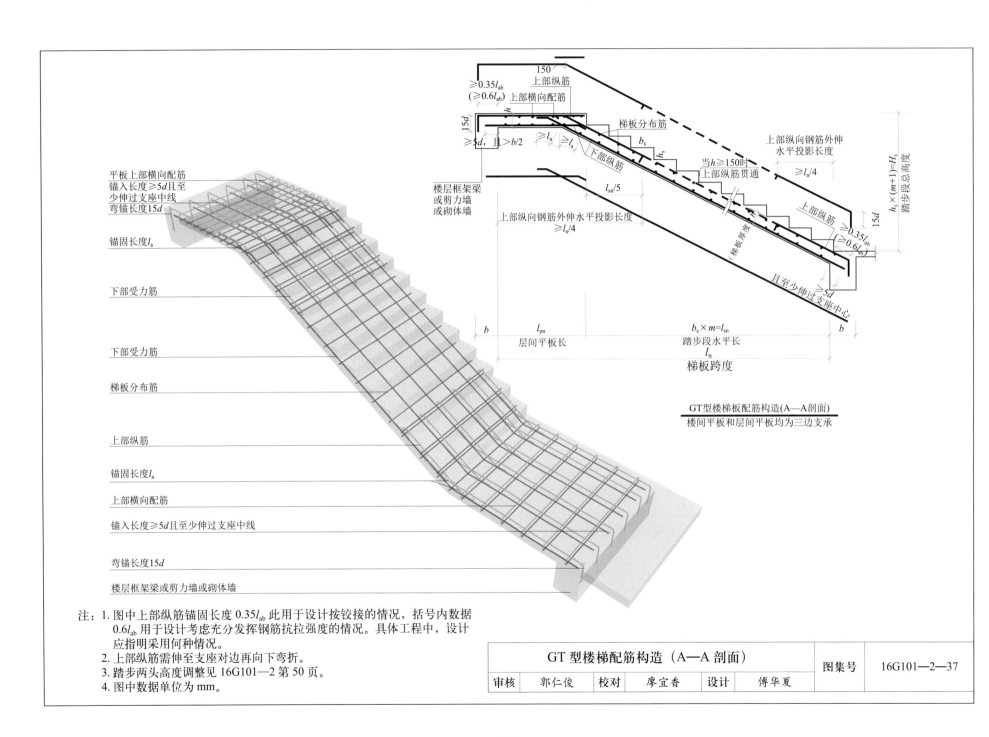

平板上部横向配筋

锚入长度≥5d且至少伸过支座中线

弯锚长度15d

锚固长度l_a

下部受力筋

下部受力筋

梯板分布筋

上部纵筋

锚固长度l_a

上部横向配筋

锚入长度≥5d且至少伸过支座中线

弯锚长度15d

楼层框架梁或剪力墙或砌体墙

150

上部纵筋

$\geqslant 0.35l_{ab}$ ($\geqslant 0.6l_{ab}$)

上部横向配筋

h

梯板分布筋

$15d$

$\geqslant 5d$，且$> b/2$

l_a $\geqslant l_a$

下部纵筋

b_s h_s

上部纵向钢筋外伸水平投影长度

当$h\geqslant 150$时上部纵筋贯通

$\geqslant l_n/4$

楼层框架梁或剪力墙或砌体墙

上部纵向钢筋外伸水平投影长度 $\geqslant l_n/4$

$l_{sn}/5$

梯板厚度

上部纵筋

$\geqslant 0.35l_{ab}$ ($\geqslant 0.6l_{ab}$)

$15d$

$h_s \times (m+1) = H_s$ 踏步段总高度

且至少伸过支座中心

$\geqslant 5d$

b

l_{pn}

层间平板长

$b_s \times m = l_{sn}$

踏步段水平长

l_n

b

梯板跨度

GT型楼梯板配筋构造(A—A剖面)
楼间平板和层间平板均为三边支承

注：1. 图中上部纵筋锚固长度$0.35l_{ab}$此用于设计按铰接的情况，括号内数据$0.6l_{ab}$用于设计考虑充分发挥钢筋抗拉强度的情况。具体工程中，设计应指明采用何种情况。
2. 上部纵筋需伸至支座对边再向下弯折。
3. 踏步两头高度调整见16G101—2第50页。
4. 图中数据单位为mm。

GT 型楼梯配筋构造（A—A 剖面）						图集号	16G101—2—37
审核	郭仁俊	校对	廖宜香	设计	傅华夏		

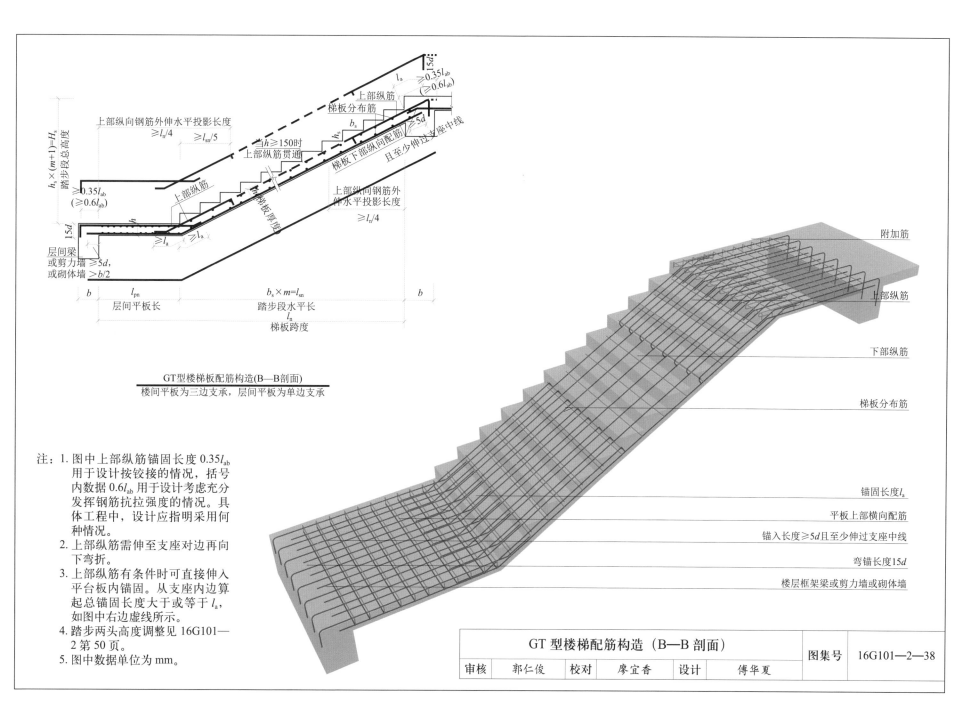

GT型楼梯板配筋构造(B—B剖面)
楼间平板为三边支承，层间平板为单边支承

注：1. 图中上部纵筋锚固长度 $0.35l_{ab}$
   用于设计按铰接的情况，括号
   内数据 $0.6l_{ab}$ 用于设计考虑充分
   发挥钢筋抗拉强度的情况。具
   体工程中，设计应指明采用何
   种情况。
   2. 上部纵筋需伸至支座对边再向
   下弯折。
   3. 上部纵筋有条件时可直接伸入
   平台板内锚固。从支座内边算
   起总锚固长度大于或等于 l_a，
   如图中右边虚线所示。
   4. 踏步两头高度调整见 16G101—
   2 第50页。
   5. 图中数据单位为 mm。

GT 型楼梯配筋构造（B—B 剖面）						图集号	16G101-2—38
审核	郭仁俊	校对	廖宜香	设计	傅华夏		

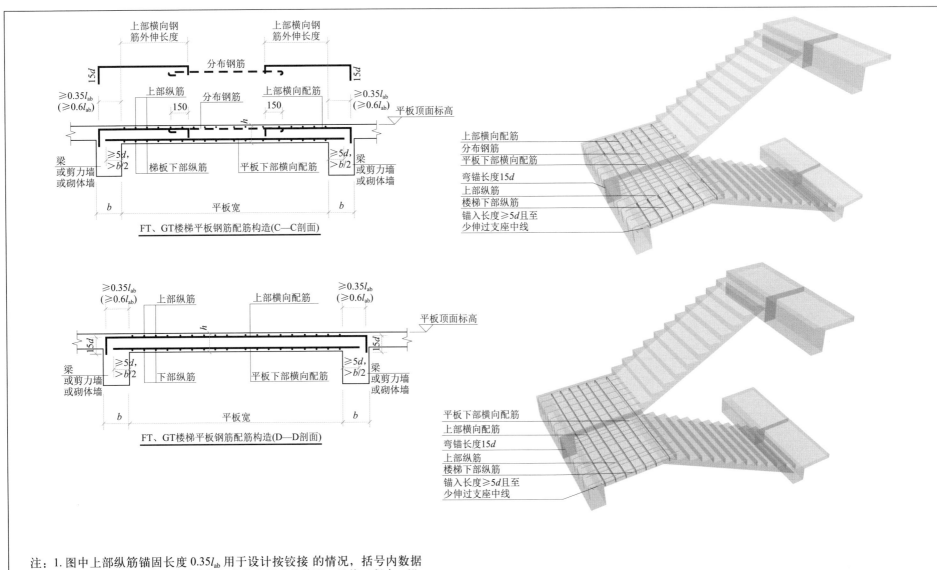

FT、GT楼梯平板钢筋配筋构造(C—C剖面)

FT、GT楼梯平板钢筋配筋构造(D—D剖面)

注：1. 图中上部纵筋锚固长度 $0.35l_{ab}$ 用于设计按铰接 的情况，括号内数据 $0.6l_{ab}$。用于设计考虑充分发挥钢筋抗拉强度的情况。具体工程中，设计应指明采用何种情况。

　　2. C—C剖面上部钢筋外伸长度由设计计算确定，其上部横向钢筋可配通长筋。

FT、GT 型楼梯平板钢筋配筋构造（C—C、D—D 剖面）						图集号	16G101—2—39
审核	郭仁俊	校对	廖宜香	设计	傅华夏		

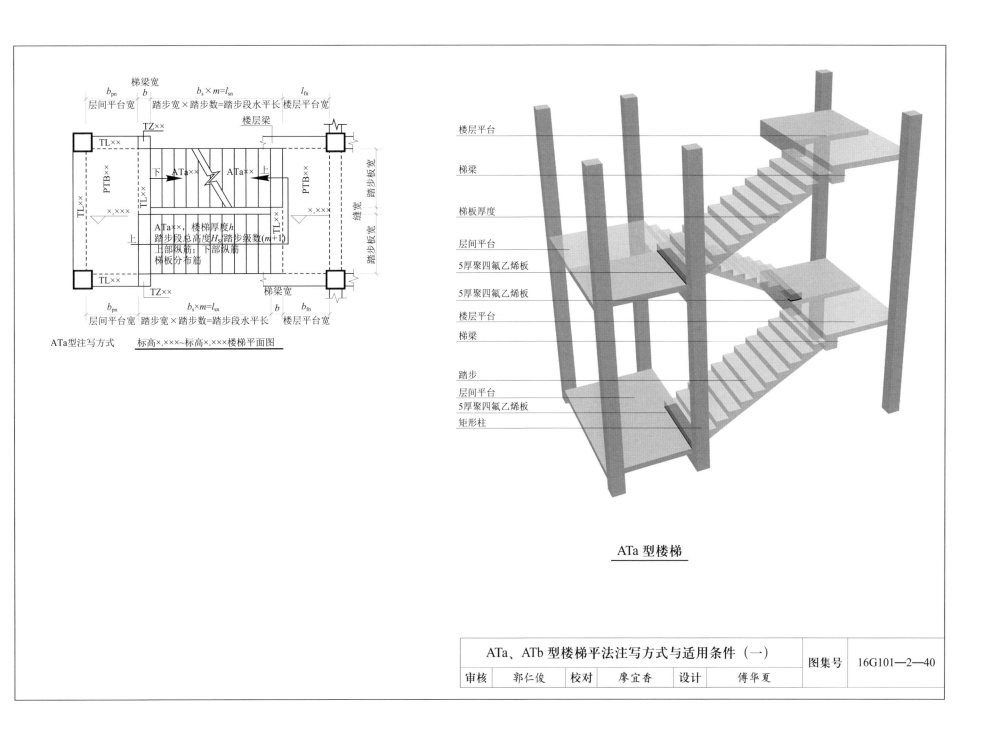

梯梁宽

b_{pn} b $b_s×m=l_{sn}$ l_{fn}
层间平台宽   踏步宽×踏步数=踏步段水平长   楼层平台宽

楼层梁

TZ××

TL××

下 ATa××   ATa×× 上

PTB××   PTB××

TL××   TL××

TL××

ATa××，楼梯厚度h
踏步段总高度H_s踏步级数$(m+1)$
上部纵筋；下部纵筋
梯板分布筋

TL××

TZ××

梯梁宽

b_{pn} $b_s×m=l_{sn}$ b b_{fn}
层间平台宽   踏步宽×踏步数=踏步段水平长   楼层平台宽

踏步板宽   缝宽   踏步板宽   踏步板宽

ATa型注写方式   标高×.×××~标高×.×××楼梯平面图

楼层平台
梯梁
梯板厚度
层间平台
5厚聚四氟乙烯板
5厚聚四氟乙烯板
楼层平台
梯梁
踏步
层间平台
5厚聚四氟乙烯板
矩形柱

ATa 型楼梯

ATa、ATb 型楼梯平法注写方式与适用条件（一）							图集号	16G101—2—40
审核	郭仁俊	校对	廖宜香	设计	傅华夏			

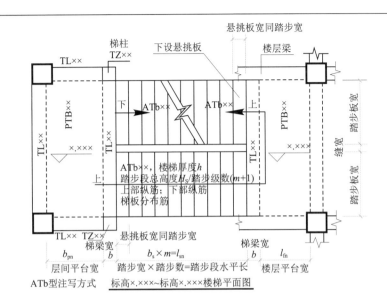

ATb型注写方式 标高×.×××~标高×.×××楼梯平面图

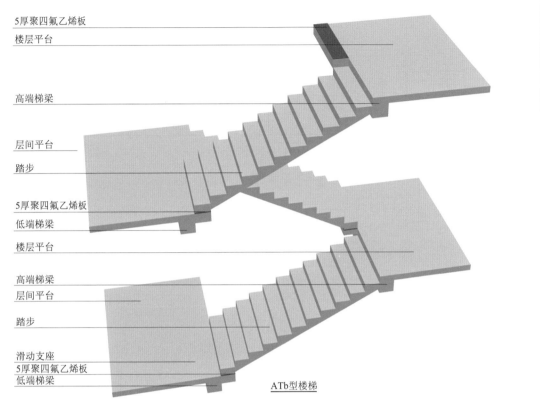

ATb型楼梯

注：1. ATa、ATb 型楼梯设滑动支座，不参与结构整体抗震计算，其适用条件为两梯梁之间的矩形梯板全部由踏步段构成，即踏步段两端均以梯梁为支座，且梯板低端支承处做成滑动支座，ATa 型楼梯滑动支座直接落在梯梁上，ATb 型楼梯滑动支座落在挑板上。在框架结构中，楼梯中间平台通常设梯柱、梁，中间平台可与框架柱连接。

2. 楼梯平面注写方式如左图所示，其中集中注写的内容有5项：第 1 项为梯板类型代号与序号 ATa××(ATb××)，第 2 项为梯板厚度 h，第 3 项为踏步段总高度 H_s/ 踏步级数 ($m+1$)，第 4 项为上部纵筋及下部纵筋，第 5 项为梯板分布筋。

3. 梯板的分布钢筋可直接标注，也可统一说明。

4. 平台板 PTB、梯梁 TL、梯柱 TZ 配筋可参照 160101—1 标注。

5. 滑动支座做法由设计指定，当采用与 160101—2 不同的做法时，由设计另行给出。

6. 滑动支座做法中，建筑构造应保证梯板滑动要求。

7. 地震作用下，人字型楼梯悬挑板尚承受梯板传来的附加竖向作用力，设计时应对挑板及与其相连的平台梁采取加强措施。

ATa、ATb 型楼梯平法注写方式与适用条件（二）						图集号	16G101—2—40
审核	郭仁俊	校对	廖宜香	设计	傅华夏		

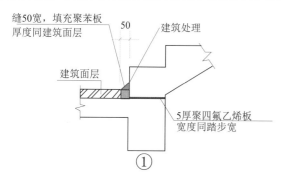

缝50宽，填充聚苯板
厚度同建筑面层

50

建筑处理

建筑面层

5厚聚四氟乙烯板
宽度同踏步宽

①

设聚四氟乙烯垫板(用胶粘于混凝土面上)

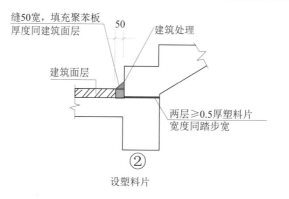

缝50宽，填充聚苯板
厚度同建筑面层

50

建筑处理

建筑面层

两层≥0.5厚塑料片
宽度同踏步宽

②

设塑料片

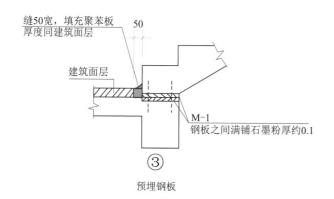

缝50宽，填充聚苯板
厚度同建筑面层

50

建筑面层

M-1
钢板之间满铺石墨粉厚约0.1

③

预埋钢板

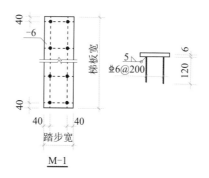

40

-6

40

40   40

踏步宽

梯板宽

5

⏂6@200

120   6

M-1

注：图中数据单位为mm。

ATa、CTa 型楼梯滑动支座构造详图						图集号	16G101—2—41
审核	郭仁俊	校对	廖宜香	设计	傅华夏		

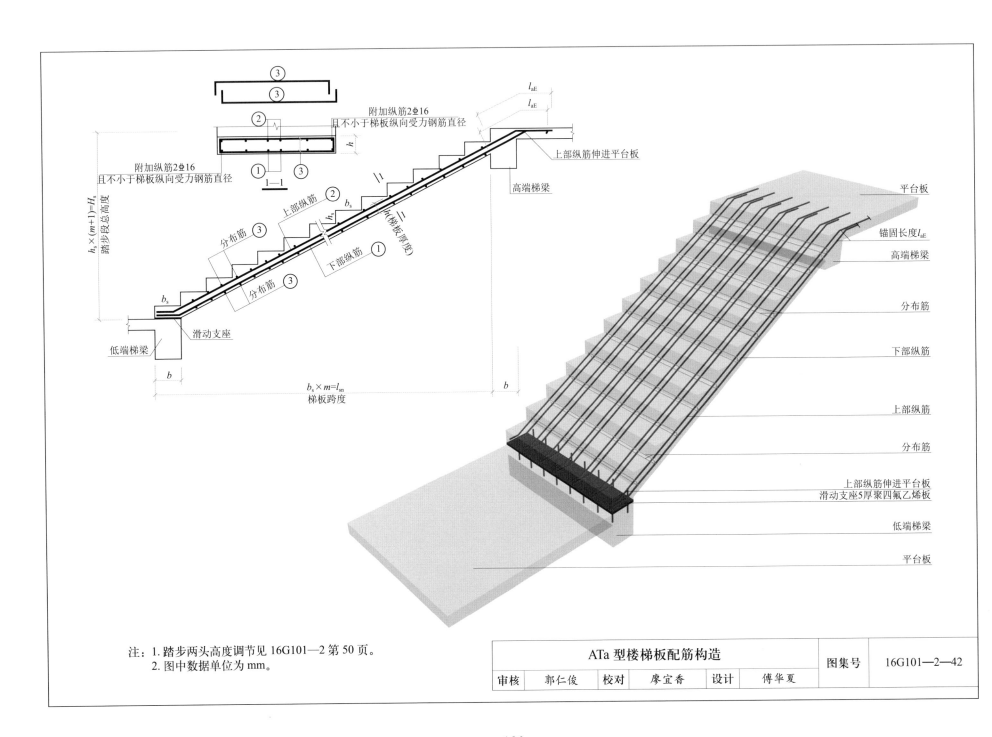

附加纵筋2Φ16
且不小于梯板纵向受力钢筋直径

附加纵筋2Φ16
且不小于梯板纵向受力钢筋直径

上部纵筋伸进平台板

高端梯梁

分布筋

上部纵筋

下部纵筋

l(梯板厚度)

滑动支座

低端梯梁

$h_s \times (m+1) = H_s$
踏步段总高度

$b_s \times m = l_{sn}$
梯板跨度

平台板

锚固长度l_{aE}

高端梯梁

分布筋

下部纵筋

上部纵筋

分布筋

上部纵筋伸进平台板
滑动支座5厚聚四氟乙烯板

低端梯梁

平台板

注：1. 踏步两头高度调节见 16G101—2 第 50 页。
2. 图中数据单位为 mm。

ATa 型楼梯板配筋构造						图集号	16G101—2—42
审核	郭仁俊	校对	廖宜香	设计	傅华夏		

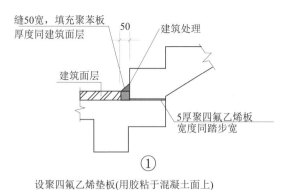

缝50宽,填充聚苯板
厚度同建筑面层

50

建筑处理

建筑面层

5厚聚四氟乙烯板
宽度同踏步宽

①

设聚四氟乙烯垫板(用胶粘于混凝土面上)

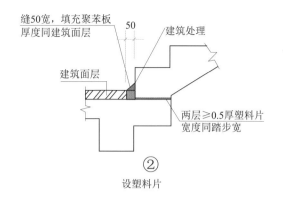

缝50宽,填充聚苯板
厚度同建筑面层

50

建筑处理

建筑面层

两层≥0.5厚塑料片
宽度同踏步宽

②

设塑料片

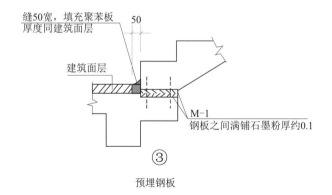

缝50宽,填充聚苯板
厚度同建筑面层

50

建筑面层

M-1
钢板之间满铺石墨粉厚约0.1

③

预埋钢板

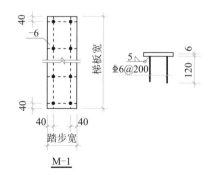

40

-6

梯板宽

5

Φ6@200

120

6

40

40   40

踏步宽

M-1

注:图中数据单位为mm。

ATb、CTb型楼梯滑动支座构造详图	图集号	16G101—2—43
审核 郭仁俊	校对 廖宜香	设计 傅华夏

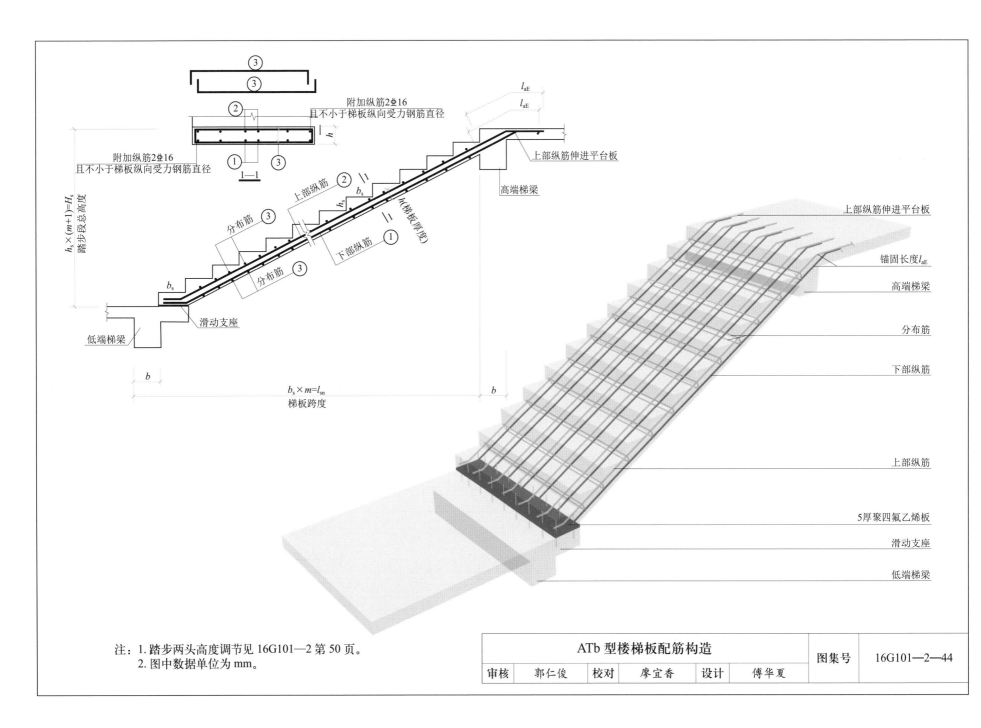

附加纵筋2Φ16
且不小于梯板纵向受力钢筋直径

附加纵筋2Φ16
且不小于梯板纵向受力钢筋直径

1—1

上部纵筋伸进平台板

高端梯梁

h(梯板厚度)

上部纵筋

下部纵筋

分布筋

滑动支座

低端梯梁

b_s

h_s

$h_s \times (m+1) = H_s$
踏步段总高度

b

$b_s \times m = l_{sn}$
梯板跨度

b

l_{aE}

l_{aE}

上部纵筋伸进平台板

锚固长度 l_{aE}

高端梯梁

分布筋

下部纵筋

上部纵筋

5厚聚四氟乙烯板

滑动支座

低端梯梁

注: 1. 踏步两头高度调节见 16G101—2 第 50 页。
　　 2. 图中数据单位为 mm。

ATb 型楼梯板配筋构造					图集号	16G101—2—44
审核	郭仁俊	校对	廖宜香	设计	傅华夏	

梯柱
TZ××

楼层梁

TL××

PTB××

下 ATc×× ATc×× 上

踏板板宽

线宽

ATc××，梯板厚度h
踏步段总高度H_s/踏步级数(m+1)
上部纵筋；下部纵筋
梯板分布筋

踏板板宽

TL××

TZ××

b_{pn} | 梯梁宽 b | $b_s \times m = l_{sn}$ | 梯梁宽 b | b_{fn}

层间台平台板宽 | 踏步宽×踏步数=踏步段水平长 | 楼层平台板宽

ATc型注写方式1 　标高×.×××~标高×.×××楼梯平面图
(楼梯休息平台与主体结构整体连接)

楼层平台

层间平台

梯梁

踏步

梯板厚

楼层平台

梯柱

矩形柱

ATc 型楼梯平法注写方式与适用条件（一）							图集号	16G101—2—45
审核	郭仁俊	校对	廖宜香	设计	傅华夏			

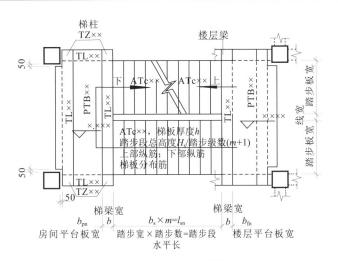

ATc型注写方式2　标高×.×××~标高×.×××楼梯平面图
（楼梯休息平台与主体结构脱开连接）

注：1. ATc 型楼梯用于结构整体抗震计算，其适用条件为两梯梁之间的矩形梯板全部由踏步构成，即踏步两端均以梯梁为支座。在框架结构中，楼通常设梯柱、梯梁，中间平台可与框架柱连接（2 个梯柱形式）或脱开（4 个梯柱形式），见图 1 与图 2。

2. ATc 型楼梯平面注写方式见图 1、图 2，其中集中注写的内容有 6 项：第一项为梯板代号与序号 ATc××；第 2 项为梯板厚度 h；第 3 项为踏步段总高度 H_S/踏步级数 $(m+1)$，第 4 项为上部纵筋及下部纵筋，第 5 项为梯板分布钢筋、箍筋，第 6 项为边缘构建纵筋及箍筋。

3. 梯板分布筋可直接标注，也可统一说明。

4. 平台板 PTB、梯梁 TL、梯柱 TZ 配筋可参照 16G101—1 标注。

5. 楼梯休息平台与主体结构整体连接时，应对短柱、短梁采用有效的加强措施，防止产生脆性破坏。

6. 图中数据单位为 mm，标高单位为 m。

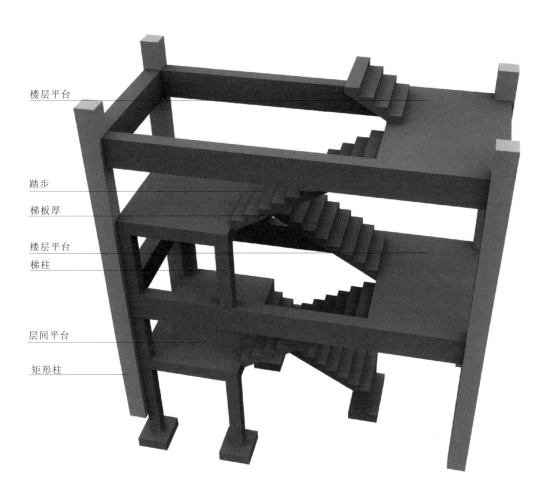

楼层平台
踏步
梯板厚
楼层平台
梯柱
层间平台
矩形柱

ATc 型楼梯平面注写方式与适用条件（二）						图集号	16G101—2—45
审核	郭仁俊	校对	廖宜香	设计	傅华夏		

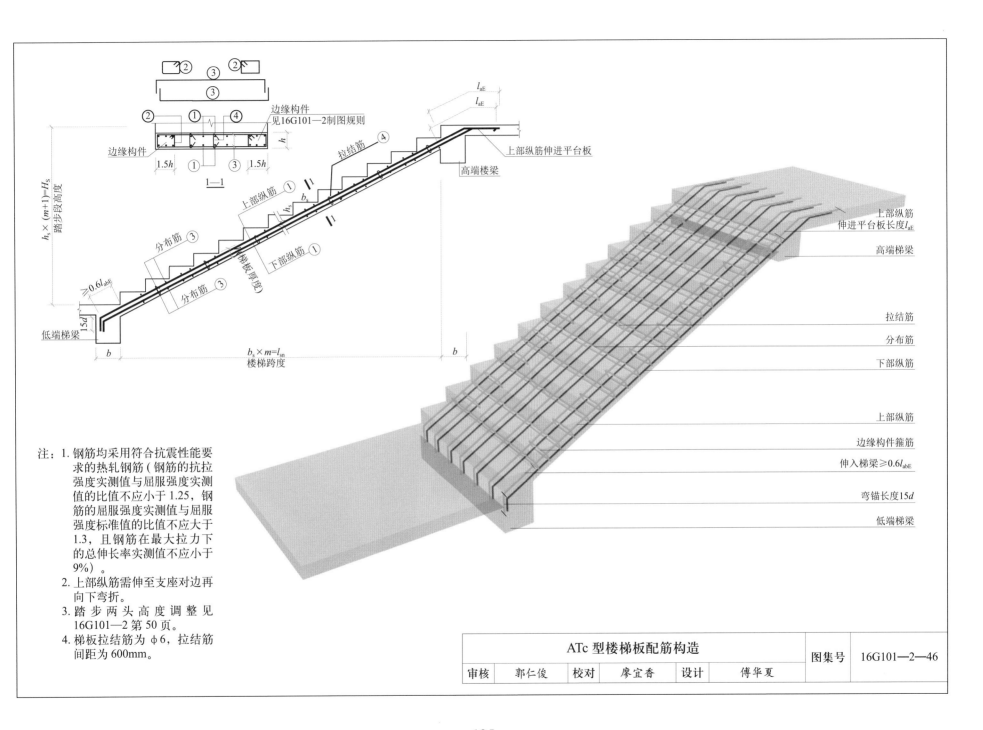

注：
1. 钢筋均采用符合抗震性能要求的热轧钢筋 (钢筋的抗拉强度实测值与屈服强度实测值的比值不应小于1.25，钢筋的屈服强度实测值与屈服强度标准值的比值不应大于1.3，且钢筋在最大拉力下的总伸长率实测值不应小于9%）。
2. 上部纵筋需伸至支座对边再向下弯折。
3. 踏步两头高度调整见16G101—2 第 50 页。
4. 梯板拉结筋为 φ6，拉结筋间距为 600mm。

边缘构件 见16G101—2制图规则
1—1
1.5h   1.5h

上部纵筋伸进平台板
高端楼梯
上部纵筋
拉结筋
上部纵筋
下部纵筋
分布筋
梯板厚度
0.6l_{abE}
15d
低端梯梁
b_s × m = l_sn
楼梯跨度
h_s × (m+1) = H_s 踏步段高度

上部纵筋 伸进平台板长度 l_{aE}
高端梯梁
拉结筋
分布筋
下部纵筋
上部纵筋
边缘构件箍筋
伸入梯梁 ≥ 0.6l_{abE}
弯锚长度15d
低端梯梁

ATc 型楼梯板配筋构造					图集号	16G101—2—46
审核	郭仁俊	校对	廖宜香	设计	傅华夏	

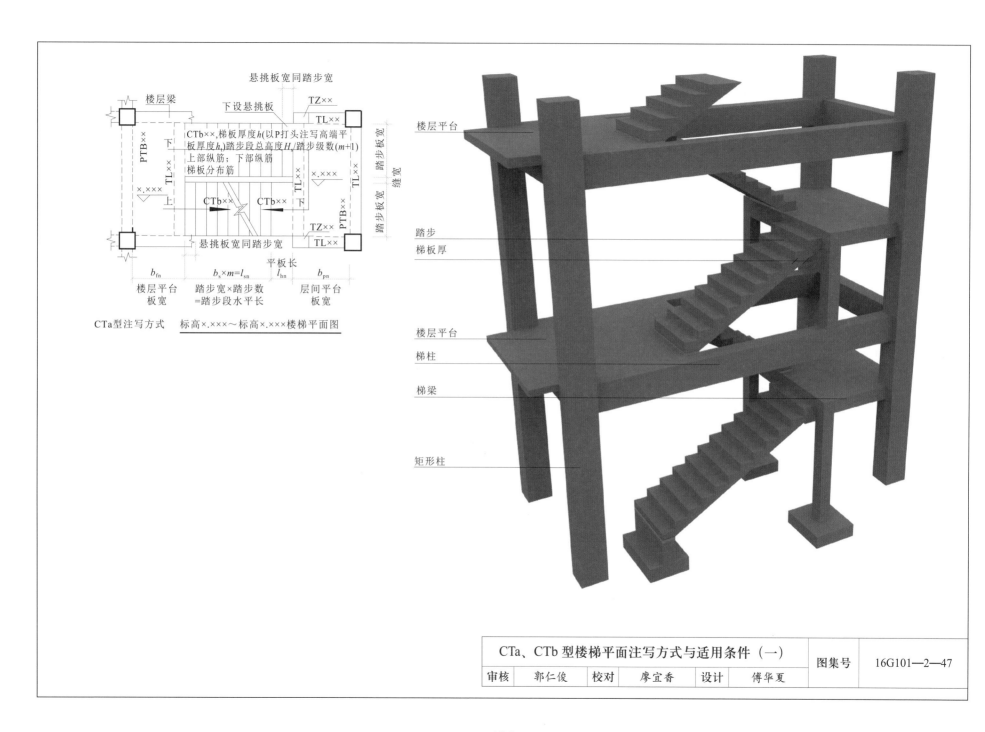

CTa型注写方式 标高×.×××～标高×.×××楼梯平面图

楼层梁
下设悬挑板
悬挑板宽同踏步宽
TZ××
TL××
PTB××
下
CTb××,梯板厚度h(以P打头注写高端平板厚度h₁)踏步段总高度H₊/踏步级数(m+1)
上部纵筋；下部纵筋
梯板分布筋
上
CTb××
CTb××
下
TL××
TL××
TL××
PTB××
TZ××
TL××
悬挑板宽同踏步宽

踏步板宽
缝宽
踏步板宽

b_{fn}
$b_s \times m = l_{sn}$
l_{hn}
b_{pn}

楼层平台板宽
踏步宽×踏步数=踏步段水平长
平板长
层间平台板宽

楼层平台
踏步
梯板厚
楼层平台
梯柱
梯梁
矩形柱

CTa、CTb 型楼梯平面注写方式与适用条件（一）						图集号	16G101—2—47
审核	郭仁俊	校对	廖宜香	设计	傅华夏		

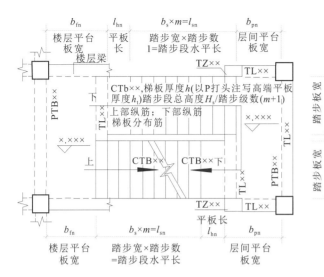

CTb型注写方式 标高×.×××~标高×.×××楼梯平面图

注：1. CTa、CTb 型楼设滑动支座，不参与结构整体抗震计算，其适用条件为：两梯梁之间的矩形梯板由踏步段和高端平台构成，高端平台宽度应 ≤ 3 个踏步宽；梁部分的一端各自以梯梁为支座，且梯板低端支承处做成滑动支座，CTa 型楼梯滑动支座直接落在梯梁上，CTb 型楼梯滑动支座落在挑板上。

2. 在框架结构中，楼梯中间平台注写方式如左图所示，其中集中注写的内容有 6 项：第一项为梯板类型代号与序号 CTa××(CTb××)，第 2 项为梯板厚度 h，第 3 项为梯板水平段厚度 h_t，第 4 项为踏步段总高度 H_s/ 踏步级数 $(m+1)$，第 5 项为上部纵筋及下部纵筋，第 6 项为梯板分布筋。

3. 梯板的分布钢筋可直接标注，也可统一说明。

4. 平台板 PTB、梯梁 TL、梯柱 TZ 配筋可参照 16G101—1 标注。

5. 滑动支座做法由设计指定，当采用与本图集不同的做法时，由设计另行给出。

6. CTa、CTb 型楼梯滑动支座做法见 16G101—2 第 41、43 页，滑动支座中建筑构造应保证梯板滑动要求。

7. 地震作用下，CTb 型楼梯悬挑板尚承受梯板传来的附加竖向作用力，设计时应对挑板及与其相连的平台梁采取加强措施。

8. 标高单位为 m，其他数据单位为 mm。

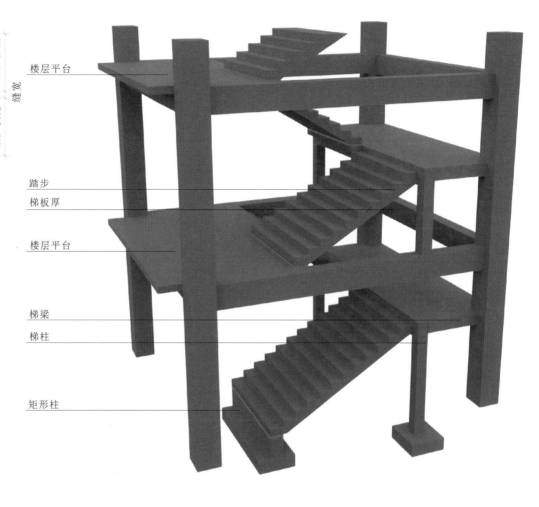

| 楼层平台 |
| 踏步 |
| 梯板厚 |
| 楼层平台 |
| 梯梁 |
| 梯柱 |
| 矩形柱 |

CTa、CTb 型楼梯平面注写方式与适用条件（二）	图集号	16G101—2—47
审核 郭仁俊 校对 廖宜香 设计 傅华夏		

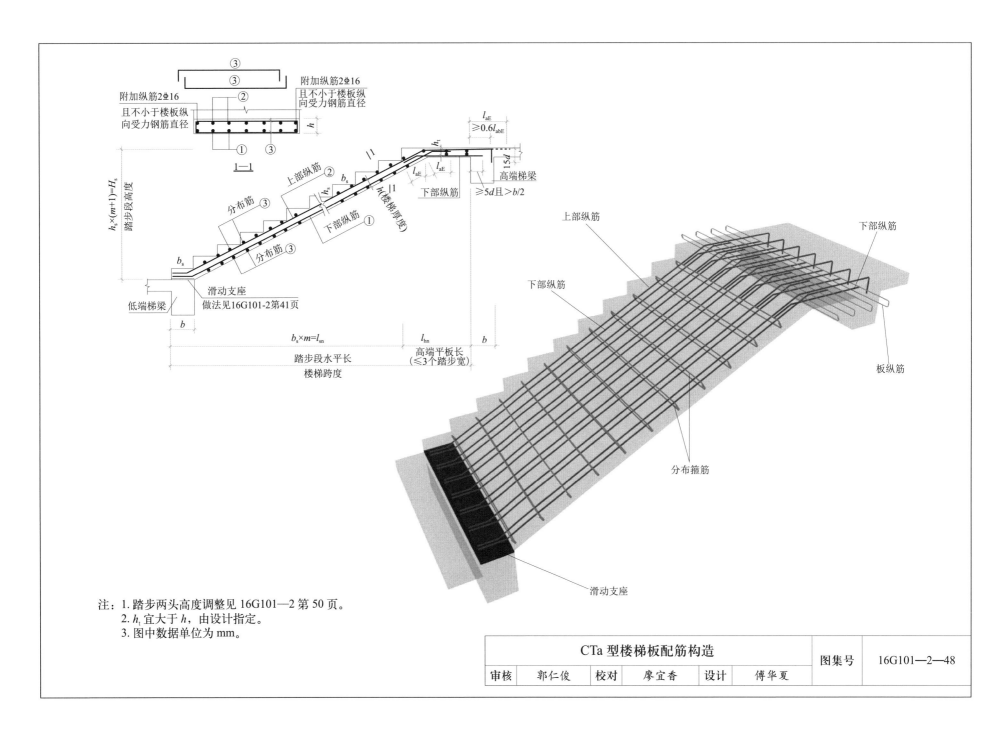

附加纵筋2Φ16
且不小于楼板纵
向受力钢筋直径

附加纵筋2Φ16
且不小于楼板纵
向受力钢筋直径

1—1

上部纵筋

下部纵筋

分布筋

分布筋

滑动支座
做法见16G101-2第41页

低端梯梁

l_{aE}
≥$0.6l_{abE}$

15d

高端梯梁

下部纵筋

≥5d且>$b/2$

$h_s×(m+1)=H_s$
踏步段高度

$b_s×m=l_{sn}$
踏步段水平长

高端平板长
(≤3个踏步宽)

楼梯跨度

上部纵筋

下部纵筋

下部纵筋

板纵筋

分布箍筋

滑动支座

注：1. 踏步两头高度调整见 16G101—2 第 50 页。
　　2. h_t 宜大于 h，由设计指定。
　　3. 图中数据单位为 mm。

CTa 型楼梯板配筋构造						图集号	16G101-2—48
审核	郭仁俊	校对	廖宜香	设计	傅华夏		

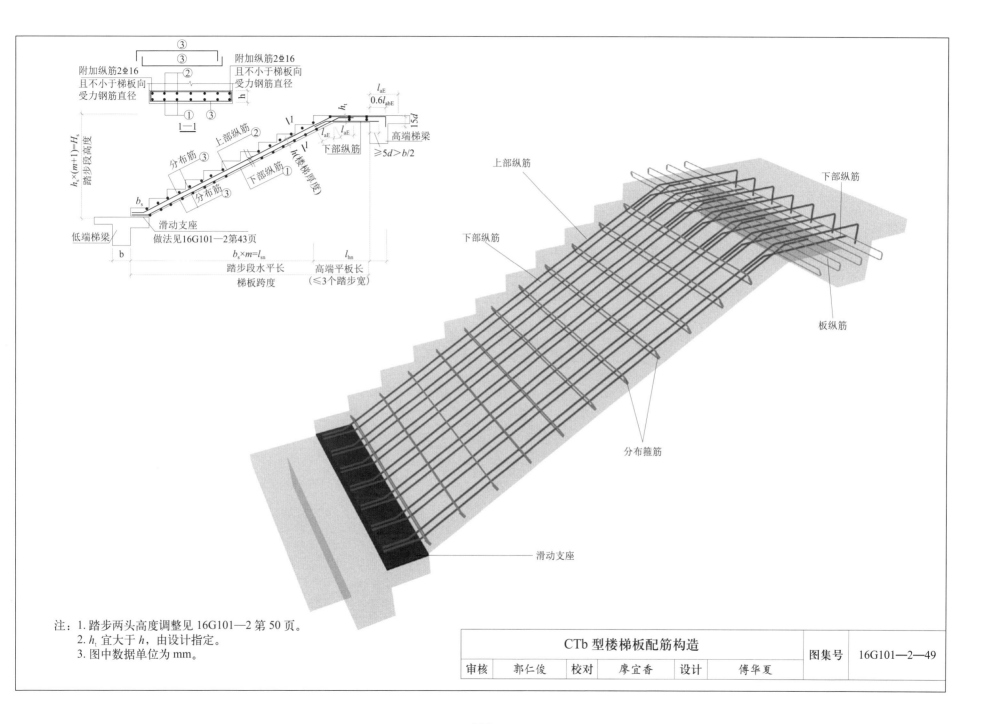

附加纵筋2Φ16

③

③

附加纵筋2Φ16

②

附加纵筋2Φ16
且不小于梯板向
受力钢筋直径

且不小于梯板向
受力钢筋直径

①   ③   ①   ③

h

1—1

l_{aE}
0.6l_{abE}

15d

高端梯梁

≥5d>b/2

上部纵筋 ②

$h_s×(m+1)=H_s$
踏步段高度

分布筋 ③

h_t

l

l_{aE} l_{aE} l

上部纵筋

下部纵筋

下部纵筋 ①

h(楼梯厚度)

b_s

分布筋 ③

低端梯梁

滑动支座

做法见16G101—2第43页

b

$b_s×m=l_{sn}$

踏步段水平长

梯板跨度

l_{hn}

高端平板长

（≤3个踏步宽）

上部纵筋

下部纵筋

下部纵筋

分布箍筋

板纵筋

滑动支座

注：1. 踏步两头高度调整见 16G101—2 第 50 页。
   2. h_t 宜大于 h，由设计指定。
   3. 图中数据单位为 mm。

CTb 型楼梯板配筋构造					图集号	16G101—2—49
审核	郭仁俊	校对	廖宜香	设计	傅华夏	

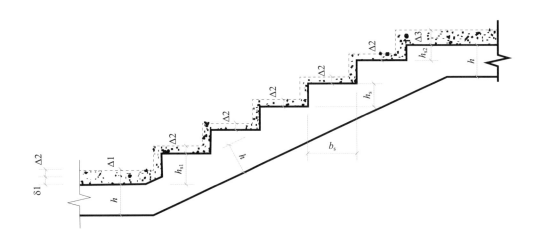

注：1. 图中δ1为第一级与中间各级踏步整体竖向推高值，h_{s1}为第一级（推高后）踏步
  的结构高度，h_{s2}为最上一级（减小后）踏步的结构高度，Δ1为第一级踏步根部
  面层厚度，Δ2为中间各级踏步的面层厚度，Δ3为最上一级踏步（板）的面层厚度。
2. 由于踏步段上下两端板的建筑面层厚度不同，为使面层完工后各级踏步等高等
  宽，必须减小最上一级踏步的高度并将其余踏步整体斜向推高，整体推高的（垂
  直）高度值δ1=Δ1−Δ2，高度减小后的最上一级踏步高度$h_{s2}=h_s−(Δ3−Δ2)$。

不同踏步位置推高与高度减小构造						图集号	16G101—2—50
审核	郭仁俊	校对	廖宜香	设计	傅华夏		

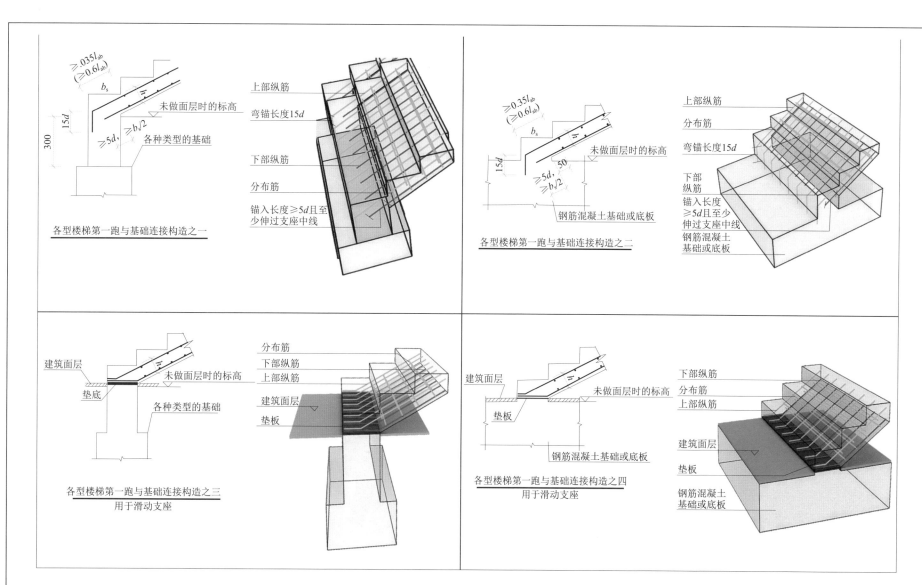

各型楼梯第一跑与基础连接构造之一

各型楼梯第一跑与基础连接构造之二

各型楼梯第一跑与基础连接构造之三
用于滑动支座

各型楼梯第一跑与基础连接构造之四
用于滑动支座

注：1. 滑动支座垫参见 16G101—2 第 41 页。
    2. 图中上部纵筋锚固长度 $0.35l_{ab}$ 用于设计按铰接的情况，括号内数据 $0.6l_{ab}$
       用于设计考虑充分发挥钢筋抗拉强度的情况。具体工程中，设计应指明侧
       用何种情况。
    3. 当梯板型号为 ATc 时，详图一、二中应改为分布筋在纵筋外采，l_{ab} 应改为
       l_{abE}，下部纵筋锚固要求同上部纵筋，且平直段长度应不小于 $0.6l_{abE}$。

各型楼梯第一跑与基础连接构造						图集号	16G101—2—51
审核	郭仁俊	校对	廖宜香	设计	傅华夏		

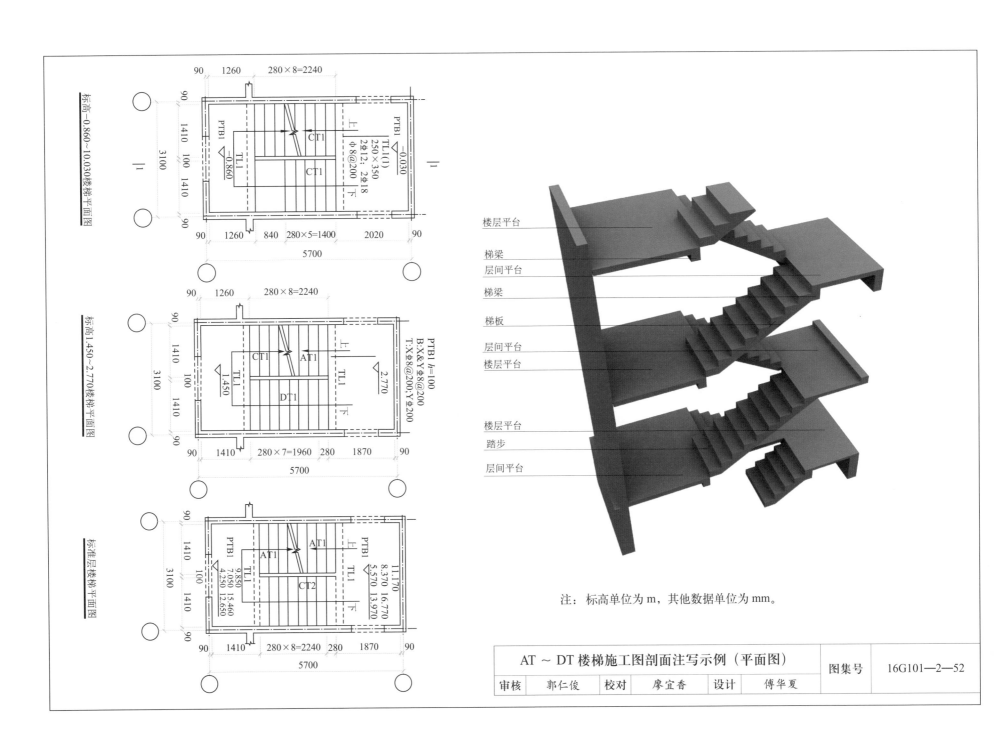

标高-0.860~10.030楼梯平面图

标高1.450~2.770楼梯平面图

标准层楼梯平面图

楼层平台

梯梁

层间平台

梯梁

梯板

层间平台

楼层平台

楼层平台

踏步

层间平台

注：标高单位为m，其他数据单位为mm。

AT ～ DT 楼梯施工图剖面注写示例（平面图）						图集号	16G101—2—52
审核	郭仁俊	校对	廖宜香	设计	傅华夏		

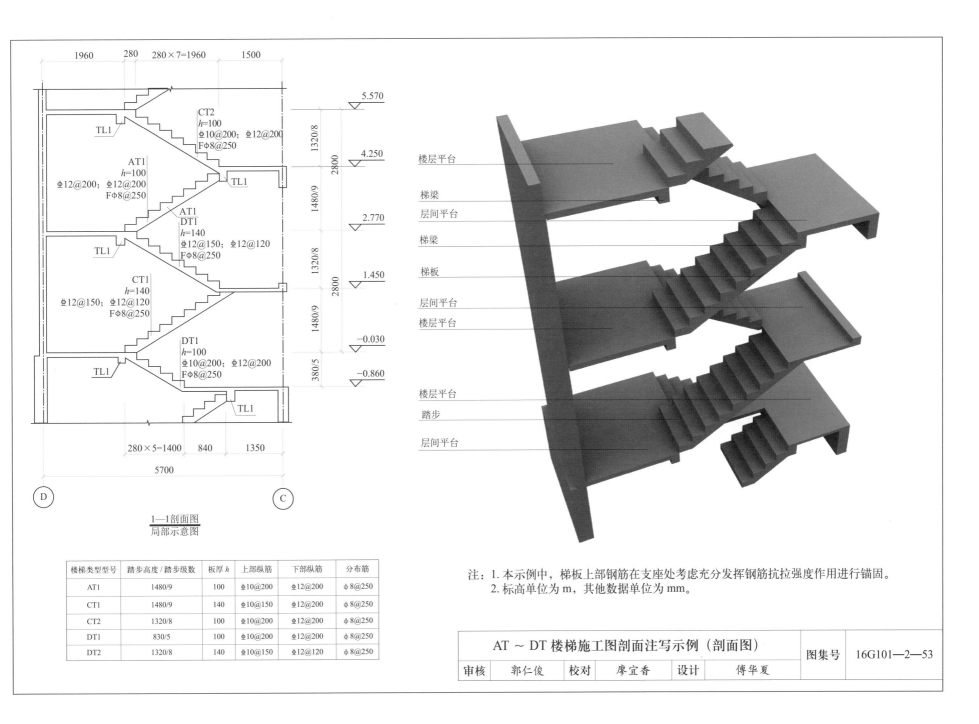

楼梯类型型号	踏步高度/踏步级数	板厚 h	上部纵筋	下部纵筋	分布筋
AT1	1480/9	100	Φ10@200	Φ12@200	φ8@250
CT1	1480/9	140	Φ10@150	Φ12@200	φ8@250
CT2	1320/8	100	Φ10@200	Φ12@200	φ8@250
DT1	830/5	100	Φ10@200	Φ12@200	φ8@250
DT2	1320/8	140	Φ10@150	Φ12@120	φ8@250

1—1剖面图
局部示意图

注：1. 本示例中，梯板上部钢筋在支座处考虑充分发挥钢筋抗拉强度作用进行锚固。
2. 标高单位为 m，其他数据单位为 mm。

AT ~ DT 楼梯施工图剖面注写示例（剖面图）						图集号	16G101—2—53
审核	郭仁俊	校对	廖宜香	设计	傅华夏		

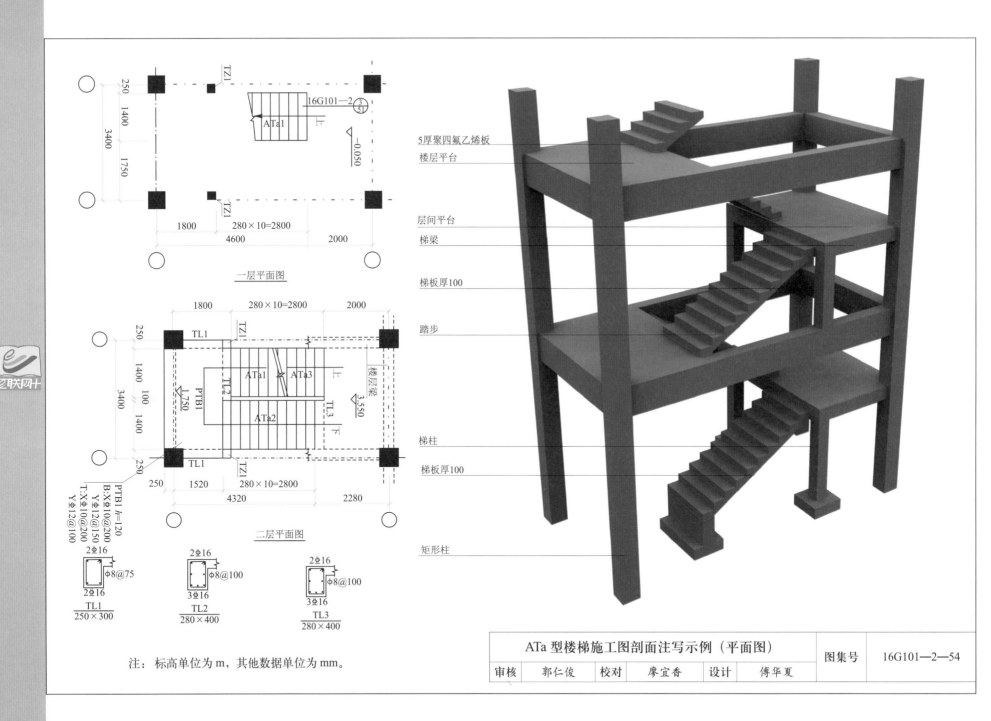

一层平面图

二层平面图

5厚聚四氟乙烯板
楼层平台
层间平台
梯梁
梯板厚100
踏步
梯柱
梯板厚100
矩形柱

PTB1 h=120
B:Xφ10@200
Y φ12@150
T:X φ10@200
Y φ12@100

TL1
250×300
2Φ16
φ8@75
2Φ16

TL2
280×400
2Φ16
φ8@100
3Φ16

TL3
280×400
2Φ16
φ8@100
3Φ16

注：标高单位为 m，其他数据单位为 mm。

ATa 型楼梯施工图剖面注写示例（平面图）						图集号	16G101—2—54
审核	郭仁俊	校对	廖宜香	设计	傅华夏		

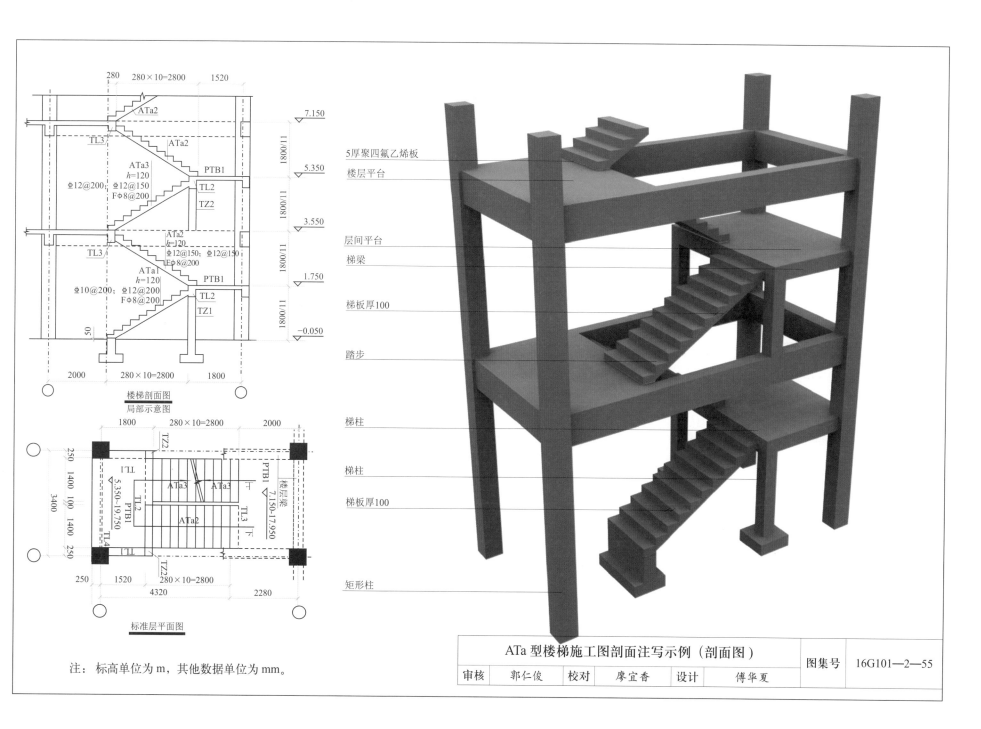

楼梯剖面图
局部示意图

标准层平面图

注：标高单位为 m，其他数据单位为 mm。

5厚聚四氟乙烯板
楼层平台
层间平台
梯梁
梯板厚100
踏步
梯柱
梯柱
梯板厚100
矩形柱

ATa 型楼梯施工图剖面注写示例（剖面图）						图集号	16G101—2—55
审核	郭仁俊	校对	廖宜香	设计	傅华夏		

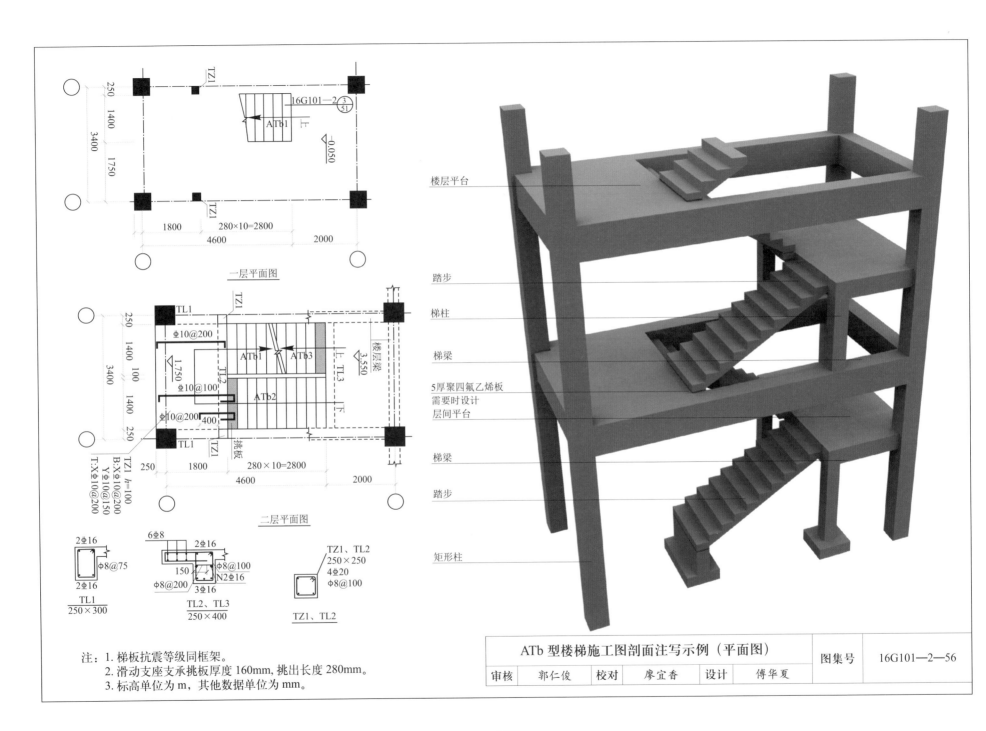

一层平面图

二层平面图

TZ1 h=100
B:X Φ10@200
Y:X Φ10@150
T:X Φ10@200

2Φ16
Φ8@75
2Φ16

TL1
250×300

6Φ8
2Φ16
150
N2Φ16
Φ8@100
Φ8@200
3Φ16

TL2、TL3
250×400

TZ1、TL2
250×250
4Φ20
Φ8@100

TZ1、TL2

楼层平台

踏步

梯柱

梯梁

5厚聚四氟乙烯板
需要时设计
层间平台

梯梁

踏步

矩形柱

注：1. 梯板抗震等级同框架。
    2. 滑动支座支承挑板厚度160mm，挑出长度280mm。
    3. 标高单位为m，其他数据单位为mm。

ATb 型楼梯施工图剖面注写示例（平面图）					图集号	16G101—2—56
审核	郭仁俊	校对	廖宜香	设计	傅华夏	

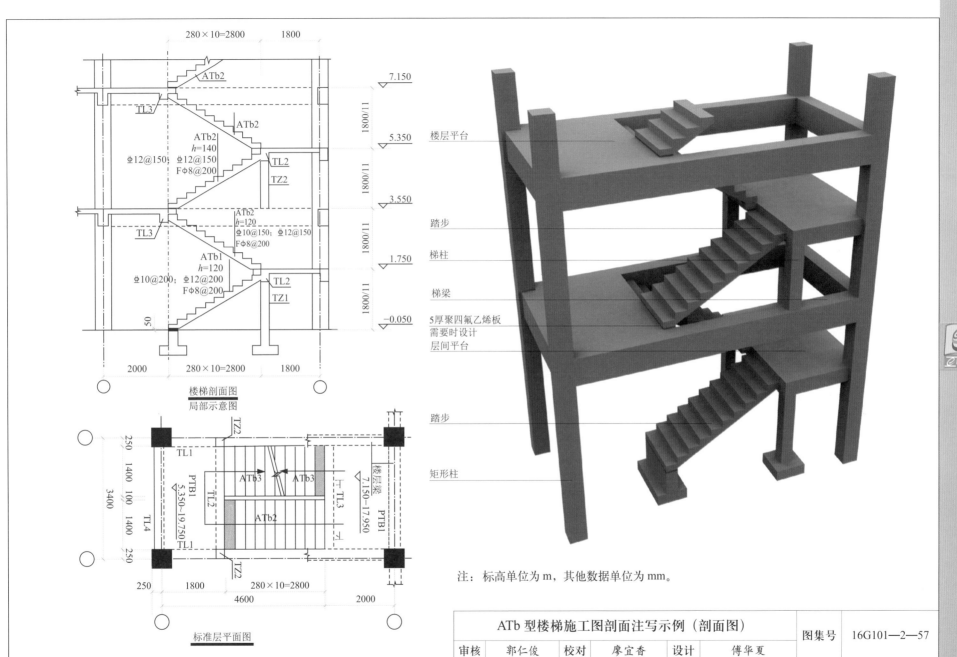

楼梯剖面图
局部示意图

标准层平面图

注：标高单位为 m，其他数据单位为 mm。

ATb 型楼梯施工图剖面注写示例（剖面图）						图集号	16G101—2—57
审核	郭仁俊	校对	廖宜香	设计	傅华夏		

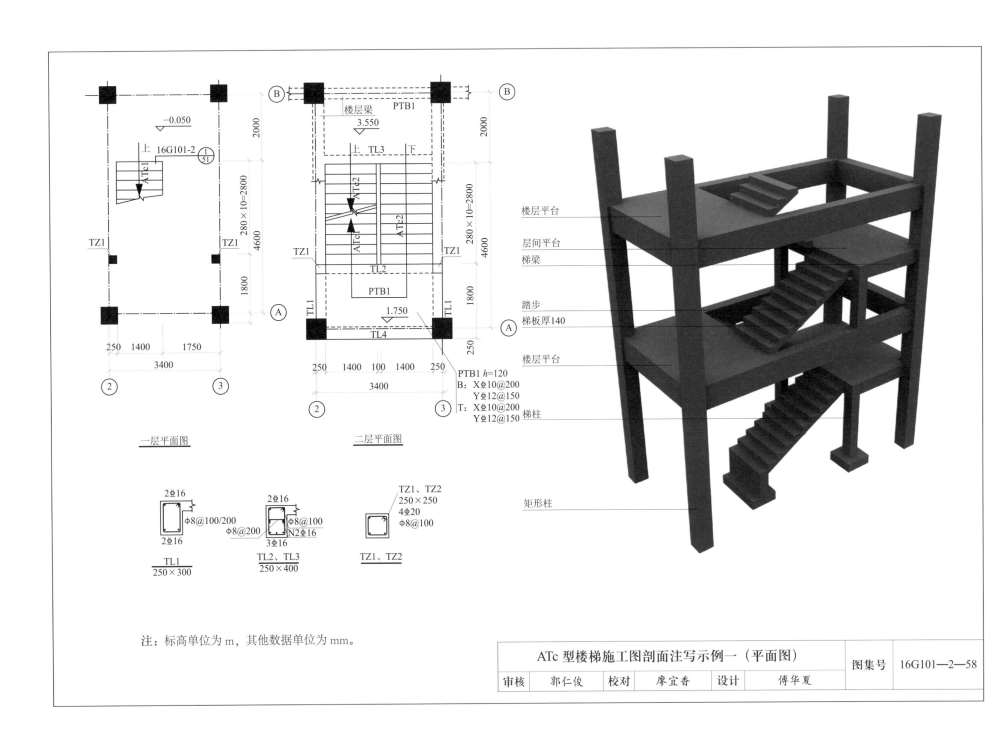

一层平面图

二层平面图

PTB1 *h*=120
B: Xϕ10@200
   Yϕ12@150
T: Xϕ10@200
   Yϕ12@150

2ϕ16
ϕ8@100/200
2ϕ16

TL1
250×300

2ϕ16
ϕ8@100
ϕ8@200
3ϕ16 N2ϕ16

TL2、TL3
250×400

TZ1、TZ2
250×250
4ϕ20
ϕ8@100

TZ1、TZ2

楼层平台

层间平台

梯梁

踏步

梯板厚140

楼层平台

梯柱

矩形柱

注：标高单位为 m，其他数据单位为 mm。

ATc 型楼梯施工图剖面注写示例一（平面图）						图集号	16G101—2—58
审核	郭仁俊	校对	廖宜香	设计	傅华夏		

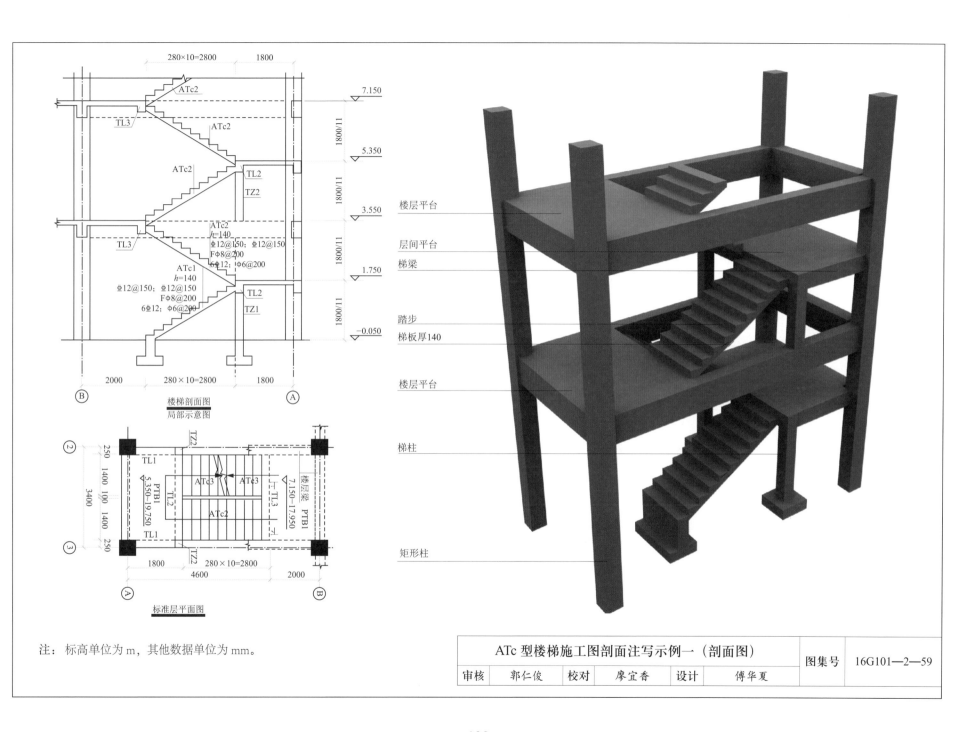

楼层平台

层间平台

梯梁

踏步
梯板厚140

楼层平台

梯柱

矩形柱

楼梯剖面图
局部示意图

- 280×10=2800
- 1800
- 7.150
- ATc2
- TL3
- ATc2
- 1800/11
- 5.350
- TL2
- ATc2
- TZ2
- 1800/11
- 3.550
- ATc2
- *h*=140
- ⚊12@150; Φ12@150
- FΦ8@200
- 6⚊12; Φ6@200
- 1800/11
- 1.750
- ATc1
- *h*=140
- ⚊12@150; Φ12@150
- FΦ8@200
- 6⚊12; Φ6@200
- TL3
- TL2
- TZ1
- 1800/11
- −0.050
- 2000
- 280×10=2800
- 1800
- Ⓑ
- Ⓐ

标准层平面图

- TZ2
- 250
- 1400
- 100
- 1400
- 250
- 3400
- TL1
- PTB1 5.350~19.750
- ATc3 ATc3
- TL2
- ATc2
- TL3
- 楼层梁 7.150~17.950
- PTB1
- TL1
- TZ2
- ②
- ③
- 1800
- 280×10=2800
- 2000
- 4600
- Ⓐ
- Ⓑ

注：标高单位为 m，其他数据单位为 mm。

ATc 型楼梯施工图剖面注写示例一（剖面图）						图集号	16G101—2—59
审核	郭仁俊	校对	廖宜香	设计	傅华夏		

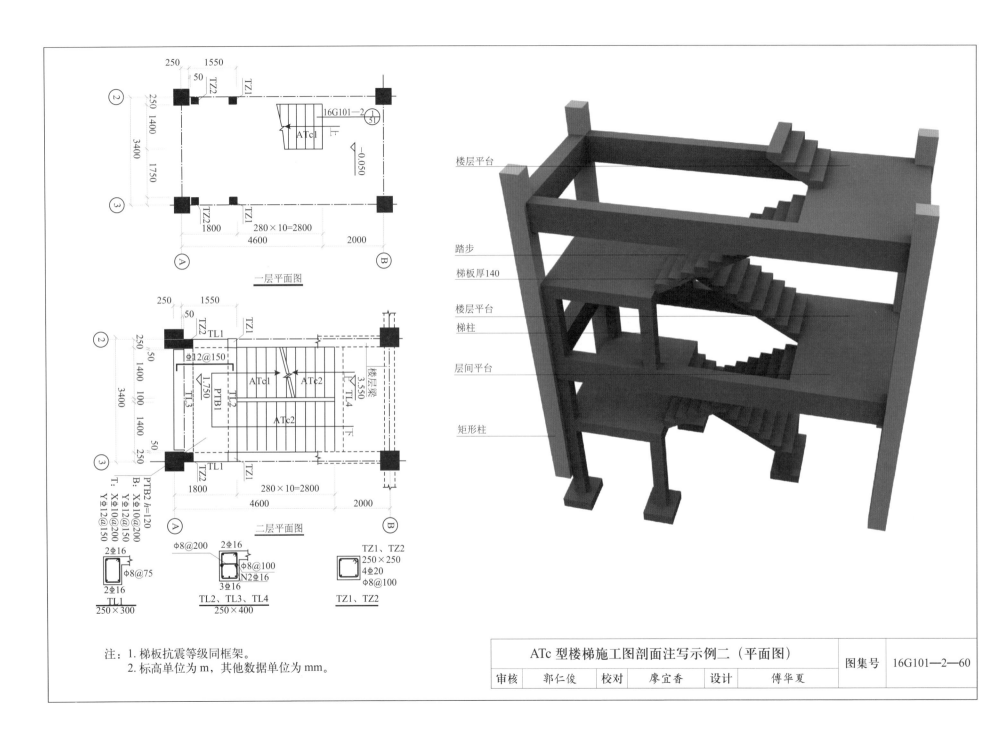

一层平面图

二层平面图

楼层平台

踏步

梯板厚140

楼层平台

梯柱

层间平台

矩形柱

注：1. 梯板抗震等级同框架。
　　2. 标高单位为m，其他数据单位为mm。

ATc 型楼梯施工图剖面注写示例二（平面图）					图集号	16G101—2—60
审核	郭仁俊	校对	廖宜香	设计	傅华夏	

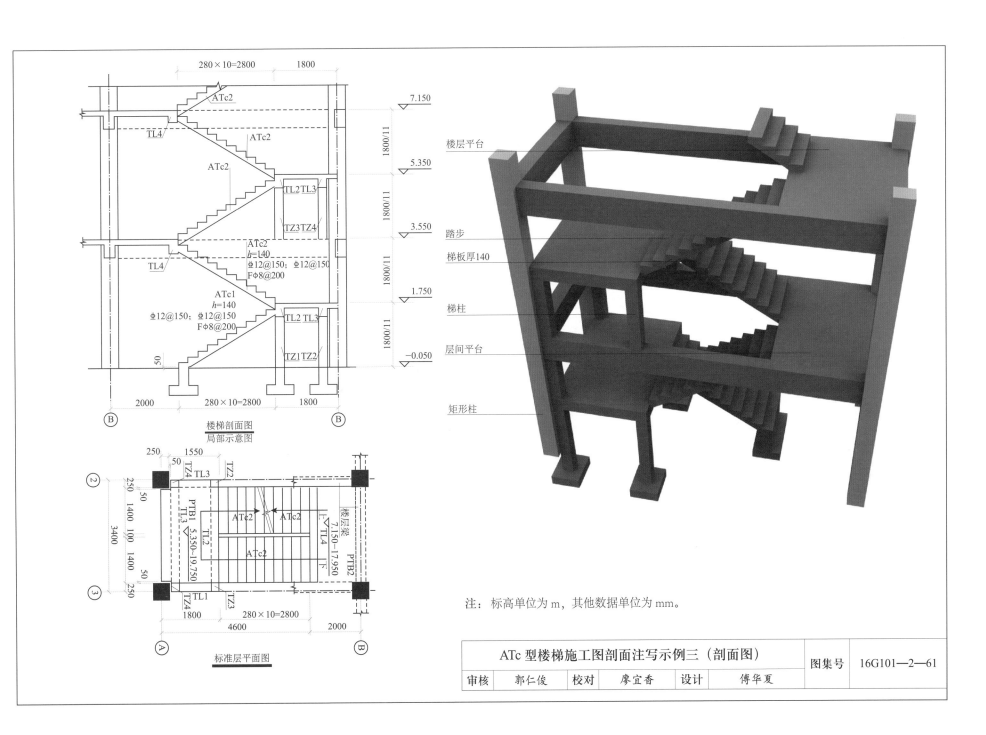

楼梯剖面图
局部示意图

标准层平面图

注：标高单位为m，其他数据单位为mm。

ATc 型楼梯施工图剖面注写示例三（剖面图）						图集号	16G101—2—61
审核	郭仁俊	校对	廖宜香	设计	傅华夏		

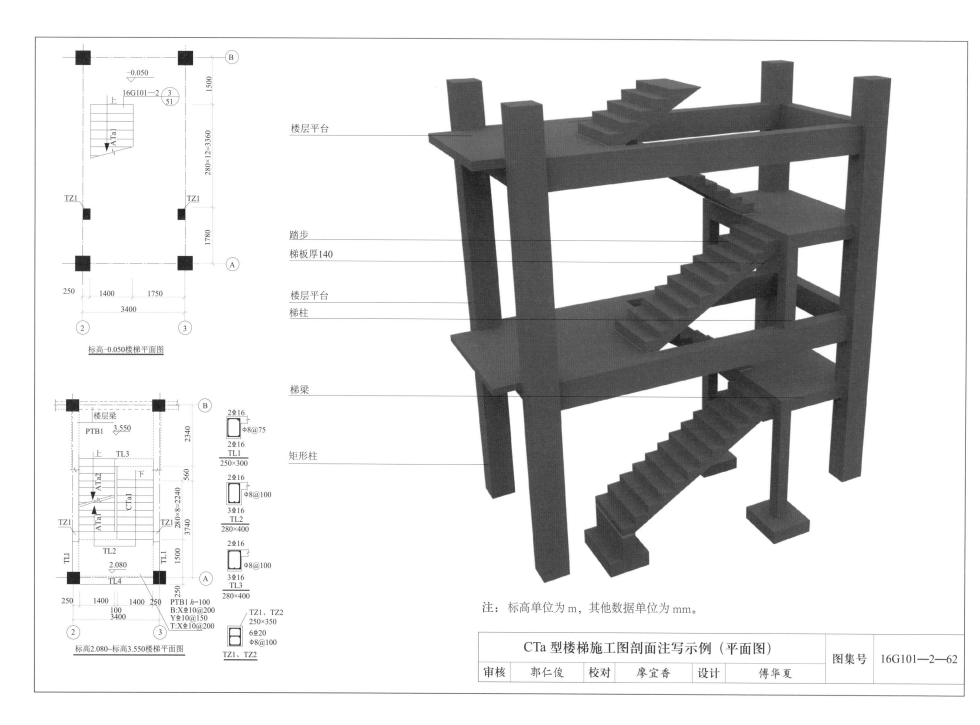

−0.050

16G101—2 $\dfrac{3}{51}$

上

ATa1

1500

280×12=3360

TZ1　　　　TZ1

1780

250　　1400　　1750

3400

②　　　　③

标高−0.050楼梯平面图

楼层平台

PTB1 $\dfrac{3.550}{}$

上　　TL3

ATa2

ATa1　CTa1

2340

560

280×8=2240

TZ1　　　　TZ1

3740

TL1　　　　TL1

下

2.080

TL2

TL4

1500

250

250　　1400　　1400　　250

100

3400

②　　　　③

标高2.080~标高3.550楼梯平面图

PTB1 h=100
B:X Φ10@200
 Y Φ10@150
T:X Φ10@200

2 Φ16
Φ8@75
2 Φ16
TL1
250×300

2 Φ16
Φ8@100
3 Φ16
TL2
280×400

2 Φ16
Φ8@100
3 Φ16
TL3
280×400

TZ1、TZ2
250×350
6 Φ20
Φ8@100
TZ1、TZ2

楼层平台

踏步

梯板厚140

楼层平台

梯柱

梯梁

矩形柱

注：标高单位为 m，其他数据单位为 mm。

CTa 型楼梯施工图剖面注写示例（平面图）

| 审核 | 郭仁俊 | 校对 | 廖宜香 | 设计 | 傅华夏 | 图集号 | 16G101—2—62 |

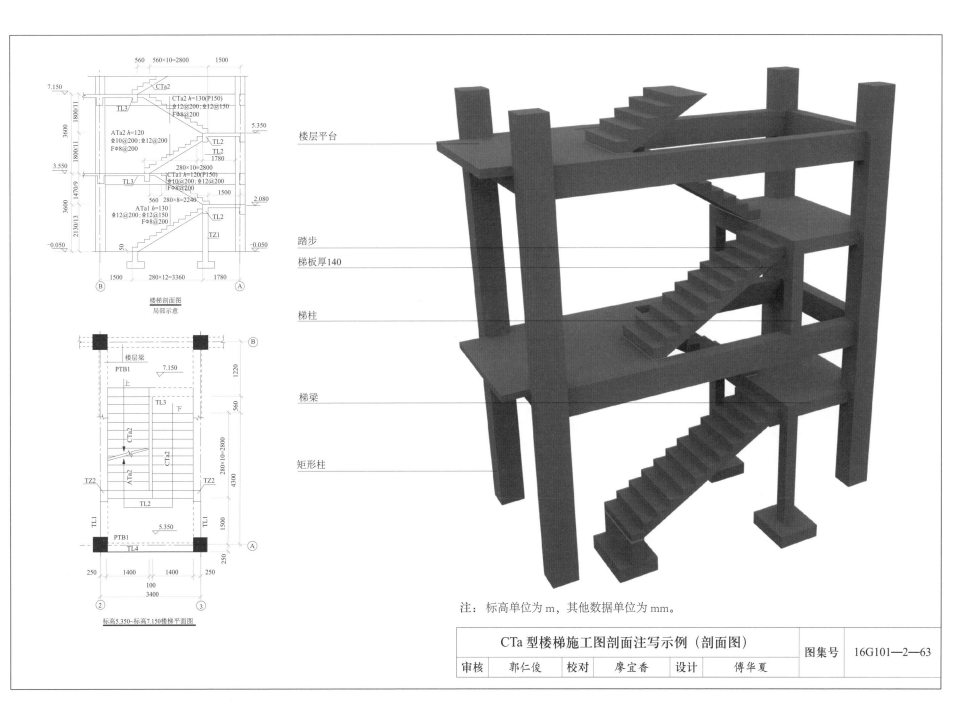

楼梯剖面图
局部示意

标高5.350~标高7.150楼梯平面图

楼层平台

踏步

梯板厚140

梯柱

梯梁

矩形柱

注：标高单位为 m，其他数据单位为 mm。

CTa 型楼梯施工图剖面注写示例（剖面图）						图集号	16G101—2—63
审核	郭仁俊	校对	廖宜香	设计	傅华夏		

— 143 —

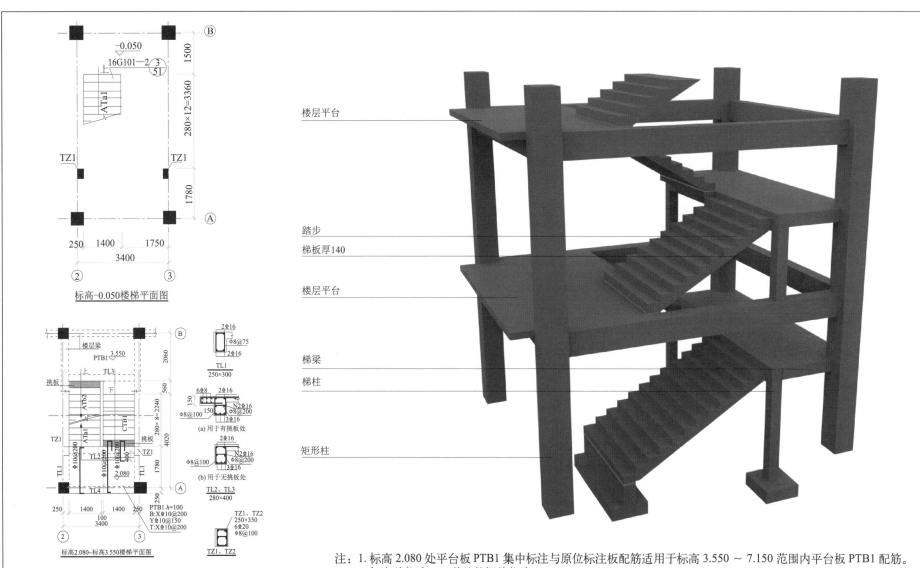

标高-0.050楼梯平面图

标高2.080~标高3.550楼梯平面图

楼层平台

踏步

梯板厚140

楼层平台

梯梁

梯柱

矩形柱

注：1. 标高2.080处平台板PTB1集中标注与原位标注板配筋适用于标高3.550～7.150范围内平台板PTB1配筋。
    2. 标高单位为m，其他数据单位为mm。

CTb 型楼梯施工图剖面注写示例（平面图）							图集号	16G101—2—64
审核	郭仁俊	校对	廖宜香	设计	傅华夏			

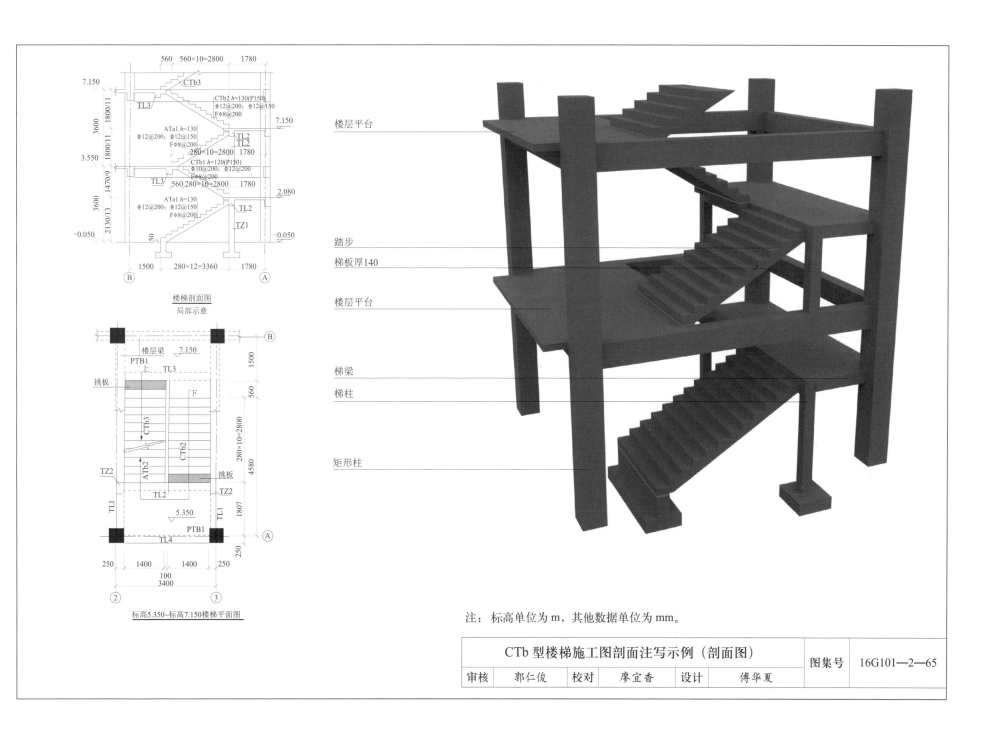

楼梯剖面图
局部示意

标高5.350~标高7.150楼梯平面图

注：标高单位为 m，其他数据单位为 mm。

CTb 型楼梯施工图剖面注写示例（剖面图）						图集号	16G101—2—65
审核	郭仁俊	校对	廖宜香	设计	傅华夏		

基础平法标准构造详图及三维示意图

第**7**章

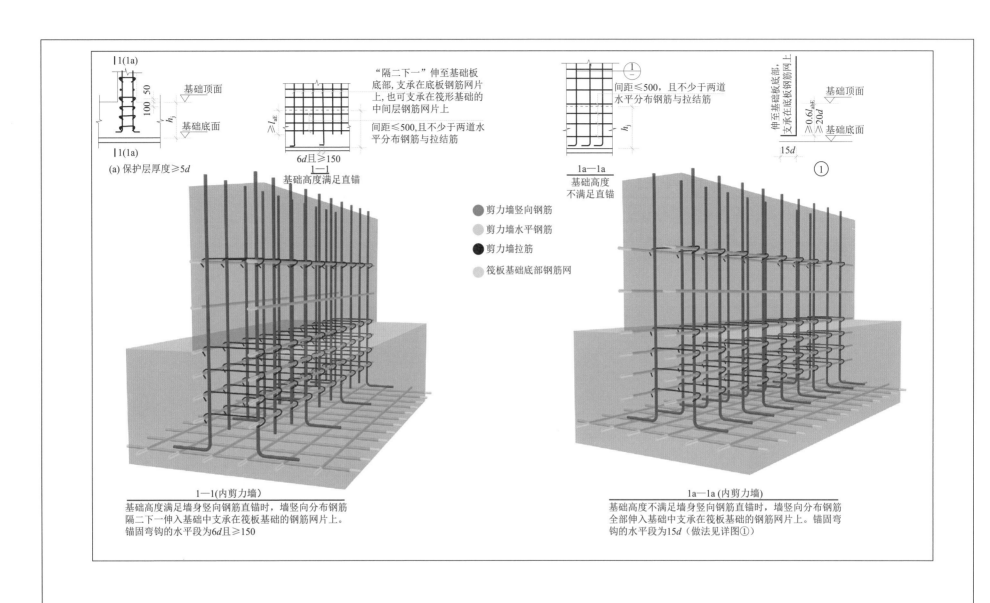

"隔二下一"伸至基础板底部,支承在底板钢筋网片上,也可支承在筏形基础的中间层钢筋网片上

间距≤500,且不少于两道水平分布钢筋与拉结筋

(a) 保护层厚度≥5d

间距≤500,且不少于两道水平分布钢筋与拉结筋

基础顶面
基础底面

1—1
基础高度满足直锚

1a—1a
基础高度不满足直锚

①

15d

伸至基础板底部,支承在底板钢筋网上

基础顶面
基础底面

剪力墙竖向钢筋
剪力墙水平钢筋
剪力墙拉筋
筏板基础底部钢筋网

1—1(内剪力墙)

基础高度满足墙身竖向钢筋直锚时,墙竖向分布钢筋隔二下一伸入基础中支承在筏板基础的钢筋网片上。锚固弯钩的水平段为6d且≥150

1a—1a(内剪力墙)

基础高度不满足墙身竖向钢筋直锚时,墙竖向分布钢筋全部伸入基础中支承在筏板基础的钢筋网片上。锚固弯钩的水平段为15d(做法见详图①)

墙身竖向分布钢筋在基础中的构造(一)						图集号	16G101—3—64
审核	郭仁俊	校对	廖宜香	设计	傅华夏		

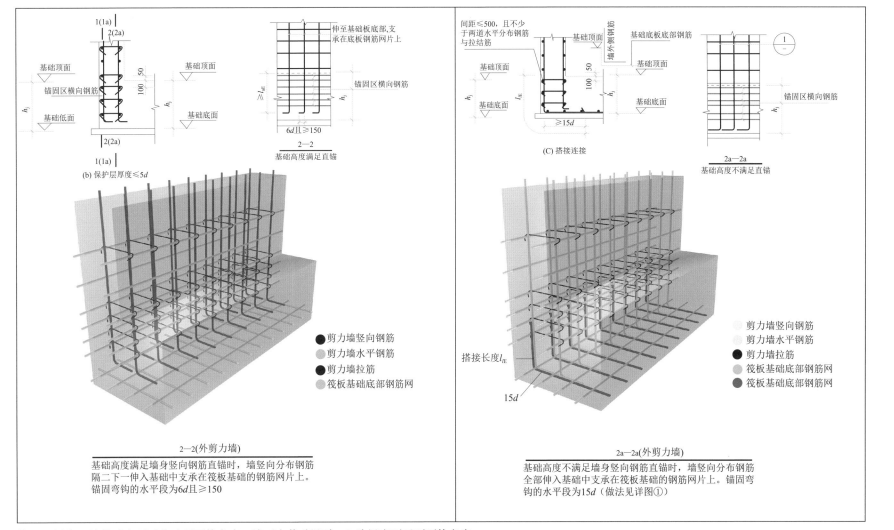

(b) 保护层厚度≤5d

2—2
基础高度满足直锚

2—2(外剪力墙)

基础高度满足墙身竖向钢筋直锚时，墙竖向分布钢筋
隔二下一伸入基础中支承在筏板基础的钢筋网片上。
锚固弯钩的水平段为6d且≥150

伸至基础板底部,支
承在底板钢筋网片上

锚固区横向钢筋

● 剪力墙竖向钢筋
剪力墙水平钢筋
剪力墙拉筋
筏板基础底部钢筋网

间距≤500，且不少
于两道水平分布钢筋
与拉结筋

墙外侧钢筋
基础顶面
基础底板底部钢筋

基础顶面

基础底面

(C) 搭接连接

2a—2a
基础高度不满足直锚

锚固区横向钢筋

搭接长度l_{lE}

15d

2a—2a(外剪力墙)

基础高度不满足墙身竖向钢筋直锚时，墙竖向分布钢筋
全部伸入基础中支承在筏板基础的钢筋网片上。锚固弯
钩的水平段为15d（做法见详图①）

● 剪力墙竖向钢筋
剪力墙水平钢筋
● 剪力墙拉筋
筏板基础底部钢筋网
筏板基础底部钢筋网

注：1. 图中 h_j 为基础底面至基础顶面的高度，墙下有基础梁时，h_j 为梁底面至顶面的高度。
2. 锚固区横向钢筋应满足直径 ≥ d/4（d 为纵筋最大直径）、间距 ≤ 10d（d 为纵筋最小直径）且 ≤ 100mm 的要求。
3. 当墙身竖向分布钢筋在基础中保护层厚度不一致（如分布筋部分位于梁中，部分位于板内）时，保护层厚度不大于5d的部分应设置锚固区横向钢筋。
4. 当选用"墙身竖向分布钢筋在基础中构造"中按图 (c) 搭接连接时，设计人员应在图纸中注明。
5. 图中 d 为墙身竖向分布钢筋直径。
6. 1—1 剖面，当施工采取有效措施保证钢筋定位时，墙身竖向分布钢筋伸入基础长度满足直锚即可。
7. 图中数据单位为 mm。

墙身竖向分布钢筋在基础中的构造（二）						图集号	16G101—3—64
审核	郭仁俊	校对	廖宜香	设计	傅华夏		

注：1. 图中 h_j 为基础底面至基础顶面的高度，墙下有基础梁时，h_j 为梁底面至顶面的高度。

2. 锚固区横向钢筋应满足直径 $\geq d/4$（d 为纵筋最大直径）、间距 $\leq 10d$（d 为纵筋最小直径）且 $\leq 100mm$ 的要求。

3. 当边缘构件纵筋在基础中保护层厚度不一致（如纵筋部分位于梁中，部分位于板内）时，保护层厚度不大于 $5d$ 的部分应设置锚固区横向钢筋。

4. 图中 d 为边缘构件纵筋直径。

5. 当边缘构件（包括端柱）一侧纵筋位于基础外边缘（保护层厚度 $\leq 5d$ 且基础高度满足直锚）时，边缘构件内所有纵筋均按图(b)构造；对于端柱锚固区横向钢筋要求见 16G101—3 第 66 页；其他情况端柱纵筋在基础中构造按 16G101—3 第 66 页。

6. 伸至钢筋网上的边缘构件角部纵筋（不包含端柱）之间间距不应大于 500mm，不满足时应将边缘构件其他纵筋伸至钢筋网上。

7. "边缘构件角部纵筋"（不包含端柱）是指边缘构件阴影区角部纵筋，图示为红色点状钢筋，图示红色的箍筋为在基础高度范围内采用的箍筋形式。

8. 图中数据单位为 mm。

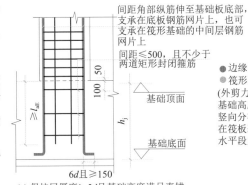

间距角部纵筋伸至基础板底部，支承在底板钢筋网片上，也可支承在筏形基础的中间层钢筋网片上

间距 ≤ 500，且不少于两道矩形封闭箍筋

基础顶面

基础底面

$6d$ 且 ≥ 150

● 边缘构件纵向受力钢筋、箍筋、拉筋
○ 筏形基础底层钢筋网
（外剪力墙）
基础高度满足墙身竖向钢筋直锚时，墙竖向分布钢筋隔二下一伸入基础中支承在筏板基础的钢筋网片上。锚固弯钩的水平段为 $6d$ 且 $\geq 150mm$

(a) 保护层厚度 $> 5d$ 且基础高度满足直锚

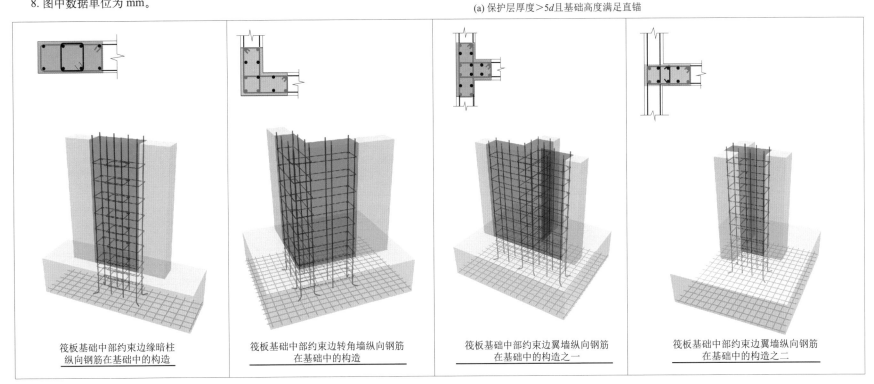

筏板基础中部约束边缘暗柱纵向钢筋在基础中的构造

筏板基础中部约束边转角墙纵向钢筋在基础中的构造

筏板基础中部约束边翼墙纵向钢筋在基础中的构造之一

筏板基础中部约束边翼墙纵向钢筋在基础中的构造之二

基础保护层厚度 $> 5d$ 基础高度满足直锚时基础中部约束边缘构件在基础中的锚固构造

边缘构件纵向钢筋在基础中的构造（一）						图集号	16G101-3-65
审核	郭仁俊	校对	廖宜香	设计	傅华夏		

注：1. 图中 h_j 为基础底面至基础顶面的高度，墙下有基础梁时，h_j 为梁底面至顶面的高度。
2. 锚固区横向钢筋应满足直径 ≥ d/4（d 为纵筋最大直径）、间距 ≤ 10d(d 为纵筋最小直径）且 ≤ 100mm 的要求。
3. 当边缘构件纵筋在基础中保护层厚度不一致（如纵筋部分位于梁中，部分位于板内）时，保护层厚度不大于 5d 的部分应设置锚固区横向钢筋。
4. 图中 d 为边缘构件纵筋直径。
5. 当边缘构件（包括端柱）一侧纵筋位于基础外边缘（保护层厚度≤5d 且基础高度满足直锚）时，边缘构件内所有纵筋均按图(b)构造；对于端柱锚固区横向钢筋要求见 16G101—3 第 66 页；其他情况端柱纵筋在基础中构造按 16G101—3 第 66 页。
6. 伸至钢筋网上的边缘构件角部纵筋（不包含端柱）之间间距不应大于 500mm，不满足时应将边缘构件其他纵筋伸至钢筋网上。
7. "边缘构件角部纵筋"（不包含端柱）是指边缘构件阴影区角部纵筋，图示为红色点状钢筋，图示红色的箍筋为在基础高度范围内采用的箍筋形式。
8. 图中数据单位为 mm。

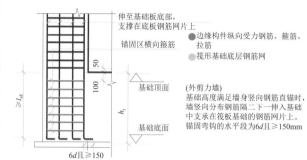

伸至基础板底部，支撑在底板钢筋网片上

锚固区横向箍筋

基础顶面

基础底面

50

100

h_j

● 边缘构件纵向受力钢筋、箍筋、拉筋
○ 筏形基础底层钢筋网

(外剪力墙)
基础高度满足墙身竖向钢筋直锚时，墙竖向分布钢筋隔二下一伸入基础中支承在筏板基础的钢筋网片上。
锚固弯钩的水平段为6d且≥150mm

$≥l_{aE}$

6d且≥150

(b)保护层厚度≤5d且基础高度满足直锚

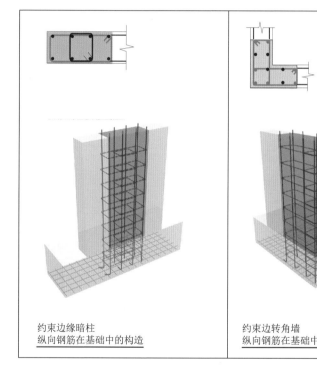

约束边缘暗柱
纵向钢筋在基础中的构造

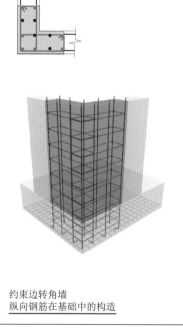

约束边转角墙
纵向钢筋在基础中的构造

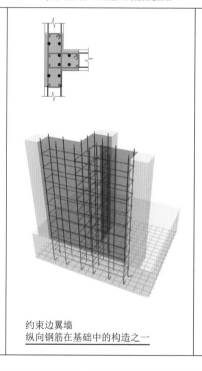

约束边翼墙
纵向钢筋在基础中的构造之一

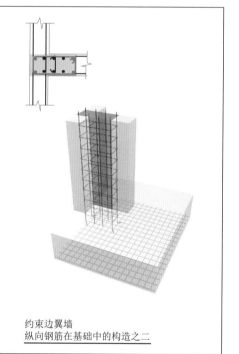

约束边翼墙
纵向钢筋在基础中的构造之二

基础保护层厚度 ≤ 5d 且基础高度不满足直锚时
基础边部约束边缘构件在基础中的锚固构造

边缘构件纵向钢筋在基础中的构造（二）					图集号	16G101-3—65
审核	郭仁俊	校对	廖宜香	设计	傅华夏	

注：1. 图中 h_j 为基础底面至基础顶面的高度，墙下有基础梁时，h_j 为梁底面至顶面的高度。

2. 锚固区横向钢筋应满足直径 $\geq d/4$（d 为纵筋最大直径）、间距 $\leq 10d$（d 为纵筋最小直径）且 $\leq 100mm$ 的要求。

3. 当边缘构件纵筋在基础中保护层厚度不一致（如纵筋部分位于梁中，部分位于板内）时，保护层厚度不大于 $5d$ 的部分应设置锚固区横向钢筋。

4. 图中 d 为边缘构件纵筋直径。

5. 当边缘构件（包括端柱）一侧纵筋位于基础外边缘（保护层厚度 $\leq 5d$ 且基础高度满足直锚）时，边缘构件内所有纵筋均按图 (b) 构造；对于端柱锚固区横向钢筋要求见 16G101—3 第66页；其他情况端柱纵筋在基础中构造按 16G101—3 第66页。

6. 伸至钢筋网上的边缘构件角部纵筋（不包含端柱）之间间距不应大于500mm，不满足时应将边缘构件其他纵筋伸至钢筋网上。

7. "边缘构件角部纵筋"（不包含端柱）是指边缘构件阴影区角部纵筋，图示为红色点状钢筋，图示红色的箍筋为在基础高度范围内采用的箍筋形式。

8. 图中数据单位为 mm。

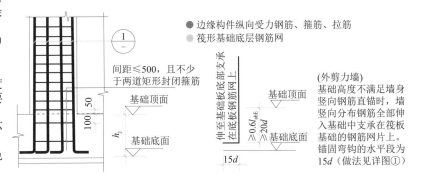

● 边缘构件纵向受力钢筋、箍筋、拉筋
● 筏形基础底层钢筋网

间距≤500，且不少于两道矩形封闭箍筋

50
100
h_j

基础顶面
基础底面

伸至基础板底支承在底板钢筋网上
$\geq 0.6l_{abE}$
$\geq 20d$
$15d$

基础顶面
基础底面

(c) 保护层厚度 $>5d$ 且基础高度不满足直锚

（外剪力墙）基础高度不满足墙身竖向钢筋直锚时，墙竖向分布钢筋全部伸入基础中支承在筏板基础的钢筋网片上。锚固弯钩的水平段为 $15d$（做法见详图①）

①

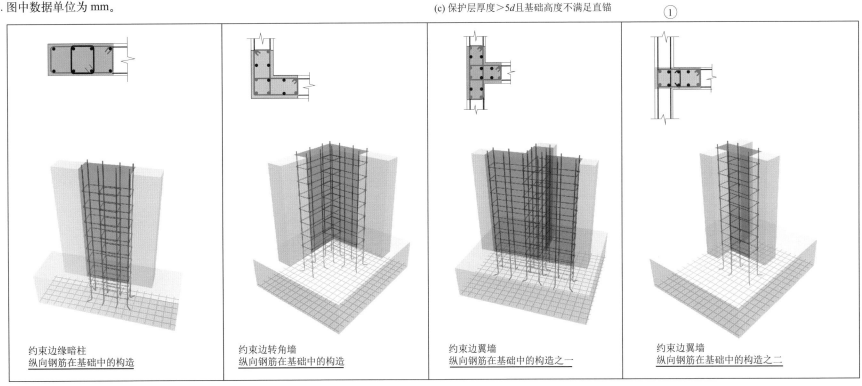

约束边缘暗柱纵向钢筋在基础中的构造

约束边转角墙纵向钢筋在基础中的构造

约束边翼墙纵向钢筋在基础中的构造之一

约束边翼墙纵向钢筋在基础中的构造之二

基础保护层厚度 $> 5d$ 且基础高度不满足直锚时
基础中部约束边缘构件在基础中的锚固构造

边缘构件纵向钢筋在基础中的构造（三）					图集号	16G101—3—65
审核	郭仁俊	校对	廖宜香	设计	傅华夏	

注：1. 图中 h_j 为基础底面至基础顶面的高度，墙下有基础梁时，h_j 为梁底面至顶面的高度。
2. 锚固区横向钢筋应满足直径 ≥ $d/4$（d 为纵筋最大直径）、间距 ≤ $10d$（d 为纵筋最小直径）且 ≤100mm 的要求。
3. 当边缘构件纵筋在基础中保护层厚度不一致（如纵筋部分位于梁中，部分位于板内）时，保护层厚度不大于 $5d$ 的部分应设置锚固区横向钢筋。
4. 图中 d 为边缘构件纵筋直径。
5. 当边缘构件（包括端柱）一侧纵筋位于基础外边缘（保护层厚度 ≤$5d$ 且基础高度满足直锚）时，边缘构件内所有纵筋均按图 (b) 构造；对于端柱锚固区横向钢筋要求见 16G101—3 第 66 页；其他情况端柱纵筋在基础中构造按 16G101—3 第 66 页。
6. 伸至钢筋网上的边缘构件角部纵筋（不包含端柱）之间间距不应大于 500mm，不满足时可将边缘构件其他纵筋伸至钢筋网上。
7. "边缘构件角部纵筋"（不包含端柱）是指边缘构件阴影区角部纵筋，图示为红色点状钢筋，图示红色的箍筋为在基础高度范围内采用的箍筋形式。
8. 图中数据单位为 mm。

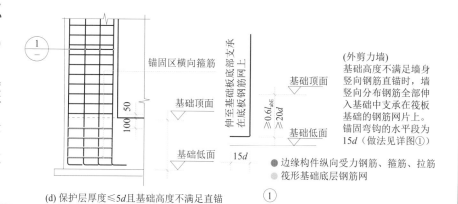

(d) 保护层厚度 ≤$5d$ 且基础高度不满足直锚

(外剪力墙)
基础高度不满足墙身竖向钢筋直锚时，墙竖向分布钢筋全部伸入基础中支承在筏板基础的钢筋网片上。锚固弯钩的水平段为 $15d$（做法见详图①）

● 边缘构件纵向受力钢筋、箍筋、拉筋
○ 筏形基础底层钢筋网

①

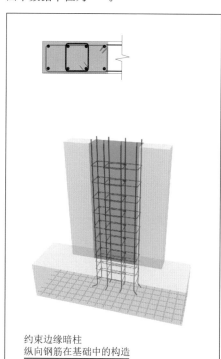

约束边缘暗柱
纵向钢筋在基础中的构造

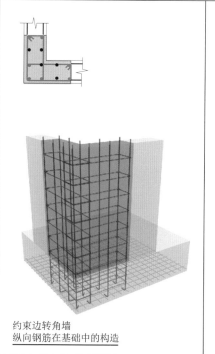

约束边转角墙
纵向钢筋在基础中的构造

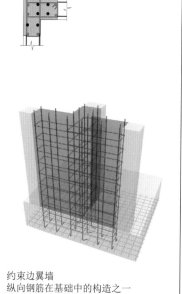

约束边翼墙
纵向钢筋在基础中的构造之一

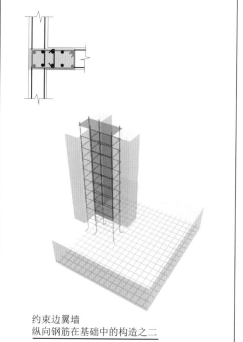

约束边翼墙
纵向钢筋在基础中的构造之二

基础保护层厚度 ≤$5d$ 且基础高度不满足直锚时
基础边部约束边缘构件在基础中的锚固构造

边缘构件纵向钢筋在基础中的构造（四）

| 审核 | 郭仁俊 | 校对 | 廖宜香 | 设计 | 傅华夏 |

图集号 16G101—3—65

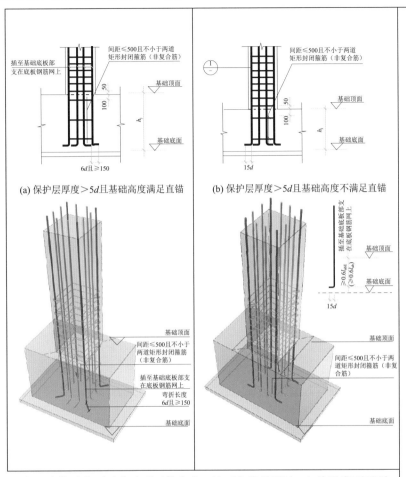

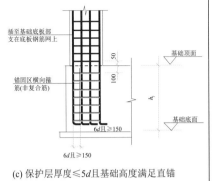

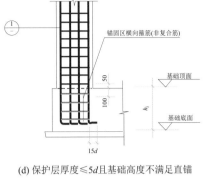

(a) 保护层厚度＞5d且基础高度满足直锚

(b) 保护层厚度＞5d且基础高度不满足直锚

(c) 保护层厚度≤5d且基础高度满足直锚

(d) 保护层厚度≤5d且基础高度不满足直锚

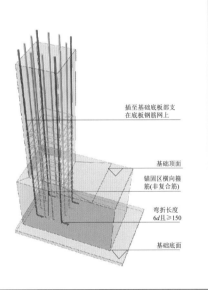

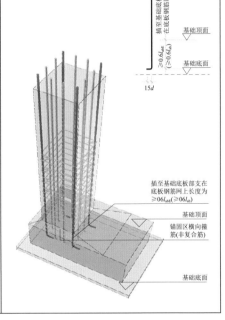

注：1. 图中 h_j 为基础底面至基础顶面的高度，柱下为基础梁时，h_j 为梁底面至顶面的高度。当柱两侧基础梁标高不同时，取较低标高。

2. 锚固区横向箍筋应满足直径≥ $d/4$（d 为纵筋最大直径），间距≤5d 为纵筋最小直径）且≤100mm 的要求。

3. 当柱纵筋在基础中保护层厚度不一致（如纵筋部分位于梁中、部分位于板内）时，保护层厚度不大于 5d 的部分应设置锚固区横向钢筋。

4. 当符合下列条件之一时，可仅将柱四角纵筋伸至底板钢筋网片上或筏形基础中间层钢筋网片上（伸至钢筋网片上的柱纵筋间距不应大于 1000mm），其余纵筋锚固在基础顶面下 l_{aE} 即可：①柱为轴心受压或小偏心受压，基础高度或基础顶面至中间层钢筋网片顶面距离不小于 1200mm；②柱为大偏心受压，基础高度或基础顶面至中间层钢筋网片顶面距离不小于 1400mm。

5. 图中 d 为柱纵筋直径，各数据单位为 mm。

柱纵筋在基础中的构造						图集号	16G101—3—66
审核	郭仁俊	校对	廖宜香	设计	傅华夏		

— 154 —

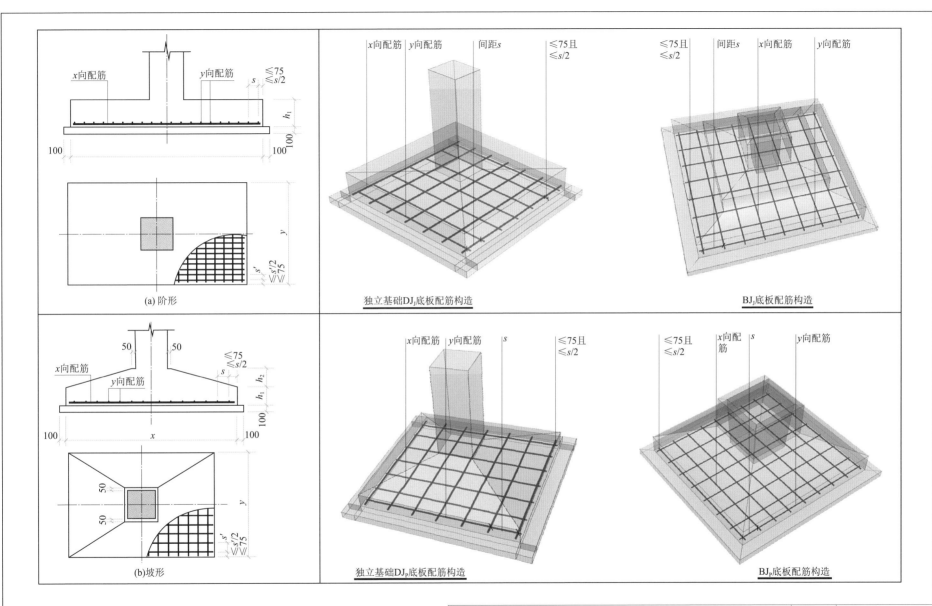

(a) 阶形

(b)坡形

独立基础DJ_J底板配筋构造

BJ_J底板配筋构造

独立基础DJ_P底板配筋构造

BJ_P底板配筋构造

注：1. 独立基础底板配筋构造适用于普通独立基础和杯口独立基础。
　　2. 几何尺寸和配筋按具体结构设计和本图构造确定。
　　3. 独立基础底板双向交叉钢筋长向设置在下，短向设置在上。
　　4. 数据单位为 mm。

独立基础 DJ_J、DJ_P、BJ_J、BJ_P 底板配筋构造						图集号	16G101—3—67
审核	郭仁俊	校对	廖宜香	设计	傅华夏		

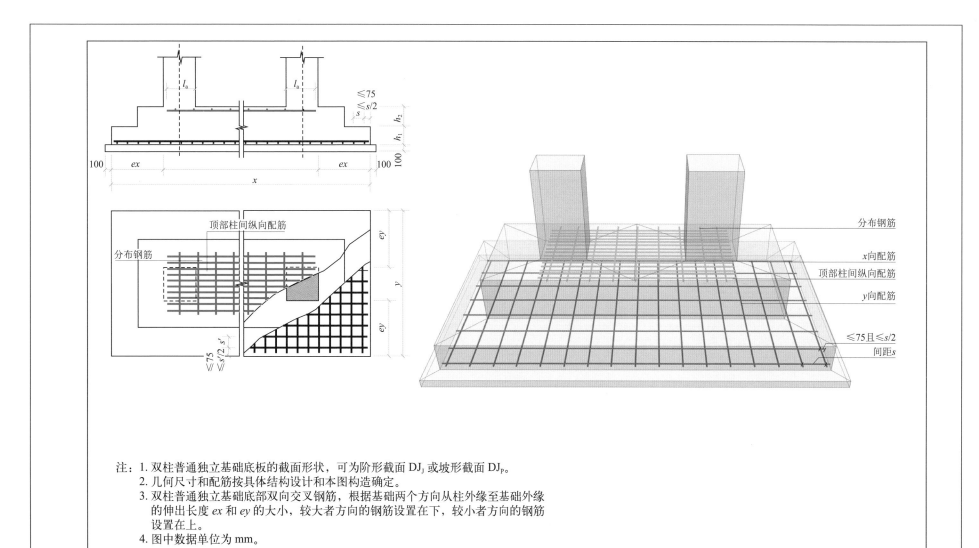

分布钢筋

x向配筋

顶部柱间纵向配筋

y向配筋

≤75且≤s/2

间距s

注：1. 双柱普通独立基础底板的截面形状，可为阶形截面 DJ$_J$ 或坡形截面 DJ$_P$。
    2. 几何尺寸和配筋按具体结构设计和本图构造确定。
    3. 双柱普通独立基础底部双向交叉钢筋，根据基础两个方向从柱外缘至基础外缘
      的伸出长度 ex 和 ey 的大小，较大者方向的钢筋设置在下，较小者方向的钢筋
      设置在上。
    4. 图中数据单位为 mm。

双柱普通独立基础底部与顶部配筋构造						图集号	16G101—3—68
审核	郭仁俊	校对	廖宜香	设计	傅华夏		

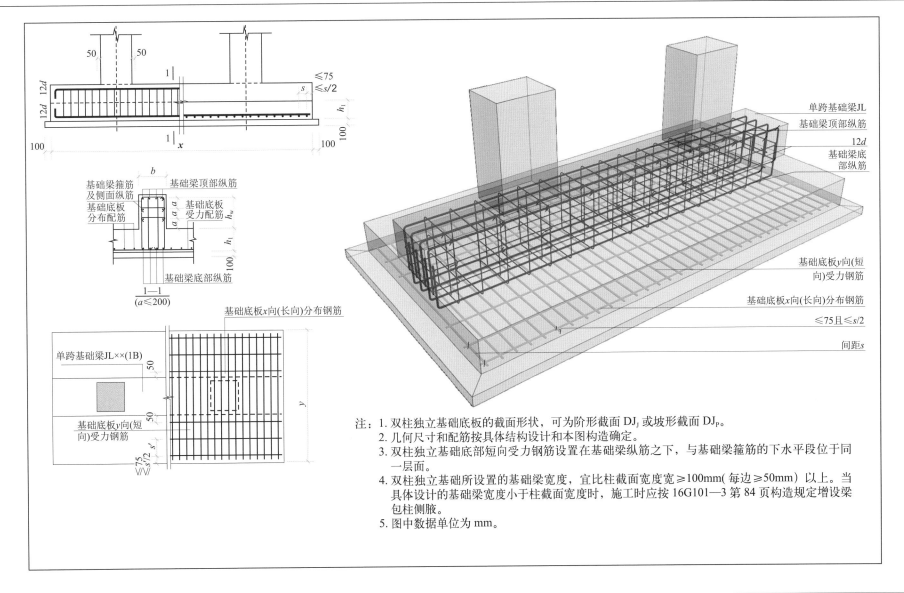

注：1. 双柱独立基础底板的截面形状，可为阶形截面 DJ_J 或坡形截面 DJ_P。
　　2. 几何尺寸和配筋按具体结构设计和本图构造确定。
　　3. 双柱独立基础底部短向受力钢筋设置在基础梁纵筋之下，与基础梁箍筋的下水平段位于同一层面。
　　4. 双柱独立基础所设置的基础梁宽度，宜比柱截面宽度宽≥100mm(每边≥50mm)以上。当具体设计的基础梁宽度小于柱截面宽度时，施工时应按 16G101—3 第 84 页构造规定增设梁包柱侧腋。
　　5. 图中数据单位为 mm。

设置基础梁的双柱普通独立基础配筋构造						图集号	16G101—3—69
审核	郭仁俊	校对	廖宜香	设计	傅华夏		

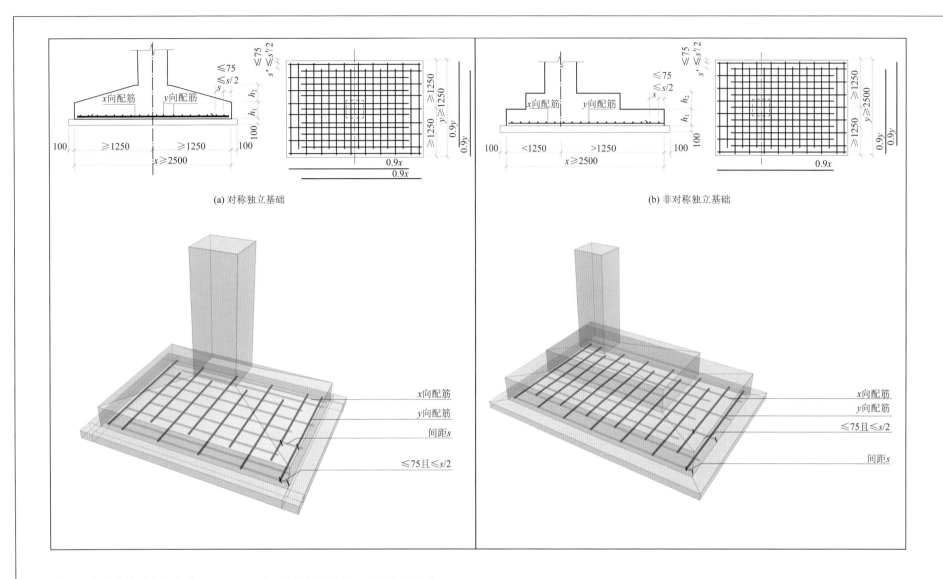

(a) 对称独立基础

(b) 非对称独立基础

注：1. 当独立基础底板长度 ≥ 2500mm 时，除外侧钢筋外，底板配筋长度
可取相应方向底板长度的 0.9 倍，交错放置。
2. 当非对称独立基础底板长度 ≥ 2500mm，但该基础某侧从柱中心至基
础底板边缘的距离 < 1250mm 时，钢筋在该侧不应减短。
3. 图中数据单位为 mm。

独立基础底板配筋长度减短 10% 构造	图集号	16G101—3—70
审核 郭仁俊 校对 廖宜香 设计 傅华夏		

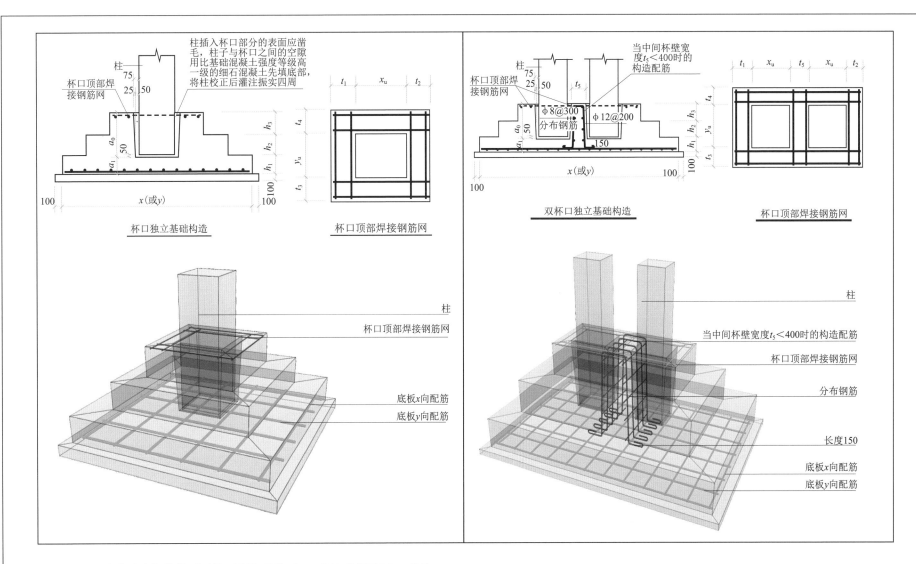

杯口独立基础构造

杯口顶部焊接钢筋网

双杯口独立基础构造

杯口顶部焊接钢筋网

柱插入杯口部分的表面应凿毛，柱子与杯口之间的空隙用比基础混凝土强度等级高一级的细石混凝土先填底部，将柱校正后灌注振实四周

杯口顶部焊接钢筋网

当中间杯壁宽度 $t_5 < 400$ 时的构造配筋

φ8@300 分布钢筋

φ12@200

150

柱

杯口顶部焊接钢筋网

底板 x 向配筋

底板 y 向配筋

柱

当中间杯壁宽度 $t_5 < 400$ 时的构造配筋

杯口顶部焊接钢筋网

分布钢筋

长度150

底板 x 向配筋

底板 y 向配筋

注：1. 杯口独立基础底板的截面形状可为阶形截面 BJ_J 或坡形截面 BJ_P。当为坡形截面且坡度较大时，应在坡面上安装顶部模板，以确保混凝土能够浇筑成型、振捣密实。
2. 几何尺寸和配筋按具体结构设计和本图构造确定。
3. 当双杯口的中间杯壁宽度 $t_5 < 400$mm 时，按本图所示设计构造配筋施工。
4. 图中数据单位为 mm。

杯口和双杯口独立基础构造						图集号	16G101—3—71
审核	郭仁俊	校对	廖宜香	设计	傅华夏		

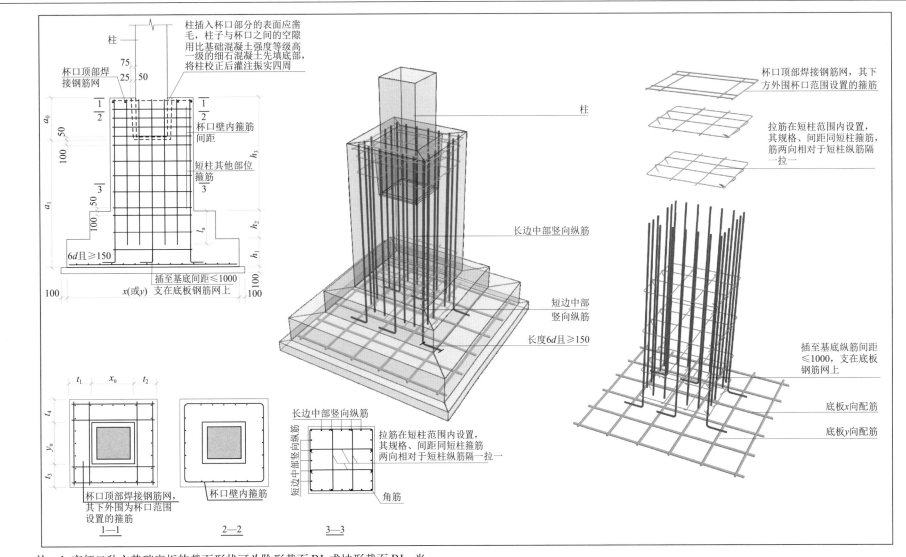

柱插入杯口部分的表面应凿毛，柱子与杯口之间的空隙用比基础混凝土强度等级高一级的细石混凝土先填底部，将柱校正后灌注振实四周

柱

杯口顶部焊接钢筋网

杯口顶部焊接钢筋网，其下方外围杯口范围设置的箍筋

杯口壁内箍筋间距

短柱其他部位箍筋

拉筋在短柱范围内设置，其规格、间距同短柱箍筋，筋两向相对于短柱纵筋隔一拉一

$6d$且$\geqslant 150$

插至基底间距$\leqslant 1000$，支在底板钢筋网上

x（或y）

柱

长边中部竖向纵筋

短边中部竖向纵筋

长度$6d$且$\geqslant 150$

插至基底纵筋间距$\leqslant 1000$，支在底板钢筋网上

底板x向配筋

底板y向配筋

t_1 x_u t_2

t_4

y_u

t_3

杯口顶部焊接钢筋网，其下外围为杯口范围设置的箍筋

1—1

杯口壁内箍筋

2—2

长边中部竖向纵筋

短边中部竖向纵筋

拉筋在短柱范围内设置，其规格、间距同短柱箍筋两向相对于短柱纵筋隔一拉一

角筋

3—3

注：1. 高杯口独立基础底板的截面形状可为阶形截面 BJ$_J$ 或坡形截面 BJ$_P$。当为坡形截面且坡度较大时，应在坡面上安装顶部模板，以确保混凝土能够浇筑成型、振捣密实。
    2. 几何尺寸和配筋按具体结构设计和本图构造确定，施工按相应平法制图规则。
    3. 基础底板底部钢筋构造，详见 16G101—3 第 67 页、第 70 页。
    4. 图中数据单位为 mm。

高杯口独立基础杯壁和基础短柱配筋构造					图集号	16G101-3—72
审核	郭仁俊	校对	廖宜香	设计	傅华夏	

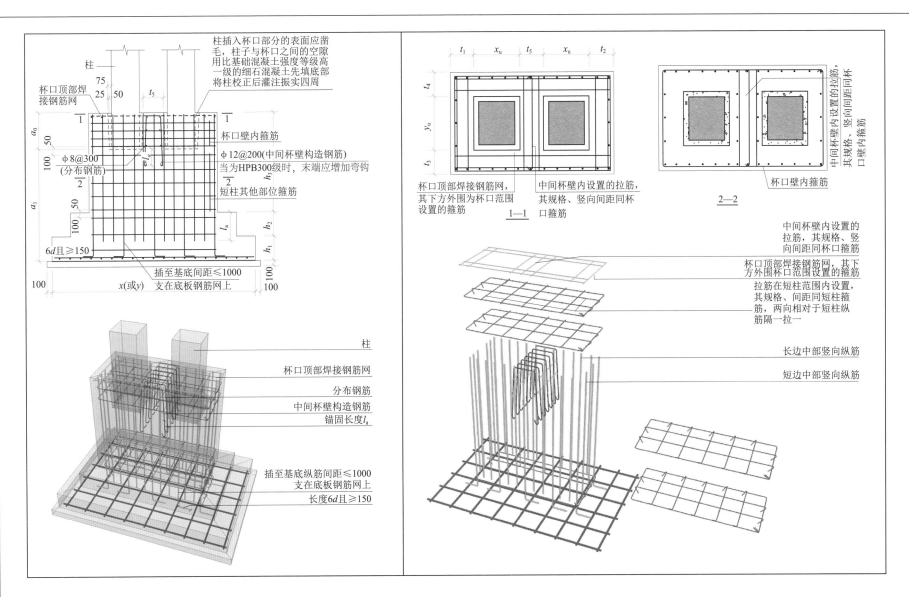

柱插入杯口部分的表面应凿毛，柱子与杯口之间的空隙用比基础混凝土强度等级高一级的细石混凝土先填底部将柱校正后灌注振实四周

柱

杯口顶部焊接钢筋网

75
25 50
t_5

a_0
50

100

φ8@300
(分布钢筋)

a_1

50
100

l_a

6d且≥150

杯口壁内箍筋

φ12@200(中间杯壁构造钢筋)
当为HPB300级时，末端应增加弯钩

短柱其他部位箍筋

h_3
h_2
h_1

插至基底间距≤1000
支在底板钢筋网上
x(或y)

100
100

t_1　x_u　t_5　x_u　t_2

t_4

y_u

t_3

杯口顶部焊接钢筋网，其下方外围为杯口范围设置的箍筋

中间杯壁内设置的拉筋，其规格、竖向间距同杯口箍筋

1—1

中间杯壁内设置的拉筋，其规格、竖向间距同杯口箍筋

杯口壁内箍筋

2—2

柱

杯口顶部焊接钢筋网

分布钢筋

中间杯壁构造钢筋

锚固长度l_a

插至基底纵筋间距≤1000
支在底板钢筋网上
长度6d且≥150

中间杯壁内设置的拉筋，其规格、竖向间距同杯口箍筋

杯口顶部焊接钢筋网，其下方外围杯口范围设置的箍筋

拉筋在短柱范围内设置，其规格、间距同短柱箍筋，两向相对于短柱纵筋隔一拉一

长边中部竖向纵筋

短边中部竖向纵筋

注：1. 当双杯口的中间杯壁宽度 t_5<400mm 时，设置中间杯壁构造配筋。
　　2. 图中数据单位为 mm。

双高杯口独立基础杯壁和基础短柱配筋构造						图集号	16G101—3—73
审核	郭仁俊	校对	廖宜香	设计	傅华夏		

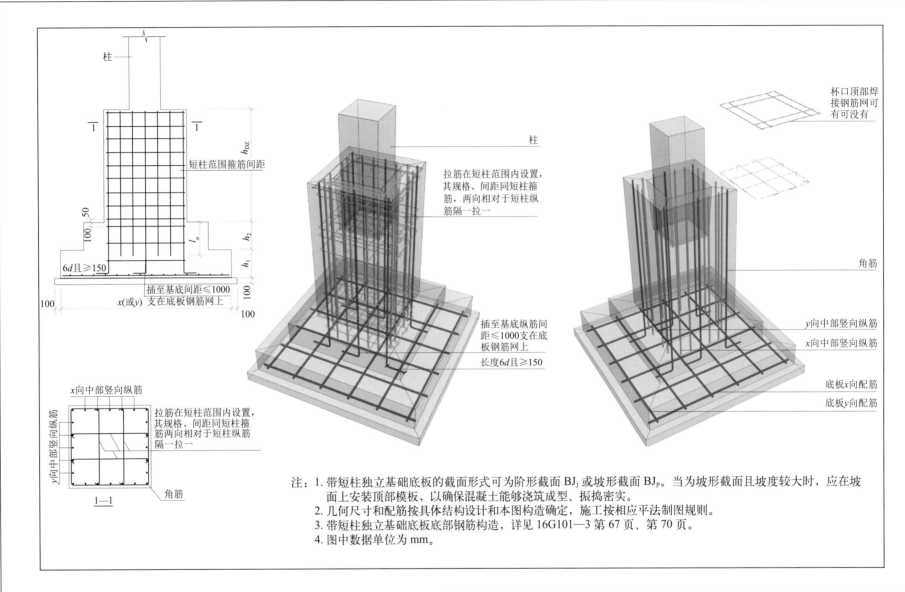

柱

短柱范围箍筋间距

h_{DZ}

100 50

l_a

h_2

6d且≥150

h_1

插至基底间距≤1000

x(或y) 支在底板钢筋网上

100   100

100

x向中部竖向纵筋

拉筋在短柱范围内设置,
其规格、间距同短柱箍
筋两向相对于短柱纵筋
隔一拉一

y向中部竖向纵筋

角筋

1—1

杯口顶部焊
接钢筋网可
有可没有

柱

拉筋在短柱范围内设置,
其规格、间距同短柱箍
筋,两向相对于短柱纵
筋隔一拉一

插至基底纵筋间
距≤1000支在底
板钢筋网上

长度6d且≥150

角筋

y向中部竖向纵筋

x向中部竖向纵筋

底板x向配筋

底板y向配筋

注: 1. 带短柱独立基础底板的截面形式可为阶形截面 BJ$_J$ 或坡形截面 BJ$_P$。当为坡形截面且坡度较大时,应在坡
面上安装顶部模板,以确保混凝土能够浇筑成型、振捣密实。
2. 几何尺寸和配筋按具体结构设计和本图构造确定,施工按相应平法制图规则。
3. 带短柱独立基础底板底部钢筋构造,详见 16G101—3 第 67 页、第 70 页。
4. 图中数据单位为 mm。

单柱带短柱独立基础配筋构造					图集号	16G101—3—74
审核	郭仁俊	校对	廖宜香	设计	傅华夏	

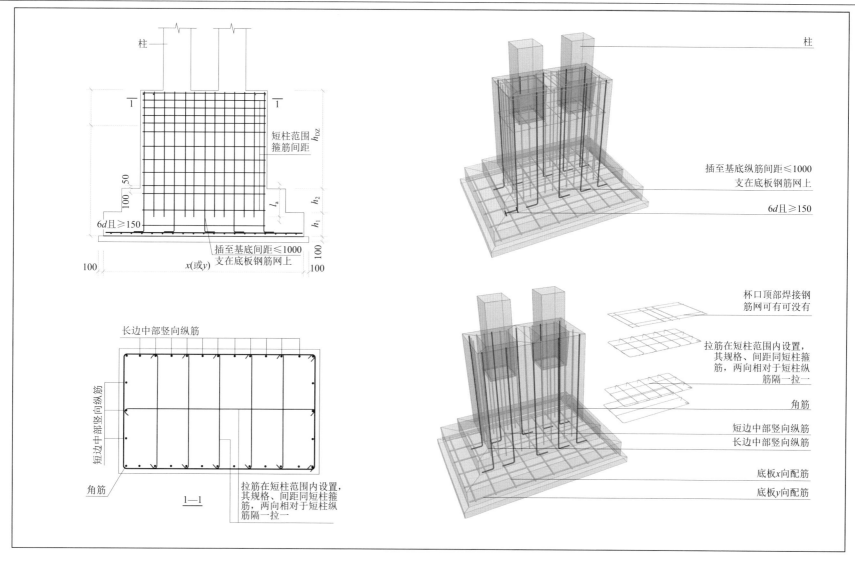

短柱范围箍筋间距 h_{DZ}

插至基底纵筋间距≤1000
支在底板钢筋网上

$6d$ 且≥150

杯口顶部焊接钢筋网可有可没有

拉筋在短柱范围内设置，其规格、间距同短柱箍筋，两向相对于短柱纵筋隔一拉一

角筋

短边中部竖向纵筋
长边中部竖向纵筋

底板 x 向配筋
底板 y 向配筋

柱

$6d$ 且≥150

插至基底间距≤1000
支在底板钢筋网上

长边中部竖向纵筋

短边中部竖向纵筋

角筋

1—1

拉筋在短柱范围内设置，其规格、间距同短柱箍筋，两向相对于短柱纵筋隔一拉一

注：1. 独立深基础底板的截面形式可为阶形截面 BJ_J 或坡形截面 BJ_P。当为坡形截面且坡度较大时，应在坡面上安装顶部模板，以确保混凝土能够浇筑成型、振捣密实。
2. 几何尺寸和配筋按具体结构设计和本图构造确定，施工按相应平法制图规则。
3. 图中数据单位为 mm。

双柱带短柱独立基础配筋构造						图集号	16G101—3—75
审核	郭仁俊	校对	廖宜香	设计	傅华夏		

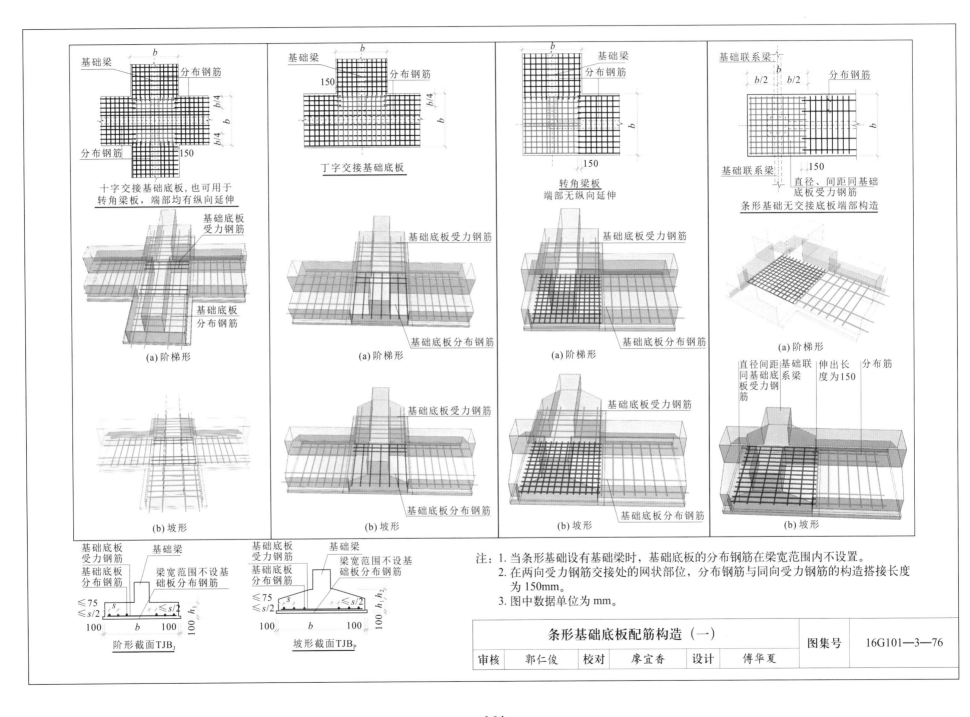

十字交接基础底板，也可用于转角梁板，端部均有纵向延伸

(a) 阶梯形

(b) 坡形

丁字交接基础底板

(a) 阶梯形

(b) 坡形

转角梁板端部无纵向延伸

(a) 阶梯形

(b) 坡形

条形基础无交接底板端部构造

(a) 阶梯形

(b) 坡形

阶形截面TJB$_J$

坡形截面TJB$_P$

注: 1. 当条形基础设有基础梁时，基础底板的分布钢筋在梁宽范围内不设置。
2. 在两向受力钢筋交接处的网状部位，分布钢筋与同向受力钢筋的构造搭接长度为150mm。
3. 图中数据单位为mm。

条形基础底板配筋构造（一）					图集号	16G101-3—76
审核	郭仁俊	校对	廖宜香	设计	傅华夏	

— 164 —

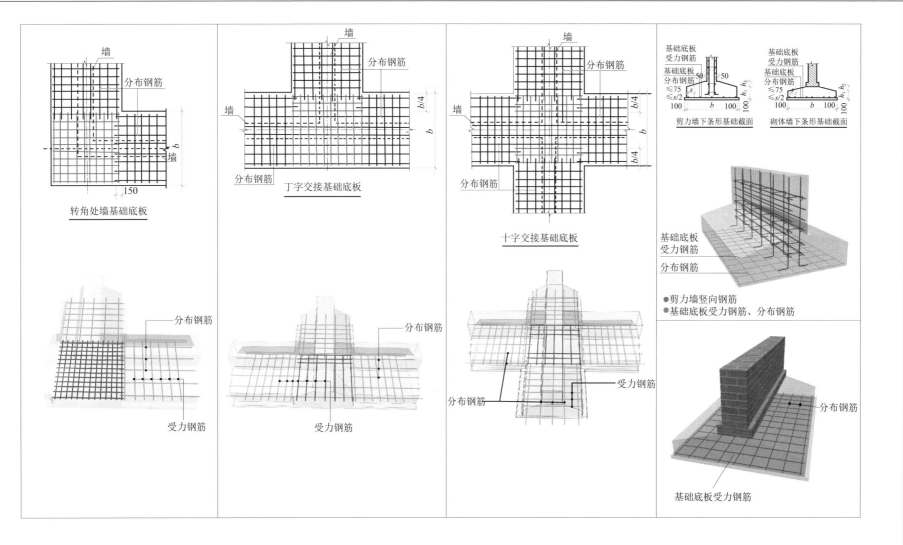

転角処墙基础底板

丁字交接基础底板

十字交接基础底板

剪力墙下条形基础截面

砌体墙下条形基础截面

●剪力墙竖向钢筋
●基础底板受力钢筋、分布钢筋

注：1. 当条形基础设有基础梁时，基础底板的分布钢筋在梁宽范围内不设置。
2. 在两向受力钢筋交接处的网状部位，分布钢筋与同向受力钢筋的构造搭接长度为150mm。
3. 图中数据单位为mm。

条形基础底板配筋构造（二）					图集号	16G101—3—77
审核	郭仁俊	校对	廖宜香	设计	傅华夏	

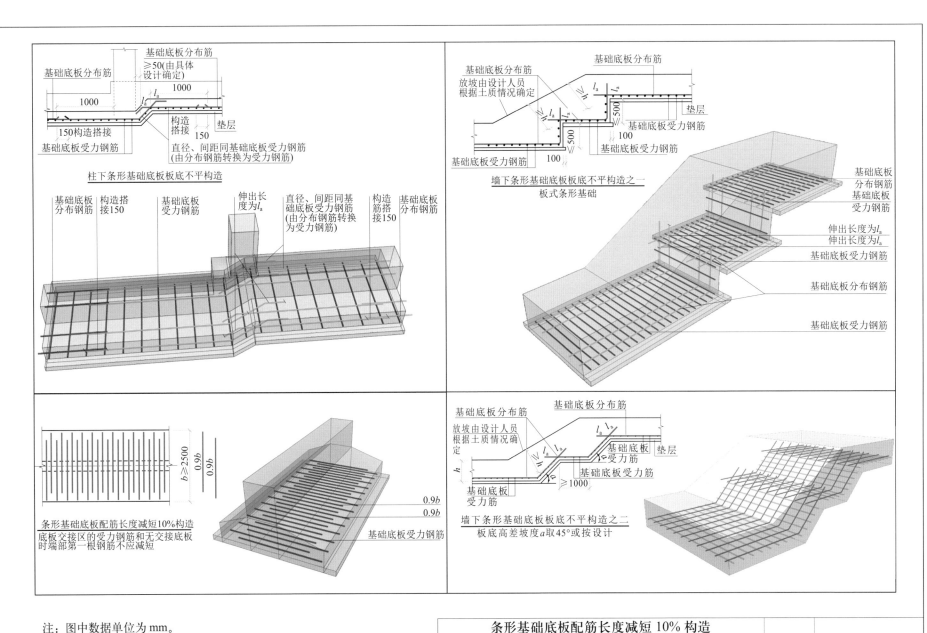

基础底板分布筋
≥50(由具体设计确定)
基础底板分布筋
基础底板分布筋
1000
1000
l_a
l_a
垫层
构造搭接
150构造搭接
150
基础底板受力钢筋
直径、间距同基础底板受力钢筋
(由分布钢筋转换为受力钢筋)

柱下条形基础底板板底不平构造

基础底板分布钢筋
构造搭接150
基础底板受力钢筋
伸出长度为l_a
直径、间距同基础底板受力钢筋(由分布钢筋转换为受力钢筋)
构造筋搭接150
基础底板分布筋

基础底板分布筋
基础底板分布筋
放坡由设计人员根据土质情况确定
l_a
$\geqslant h$
$\leqslant 500$
垫层
l_a
$\geqslant h$
$\leqslant 500$
基础底板受力钢筋
100
基础底板受力钢筋
100

墙下条形基础底板板底不平构造之一
板式条形基础

基础底板分布钢筋
基础底板受力钢筋
伸出长度为l_a
伸出长度为l_a
基础底板受力钢筋
基础底板分布钢筋
基础底板受力钢筋

$b \geqslant 2500$
$0.9b$
$0.9b$

$0.9b$
$0.9b$
基础底板受力钢筋

条形基础底板配筋长度减短10%构造
底板交接区的受力钢筋和无交接底板时端部第一根钢筋不应减短

基础底板分布筋
基础底板分布筋
放坡由设计人员根据土质情况确定
l_a
$\geqslant h$
l_a
$\geqslant h$
h
$\geqslant 1000$
基础底板受力筋
基础底板受力筋
基础底板受力筋
垫层

墙下条形基础底板板底不平构造之二
板底高差坡度a取45°或按设计

注:图中数据单位为mm。

条形基础底板配筋长度减短10%构造 条形基础板底不平构造				图集号	16G101—3—78
审核	郭仁俊	校对	廖宜香	设计	傅华夏

顶部贯通纵筋在连接区内采用搭接、机械连接或焊接。同一连接区段内接头面积百分率不宜大于50%。
当钢筋长度可穿过一连接区到下一连接区并满足连接要求时，宜穿越设置

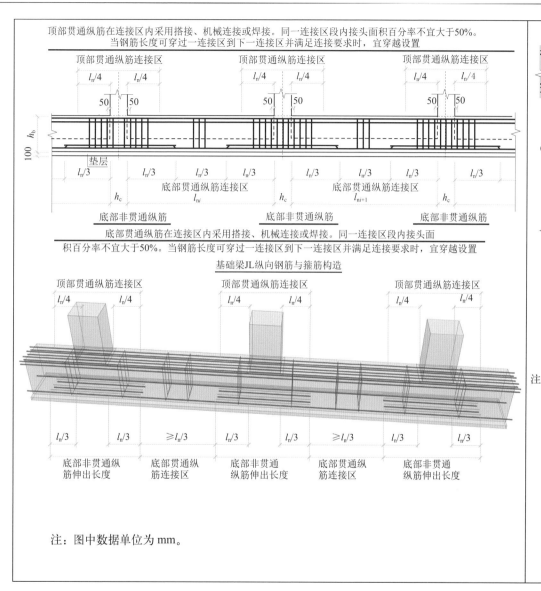

注：图中数据单位为mm。

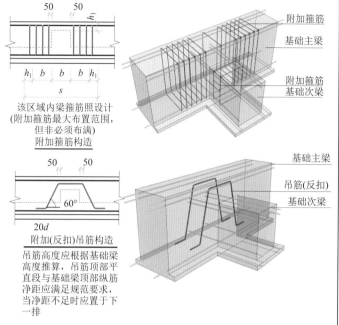

该区域内梁箍筋照设计
(附加箍筋最大布置范围，
但非必须布满)
附加箍筋构造

附加(反扣)吊筋构造

吊筋高度应根据基础梁
高度推算，吊筋顶部平
直段与基础梁顶部纵筋
净距应满足规范要求，
当净距不足时置于下
一排

注：1. 跨度值 l_n 为左跨 l_{ni} 和右跨 l_{ni+1} 之较大值，其中 $i=1$，2，3…。
2. 节点区内箍筋按梁端箍筋设置。梁相互交叉宽度内的箍筋按截面
高度较大的基础梁设置。同跨箍筋有两种时，各自设置范围按具体
设计注写。
3. 当两毗邻跨的底部贯通纵筋配置不同时，应将配置较大一跨的底
部贯通纵筋越过其标注的跨数终点或起点，伸至配置较小的毗邻跨
的跨中连接区进行连接。
4. 钢筋连接要求见16G101—3第60页，梁端部与外伸部位钢筋构
造见16G101—3第81页。
5. 当底部纵筋多于两排时，从第三排起非贯通纵筋向跨内的伸出长
度值应由设计者注明。
6. 基础梁相交处位于同一层面的交叉纵筋，何梁纵筋在下、何梁纵
筋在上，应按具体设计说明。
7. 纵向受力钢筋绑扎搭接区内箍筋设置要求见16G101—3第60页。
8. 图中数据单位为mm。

基础梁 JL 纵向钢筋与箍筋构造 附加箍筋构造 附加（反扣）吊筋构造					图集号	16G101—3—79
审核	郭仁俊	校对	廖宜香	设计	傅华夏	

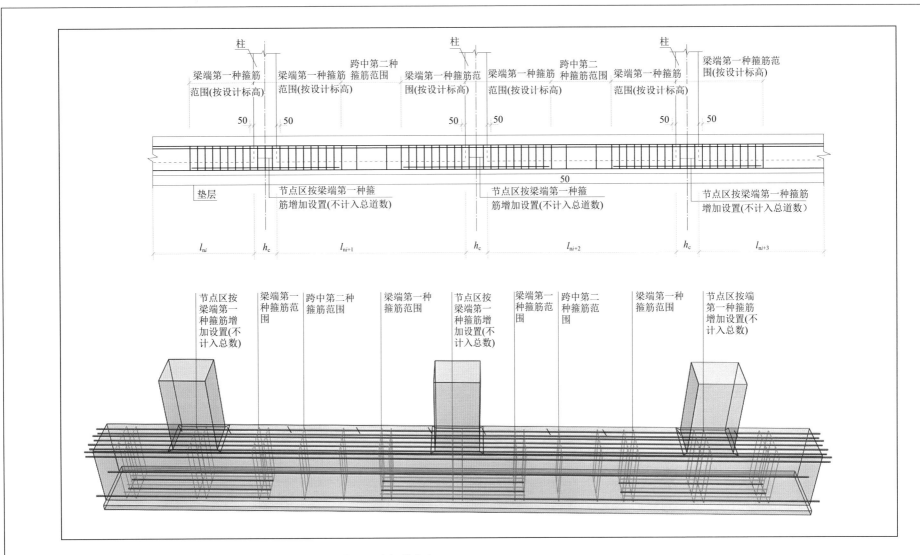

注：1. 当具体设计未注明时，基础梁的外伸部位以及基础梁端部节点内按第一种箍筋设置。
　　2. 基础梁竖向加腋部位的钢筋见设计标注。加腋范围的箍筋与基础梁的箍筋配置相同，仅箍筋高度为变值。
　　3. 基础梁的梁柱结合部位所加侧腋顶面与基础梁非加腋段顶面一平，不随梁加腋的升高而变化。
　　4. 图中数据单位为 mm。

基础梁 JL 配置两种箍筋构造						图集号	16G101—3—80
审核	郭仁俊	校对	廖宜香	设计	傅华夏		

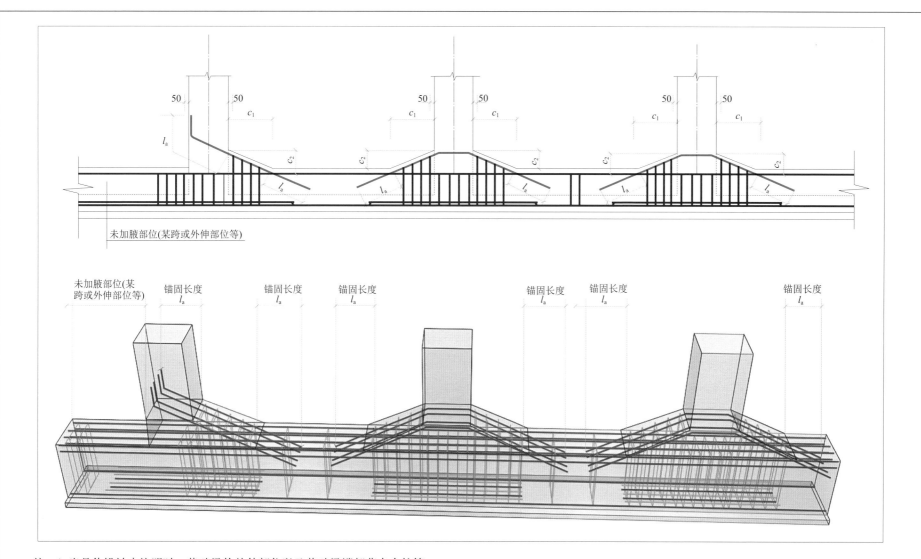

注：1. 当具体设计未注明时，基础梁的外伸部位以及基础梁端部节点内按第一种箍筋设置。
2. 基础梁竖向加腋部位的钢筋见设计标注。加腋范围的箍筋与基础梁的箍筋配置相同，仅箍筋高度为变值。
3. 基础梁的梁柱结合部位所加侧腋顶面与基础梁非加腋段顶面一平，不随梁加腋的升高而变化。
4. 图中数据单位为 mm。

基础梁 JL 竖向加腋钢筋构造						图集号	16G101—3—80
审核	郭仁俊	校对	廖宜香	设计	傅华夏		

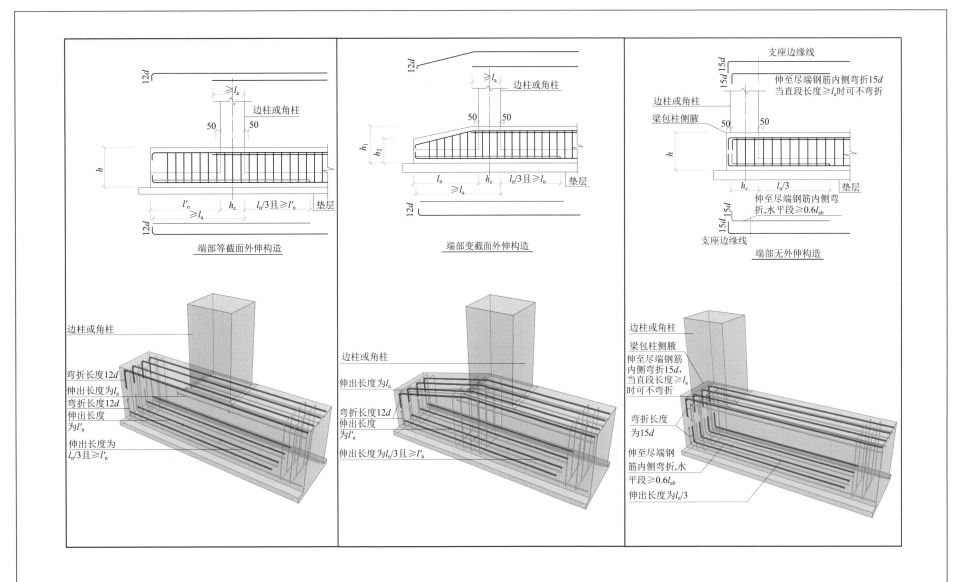

端部等截面外伸构造

端部变截面外伸构造

端部无外伸构造

注：1. 端部等（变）截面外伸构造中，当从柱内边算起的梁端部外伸长度不满足直锚要求时，基础梁下部钢筋应伸至端部后弯折，且从柱内边算起水平段长度≥0.6l_{ab}，弯折段长度15d。

2. 图中数据单位为 mm。

梁板式筏形基础梁 JL 端部与外伸部位钢筋构造						图集号	16G101—3—81
审核	郭仁俊	校对	廖宜香	设计	傅华夏		

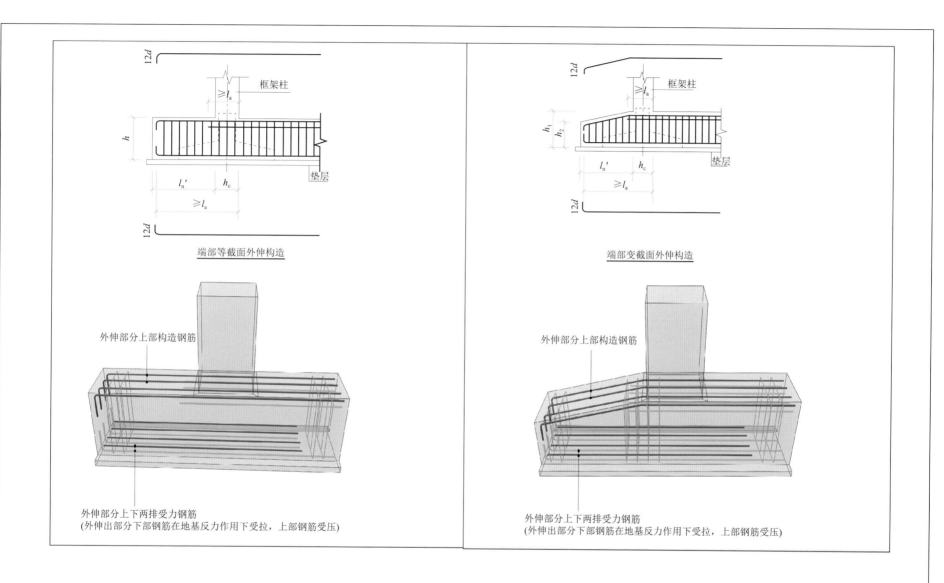

端部等截面外伸构造

端部变截面外伸构造

外伸部分上部构造钢筋

外伸部分上下两排受力钢筋
(外伸出部分下部钢筋在地基反力作用下受拉，上部钢筋受压)

外伸部分上部构造钢筋

外伸部分上下两排受力钢筋
(外伸出部分下部钢筋在地基反力作用下受拉，上部钢筋受压)

注：1. 端部等（变）截面外伸构造中，当从柱内边算起的梁端部外伸长度不满足直锚要求时，基础梁下部钢筋应伸至端部后弯折，且从柱内边算起水平段长度 ≥ $0.6l_{ab}$，弯折段长度 $15d$。

2. 图中数据单位为mm。

条形基础梁 JL 端部与外伸部位钢筋构造						图集号	16G101—3—81
审核	郭仁俊	校对	廖宜香	设计	傅华夏		

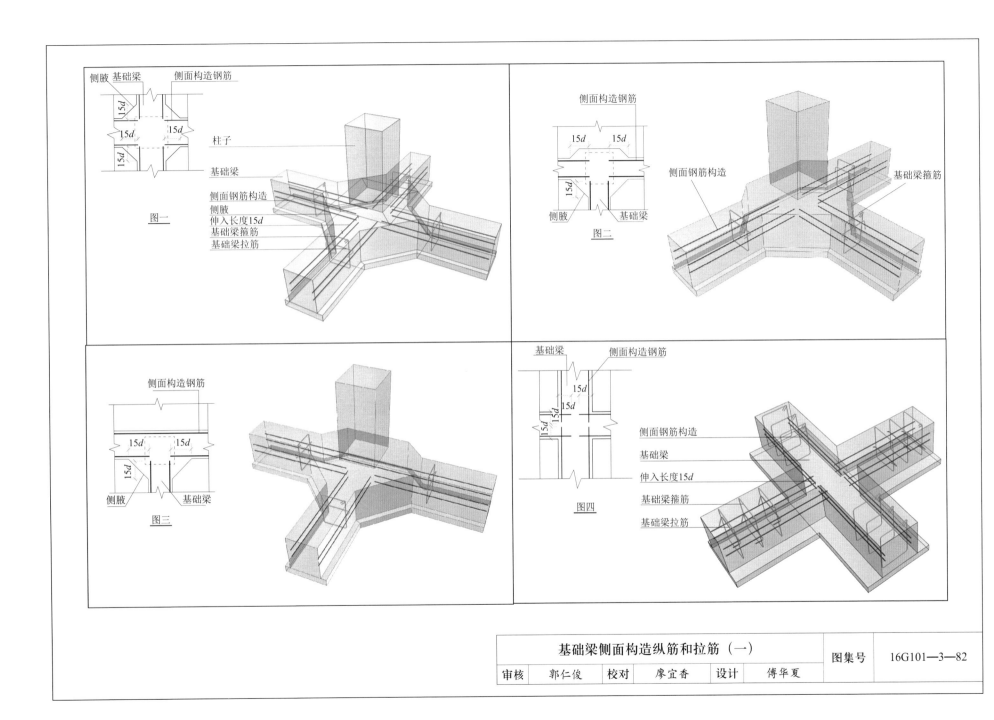

图一

侧腋 基础梁   侧面构造钢筋
15d
15d   15d
15d
柱子
基础梁
侧面钢筋构造
侧腋
伸入长度15d
基础梁箍筋
基础梁拉筋

图二

侧面构造钢筋
15d   15d
15d
侧腋   基础梁
侧面钢筋构造
基础梁箍筋

图三

侧面构造钢筋
15d   15d
15d
侧腋   基础梁

图四

基础梁   侧面构造钢筋
15d
15d
15d
侧面钢筋构造
基础梁
伸入长度15d
基础梁箍筋
基础梁拉筋

基础梁侧面构造纵筋和拉筋（一）	图集号	16G101—3—82
审核 郭仁俊 校对 廖宜香 设计 傅华夏		

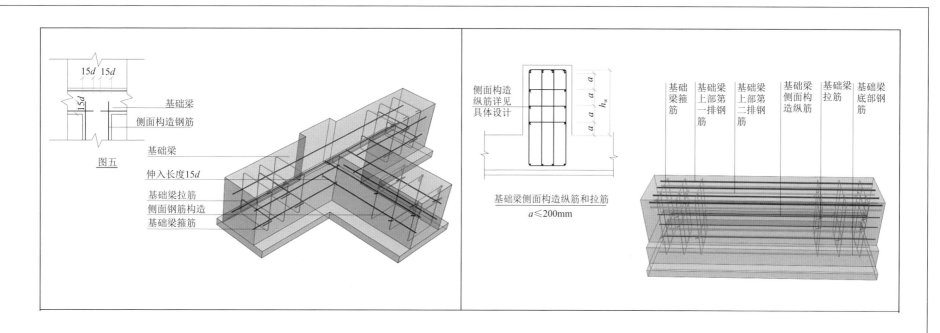

基础梁侧面构造纵筋和拉筋
$a \leqslant 200mm$

注:1. 基础梁侧面纵向构造钢筋搭接长度为15d。十字相交的基础梁,当相交位置有柱时,侧面构造纵筋锚入梁包柱侧腋内15d;当无柱时,侧面构
造纵筋锚入交叉梁内15d;丁字相交的基础梁,当相交位置无柱时,横梁外侧的构造纵筋应贯通,横梁内侧的构造纵筋锚入交叉梁内,见图五。
2. 梁侧钢筋的拉筋直径除注明者外均为8mm,间距为箍筋间距的2倍。当设有多排拉筋时,上下两排拉筋竖向错开设置。
3. 基础梁侧面受扭纵筋的搭接长度为l_l,锚固长度为l_a,锚固方式同梁上部纵筋。

基础梁侧面构造纵筋和拉筋(二)			图集号	16G101—3—82
审核	郭仁俊	校对 廖宜香	设计	傅华夏

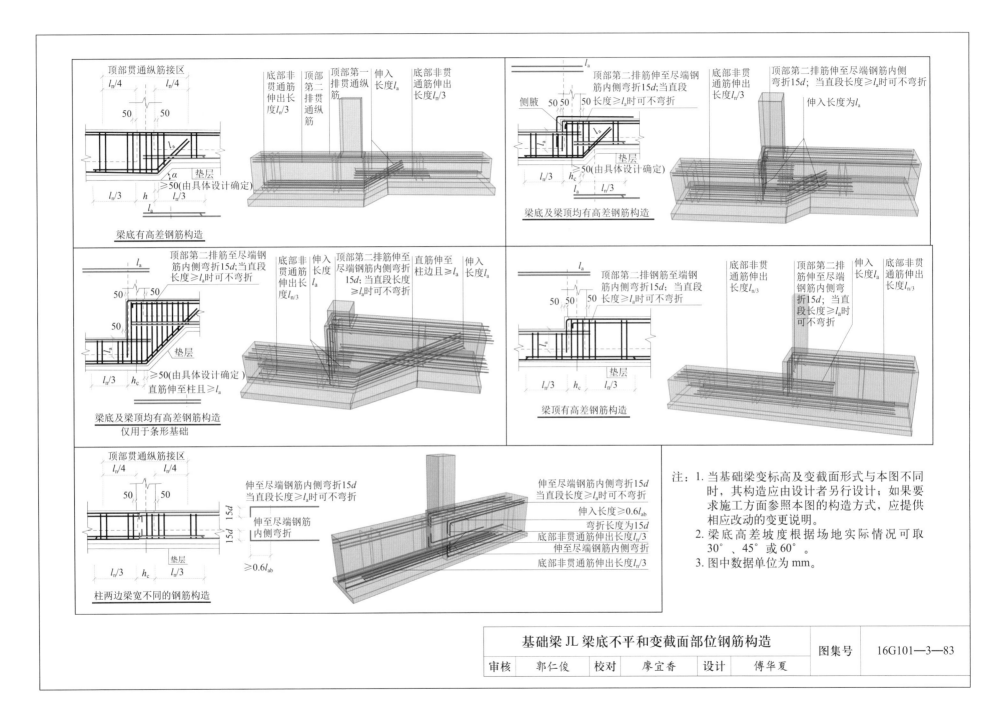

梁底有高差钢筋构造

顶部贯通纵筋接区 $l_n/4$ $l_n/4$
底部非贯通筋伸出长度 $l_n/3$
顶部第二贯通纵筋
顶部第一排贯通纵筋
伸入长度 l_a
底部非贯通筋伸出长度 $l_n/3$
50 50
l_a
$α$ 垫层
≥50(由具体设计确定)
$l_n/3$ h $l_n/3$
l_a

梁底及梁顶均有高差钢筋构造

l_a
顶部第二排筋伸至尽端钢筋内侧弯折15d;当直段长度≥l_a时可不弯折
底部非贯通筋伸出长度 $l_n/3$
顶部第二排筋伸至尽端钢筋内侧弯折15d;当直段长度≥l_a时可不弯折
伸入长度为 l_a
侧腋 50 50
50 长度≥l_a时可不弯折
l_b
垫层
≥50(由具体设计确定)
$l_n/3$ h_c
l_a $l_n/3$

梁底及梁顶均有高差钢筋构造 仅用于条形基础

l_a
顶部第二排筋至尽端钢筋内侧弯折15d;当直段长度≥l_a时可不弯折
底部非贯通筋伸出长度 $l_n/3$
伸入长度 l_a
顶部第二排筋伸至尽端钢筋内侧弯折15d;当直段长度≥l_a时可不弯折
直筋伸至柱边且≥l_a
伸入长度 l_a
50 50
50
l_a
垫层
≥50(由具体设计确定)
直筋伸至柱且≥l_a
$l_n/3$ h_c $l_n/3$

梁顶有高差钢筋构造

l_a
底部非贯通筋伸出长度 $l_n/3$
顶部第二排筋伸至尽端钢筋内侧弯折15d;当直段长度≥l_a时可不弯折
伸入长度 l_a
底部非贯通筋伸出长度 $l_n/3$
50 50
50
l_a
垫层
$l_n/3$ h_c $l_n/3$

柱两边梁宽不同的钢筋构造

顶部贯通纵筋接区 $l_n/4$ $l_n/4$
50 50
15d 15d
垫层
$l_n/3$ h_c $l_n/3$

伸至尽端钢筋内侧弯折15d 当直段长度≥l_a时可不弯折
伸至尽端钢筋内侧弯折
底部非贯通筋伸出长度 $l_n/3$
≥0.6l_{ab}

伸至尽端钢筋内侧弯折15d 当直段长度≥l_a时可不弯折
伸入长度≥0.6l_{ab}
弯折长度为15d
底部非贯通筋伸出长度 $l_n/3$
伸至尽端钢筋内侧弯折
底部非贯通筋伸出长度 $l_n/3$

注：1. 当基础梁变标高及变截面形式与本图不同时，其构造应由设计者另行设计；如果要求施工方面参照本图的构造方式，应提供相应改动的变更说明。
2. 梁底高差坡度根据场地实际情况可取30°、45°或60°。
3. 图中数据单位为mm。

基础梁JL梁底不平和变截面部位钢筋构造						图集号	16G101—3—83
审核	郭仁俊	校对	廖宜香	设计	傅华夏		

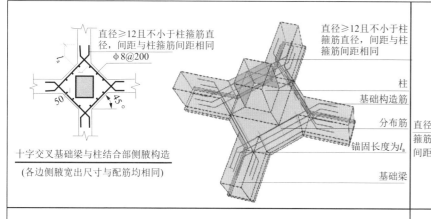

十字交叉基础梁与柱结合部侧腋构造

(各边侧腋宽出尺寸与配筋均相同)

直径≥12且不小于柱箍筋直径，间距与柱箍筋间距相同

φ8@200

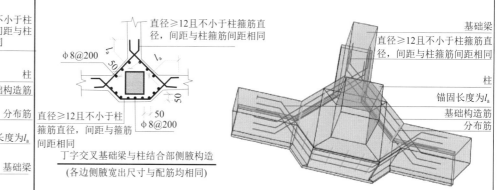

直径≥12且不小于柱箍筋直径，间距与柱箍筋间距相同

φ8@200

丁字交叉基础梁与柱结合部侧腋构造

(各边侧腋宽出尺寸与配筋均相同)

基础梁

柱

锚固长度为l_a

基础构造筋

分布筋

柱

基础构造筋

分布筋

锚固长度为l_a

基础梁

直径≥12且不小于柱箍筋直径，间距与箍筋间距相同

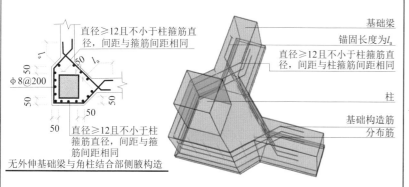

无外伸基础梁与角柱结合部侧腋构造

φ8@200

直径≥12且不小于柱箍筋直径，间距与箍筋间距相同

直径≥12且不小于柱箍筋直径，间距与柱箍筋间距相同

基础梁

锚固长度为l_a

直径≥12且不小于柱箍筋直径，间距与柱箍筋间距相同

柱

基础构造筋

分布筋

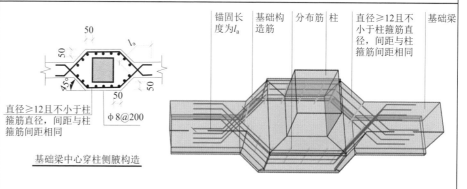

基础梁中心穿柱侧腋构造

锚固长度为l_a

基础构造筋

分布筋

柱

直径≥12且不小于柱箍筋直径，间距与柱箍筋间距相同

基础梁

φ8@200

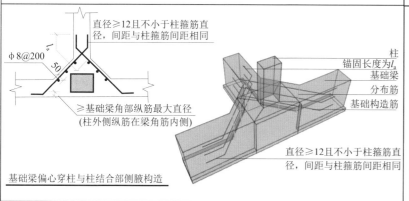

基础梁偏心穿柱与柱结合部侧腋构造

直径≥12且不小于柱箍筋直径，间距与柱箍筋间距相同

φ8@200

≥基础梁角部纵筋最大直径

(柱外侧纵筋在梁角筋内侧)

柱

锚固长度为l_a

基础梁

分布筋

基础构造筋

直径≥12且不小于柱箍筋直径，间距与柱箍筋间距相同

注：1. 除基础梁比柱宽且完全形成梁包柱的情况外，所有基础梁与柱结合部位均按本图加侧腋。

2. 当基础梁与柱等宽，或柱与梁的某一侧面相平时，存在因梁纵筋与柱纵筋同在一个平面内导致直通交叉遇阻情况，此时应适当调整基础梁宽度，使柱纵筋直通锚固。

3. 当柱与基础梁结合部位的梁顶面高度不同时，梁包柱侧腋顶面应与较高基础梁的梁顶面一平（即在同一平面上），侧腋顶面至较低梁顶面高差内的侧腋，可参照角柱或丁字交叉基础梁包柱侧腋构造进行施工。

4. 图中数据单位为 mm。

基础梁 JL 与柱结合部侧腋构造						图集号	16G101—3—84
审核	郭仁俊	校对	廖宜香	设计	傅华夏		

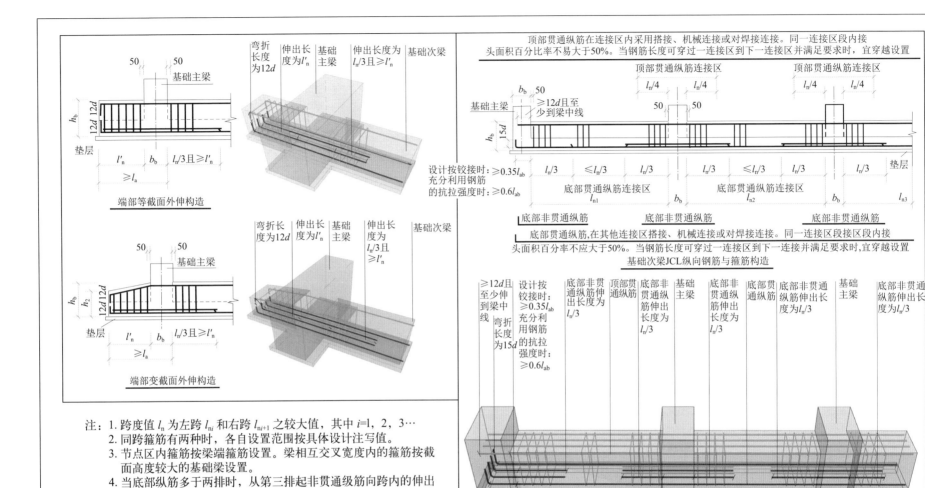

端部等截面外伸构造

端部变截面外伸构造

顶部贯通纵筋在连接区内采用搭接、机械连接或对焊接连接。同一连接区段内接头面积百分比率不易大于50%。当钢筋长度可穿过一连接区到下一连接区并满足要求时，宜穿越设置

设计按铰接时：≥0.35l_{ab}
充分利用钢筋的抗拉强度时：≥0.6l_{ab}

顶部贯通纵筋连接区

底部贯通纵筋连接区

底部贯通纵筋，在其他连接区搭接、机械连接或对焊接连接。同一连接区段接区段内接头面积百分率不应大于50%。当钢筋长度可穿过一连接区到下一连接并满足要求时，宜穿越设置

基础次梁JCL纵向钢筋与箍筋构造

注：1. 跨度值 l_n 为左跨 l_{ni} 和右跨 l_{ni+1} 之较大值，其中 i=1，2，3…
2. 同跨箍筋有两种时，各自设置范围按具体设计注写值。
3. 节点区内箍筋按梁端箍筋设置。梁相互交叉宽度内的箍筋按截面高度较大的基础梁设置。
4. 当底部纵筋多于两排时，从第三排起非贯通级筋向跨内的伸出长度值应由设计者注明。
5. 具体设计未注明时，基础梁外伸部位按梁端第一种箍筋设置。
6. 端部等（变）截面外伸构造中，当从基础主梁内边算起的外伸长度不满足直锚要求时，基础次梁下部钢筋应伸至端部后弯折15d，且从梁内边算起水平段长度应 > 0.6l_{ab}。
7. 基础次梁侧面构造纵筋和拉筋要求见 16G101—3 第 82 页。
8. 图中"设计按铰接时""充分利用钢筋的抗拉强度时"由设计指定。
9. 图中数据单位为 mm。

基础次梁 JCL 纵向钢筋与箍筋构造 基础次梁 JCL 端部外伸部位钢筋构造						图集号	16G101-3—85
审核	郭仁俊	校对	廖宜香	设计	傅华夏		

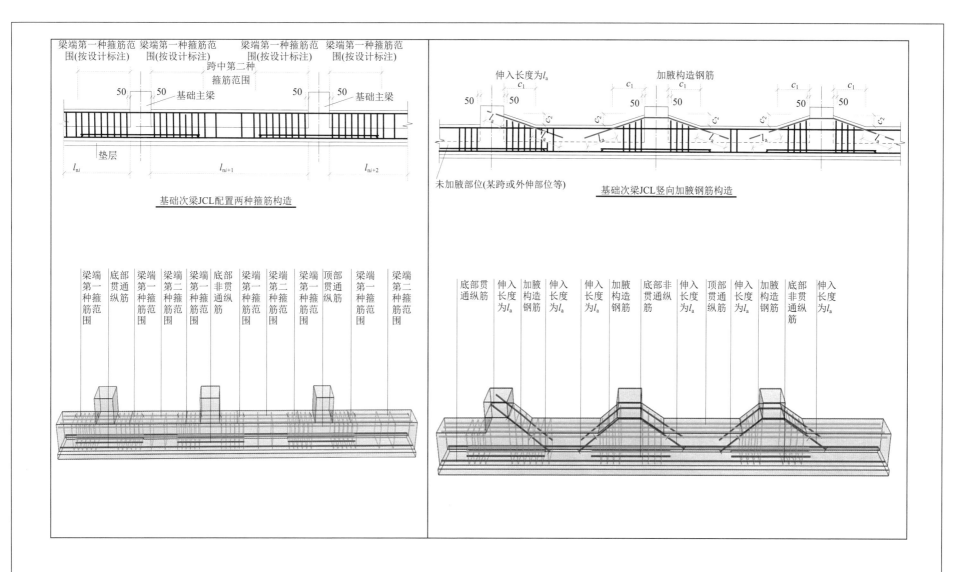

基础次梁JCL配置两种箍筋构造

基础次梁JCL竖向加腋钢筋构造

注：1. l_{ni} 为基础次梁的本跨净跨值。
　　2. 当具体设计未注明时，基础次梁的外伸部位，按第一种箍筋设置。
　　3. 基础梁竖向加腋部位的钢筋见设计标注。加腋范围的箍筋与基础梁的箍筋配置相同，仅箍筋高度为变值。
　　4. 图中数据单位为mm。

基础次梁 JCL 竖向加腋钢筋构造基础次梁 JCL 配置两种箍筋构造					图集号	16G101—3—86
审核	郭仁俊	校对	廖宜香	设计	傅华夏	

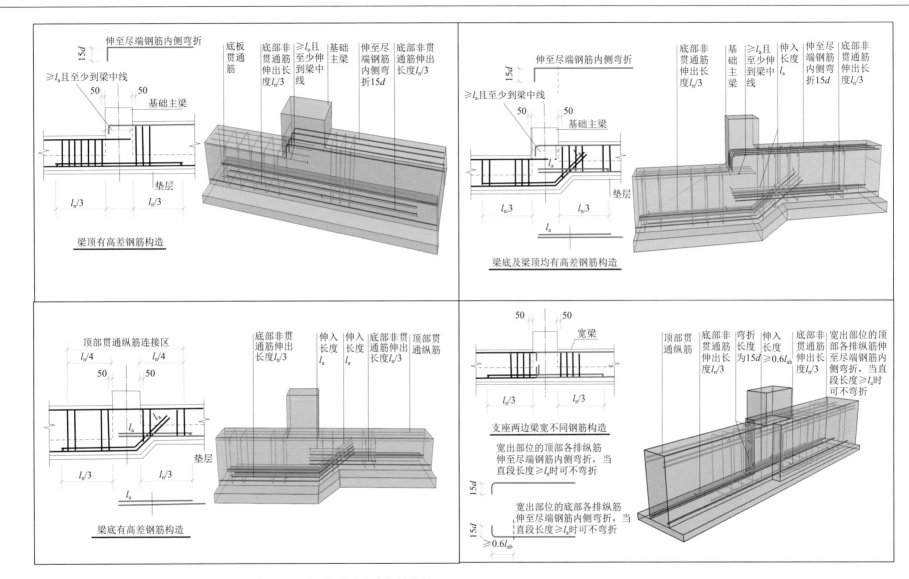

梁顶有高差钢筋构造

梁底及梁顶均有高差钢筋构造

梁底有高差钢筋构造

支座两边梁宽不同钢筋构造

宽出部位的顶部各排纵筋伸至尽端钢筋内侧弯折，当直段长度≥l_a时可不弯折

宽出部位的底部各排纵筋伸至尽端钢筋内侧弯折，当直段长度≥l_a时可不弯折

注：1. 当基础次梁变标高及变截面形式与本图不同时，其构造应由设计者另行设计；当要求施工方参照本图构造方式时，应提供相应改动的变更说明。
　　2. 板底台阶可取 45° 或 60°。
　　3. 图中数据单位为 mm。

基础次梁 JCL 梁底不平和变截面部位钢筋构造						图集号	16G101—3—87
审核	郭仁俊	校对	廖宜香	设计	傅华夏		

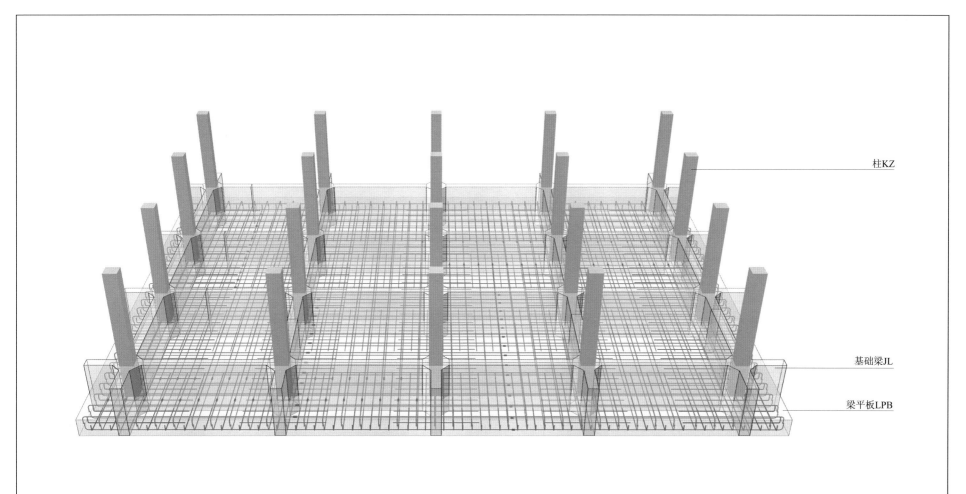

柱KZ

基础梁JL

梁平板LPB

梁板式筏形基础平板 LPB 配筋三维示意总图						图集号	16G101—3—88
审核	郭仁俊	校对	廖宜香	设计	傅华夏		

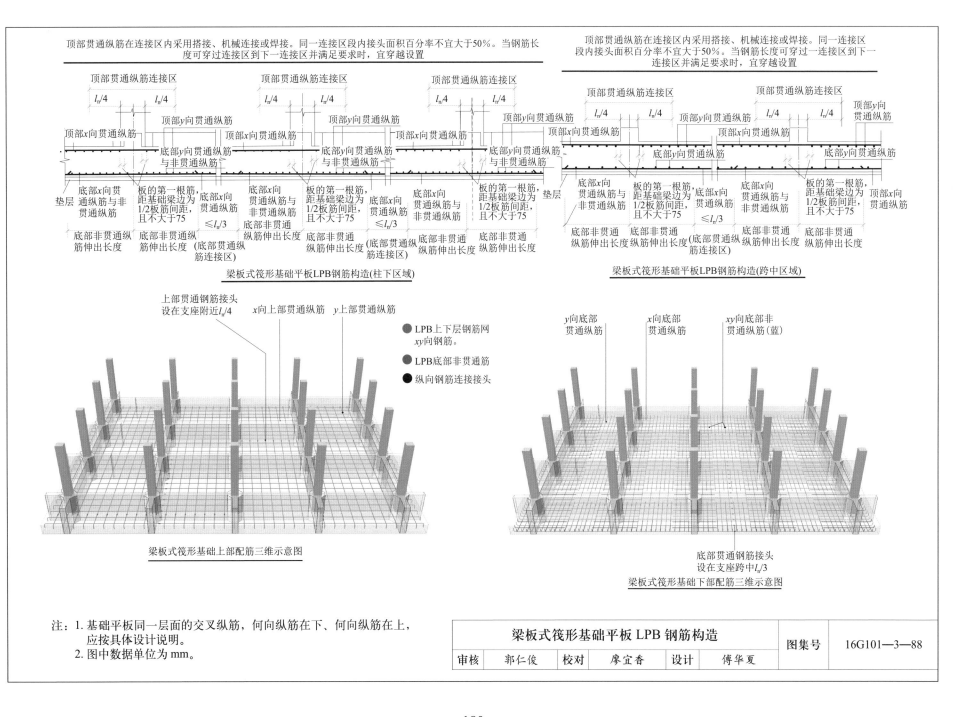

顶部贯通纵筋在连接区内采用搭接、机械连接或焊接。同一连接区段内接头面积百分率不宜大于50%。当钢筋长度可穿过连接区到下一连接区并满足要求时, 宜穿越设置

顶部贯通纵筋在连接区内采用搭接、机械连接或焊接。同一连接区段内接头面积百分率不宜大于50%。当钢筋长度可穿过一连接区到下一连接区并满足要求时, 宜穿越设置

梁板式筏形基础平板LPB钢筋构造(柱下区域)

梁板式筏形基础平板LPB钢筋构造(跨中区域)

- LPB上下层钢筋网 *xy*向钢筋。
- LPB底部非贯通筋
- 纵向钢筋连接接头

梁板式筏形基础上部配筋三维示意图

梁板式筏形基础下部配筋三维示意图

注: 1. 基础平板同一层面的交叉纵筋, 何向纵筋在下、何向纵筋在上, 应按具体设计说明。
2. 图中数据单位为 mm。

梁板式筏形基础平板 LPB 钢筋构造						图集号	16G101—3—88
审核	郭仁俊	校对	廖宜香	设计	傅华夏		

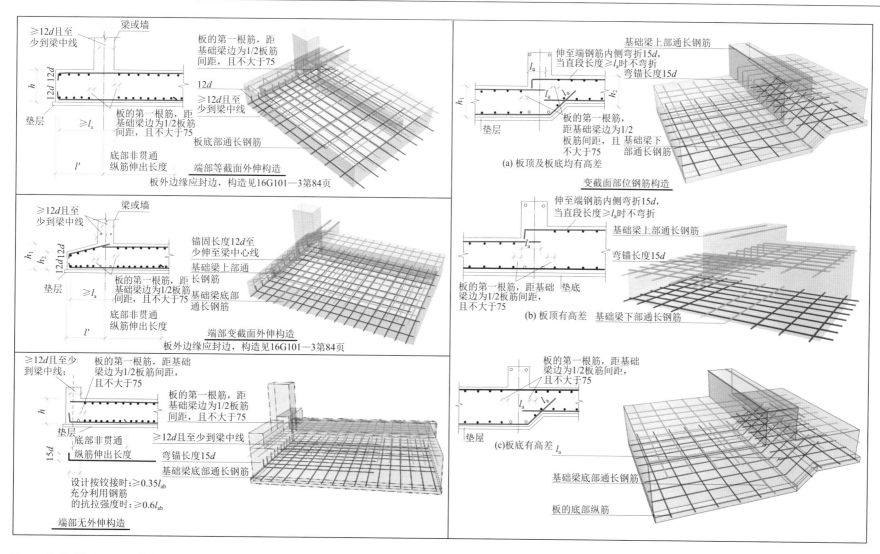

端部等截面外伸构造
板外边缘应封边，构造见16G101—3第84页

端部变截面外伸构造
板外边缘应封边，构造见16G101—3第84页

端部无外伸构造

(a) 板顶及板底均有高差
变截面部位钢筋构造

(b) 板顶有高差

(c) 板底有高差

注：1. 基础平板同一层面的交叉纵筋，何向纵筋在下、何向纵筋在上，应按具体图纸说明。
2. 当梁板式筏形基础平板的变截面形式与本图不同时，其构造应查看结构施工图纸；当要求施工方参照本图构造方式时，应提供相应改动的变更说明。
3. 端部等（变）截面外伸构造中，当从支座内边算起至外伸端头 $\leqslant l_a$ 时，基础平板下部钢筋应伸至端部后弯折15d，从梁内边算起水平段长度应 $\geqslant 0.6l_{ab}$。
4. 各数据单位为 mm。

梁板式筏形基础平板 LPB 端部与外伸部位钢筋构造 梁板式筏形基础平板 LPB 变截面部位钢筋构造			图集号	16G101—3—89
审核	郭仁俊	校对 廖宜香	设计	傅华夏

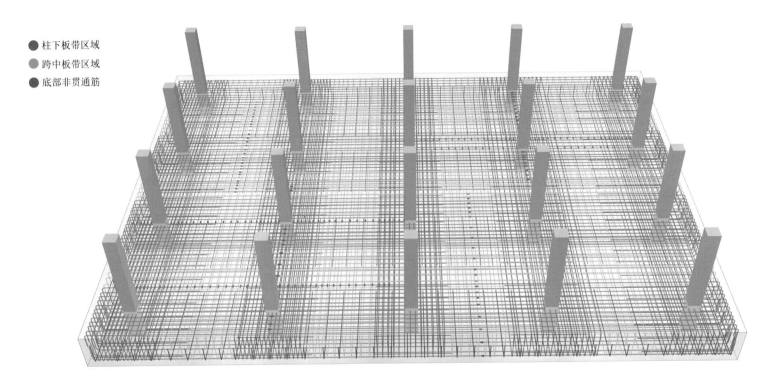

● 柱下板带区域
● 跨中板带区域
● 底部非贯通筋

注：在同一块平板式筏形基础上，因为跨中板带区域和柱下板带区域的受力情况和受力大小不同，所以需要配置不同间距或直径的钢筋。于是结构设计中采用跨中板带和柱下板带来区分BPB上这些不同的受力区域的配筋。在图中可以看到红色柱下板带钢筋直径较大、间距较密，跨中板带钢筋直径较小间距较宽，那是因为柱下板带比跨中板带受力复杂、受力更大，需要区别配筋的原因。当然具体情况具体设计，经常有跨中板带和柱下板带的钢筋直径、间距参数相同的情况。

平板式筏形基础柱下板常与跨中板带三维示意总图	图集号	16G101—3—90
审核 郭仁俊　校对 廖宜香　设计 傅华夏		

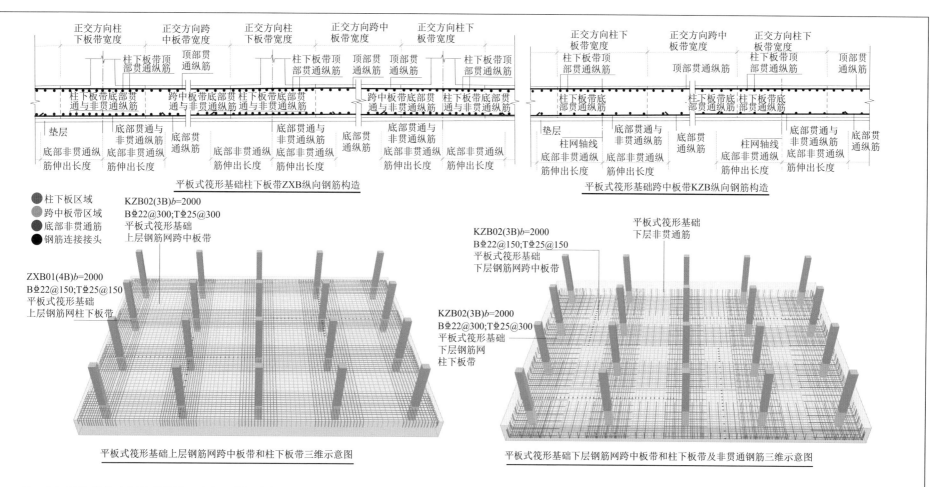

平板式筏形基础柱下板带ZXB纵向钢筋构造

平板式筏形基础跨中板带KZB纵向钢筋构造

- ● 柱下板区域
- ● 跨中板带区域
- ● 底部非贯通筋
- ● 钢筋连接接头

ZXB01(4B)b=2000
B⊈22@150;T⊈25@150
平板式筏形基础
上层钢筋网柱下板带

KZB02(3B)b=2000
B⊈22@300;T⊈25@300
平板式筏形基础
上层钢筋网跨中板带

KZB02(3B)b=2000
B⊈22@150;T⊈25@150
平板式筏形基础
下层钢筋网跨中板带

平板式筏形基础
下层非贯通筋

KZB02(3B)b=2000
B⊈22@300;T⊈25@300
平板式筏形基础
下层钢筋网
柱下板带

平板式筏形基础上层钢筋网跨中板带和柱下板带三维示意图

平板式筏形基础下层钢筋网跨中板带和柱下板带及非贯通钢筋三维示意图

注：1. 不同配置的底部贯通纵筋，应在两毗邻跨中配置 较小一跨的跨中连接区域连接（即配置较大一跨的底部贯通纵筋需越过其标注的跨数终点或起点，伸至毗邻跨的跨中连接区域）。
　　2. 底部与顶部贯通纵筋在本图所示连接区内的连接方式，详见纵筋连接通用构造。
　　3. 柱下板带与跨中板带的底部贯通纵筋，可在跨中1/3净跨长度范围内搭接连接、机械连接或焊接；柱下板带及跨中板带的顶部贯通纵筋，可在柱网轴线附近1/4净跨长度范围内采用搭接连接、机械连接或焊接。
　　4. 基础平板同一层面的交叉纵筋，何向纵筋在下、何向纵筋在上，应按具体设计说明。
　　5. 柱下板带、跨中板带中同一层面的交叉纵筋，何向纵筋在下、何向纵筋在上，应按具体设计说明。
　　6. 图中数据单位为mm。

平板式筏形基础柱下板带 ZXB 与跨中板带 KZB 纵向钢筋构造						图集号	16G101-3—90
审核	郭仁俊	校对	廖宜香	设计	傅华夏		

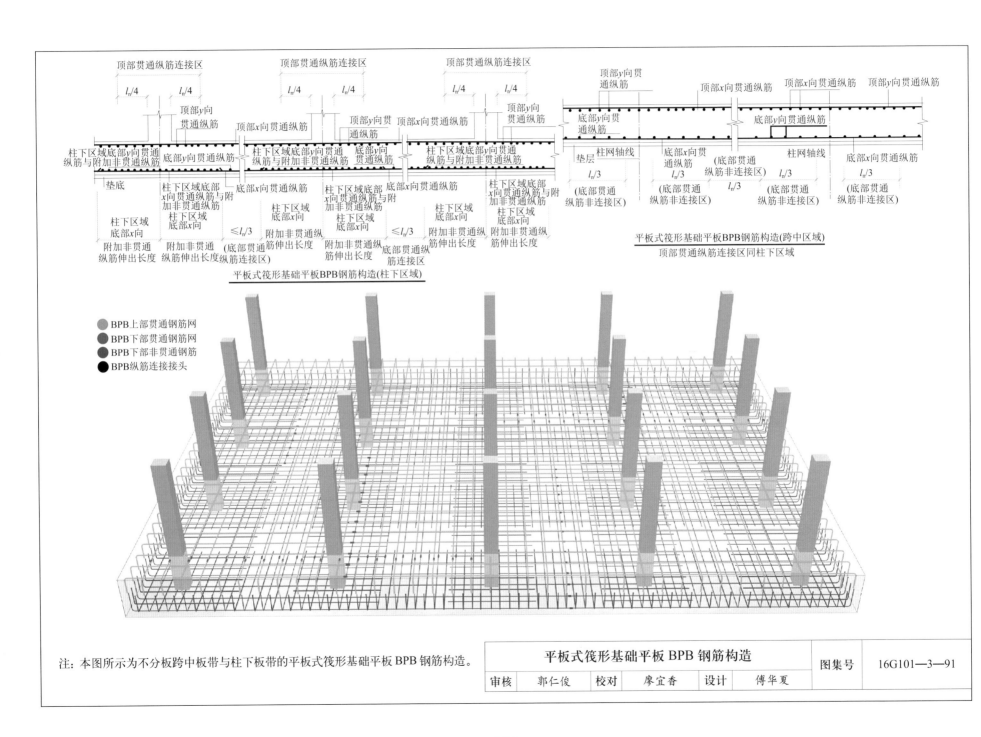

平板式筏形基础平板BPB钢筋构造(柱下区域)

平板式筏形基础平板BPB钢筋构造(跨中区域)
顶部贯通纵筋连接区同柱下区域

- ● BPB上部贯通钢筋网
- ● BPB下部贯通钢筋网
- ● BPB下部非贯通钢筋
- ● BPB纵筋连接接头

注：本图所示为不分板跨中板带与柱下板带的平板式筏形基础平板BPB钢筋构造。

平板式筏形基础平板BPB钢筋构造	图集号	16G101—3—91
审核 郭仁俊 校对 廖宜香 设计 傅华夏		

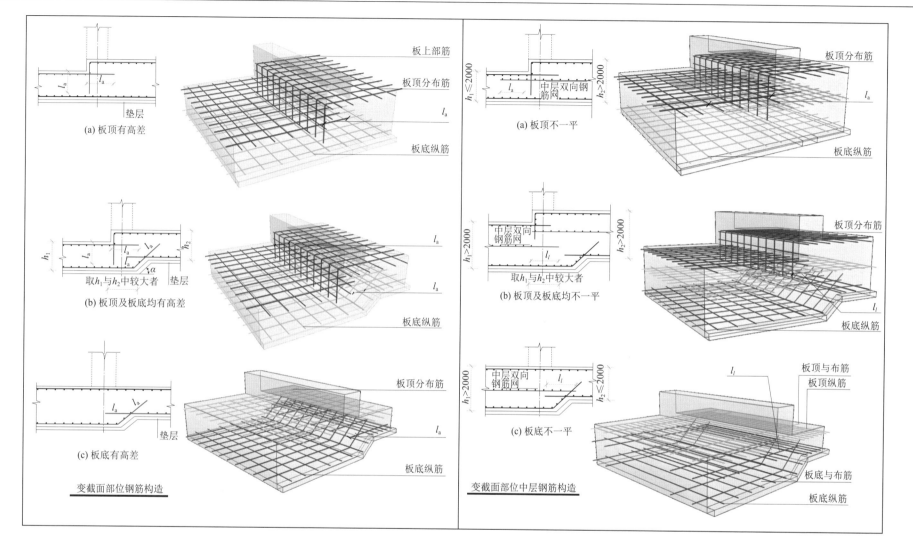

(a) 板顶有高差

垫层

(b) 板顶及板底均有高差

取 h_1 与 h_2 中较大者　垫层

(c) 板底有高差

垫层

变截面部位钢筋构造

板上部筋

板顶分布筋

l_a

板底纵筋

板底纵筋

(a) 板顶不一平

$h_1 \leq 2000$　中层双向钢筋网　$h_2 > 2000$

板顶分布筋

l_a

板底纵筋

(b) 板顶及板底均不一平

$h_1 > 2000$　中层双向钢筋网　$h_2 > 2000$　取 h_1 与 h_2 中较大者　l_l

板顶分布筋

l_l

板底纵筋

(c) 板底不一平

$h_1 > 2000$　中层双向钢筋网　$h_2 \leq 2000$　l_l

板顶与布筋

板顶纵筋

板底与布筋

板底纵筋

变截面部位中层钢筋构造

注：1. 本图构造规定适用于设置或未设置柱下板带和跨中板带的板式筏形基础的变截面部位的钢筋构造。
　　2. 当板式筏形基础平板的变截面形式与本图不同时，其构造应由设计者设计。当要求施工方参照本图构造方式时，应提供相应改动的变更说明。
　　3. 板底台阶可为 45° 或 60°。
　　4. 中层双向钢筋网直径不宜小于 12mm，间距不宜大于 300mm。
　　5. 图中数据单位为 mm。

平板式筏形基础平板（ZXB、KZB、BPB）变截面部位钢筋构造						图集号	16G101-3—92
审核	郭仁俊	校对	廖宜香	设计	傅华夏		

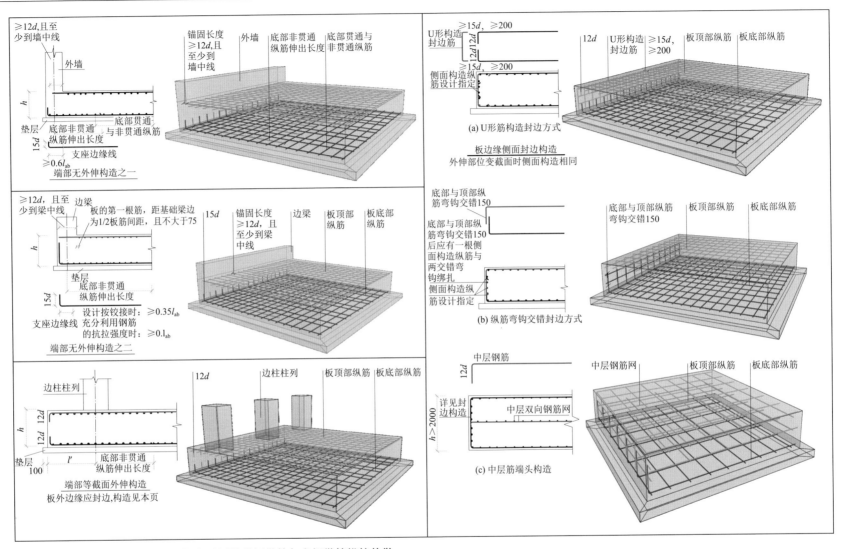

≥12d,且至少到墙中线
外墙
h
垫层
底部非贯通纵筋伸出长度
15d
底部贯通与非贯通纵筋
支座边缘线
≥0.6l_{ab}
端部无外伸构造之一

锚固长度≥12d,且至少到墙中线
外墙
底部非贯通纵筋伸出长度
底部贯通与非贯通纵筋

≥12d,且至少到梁中线
边梁
板的第一根筋,距基础梁边为1/2板筋间距,且不大于75
15d
h
垫层
底部非贯通纵筋伸出长度
15d
支座边缘线
设计按铰接时:≥0.35l_{ab}
充分利用钢筋的抗拉强度时:≥0.1_{ab}
端部无外伸构造之二

锚固长度≥12d,且至少到梁中线
边梁
板顶部纵筋
板底部纵筋

边柱柱列
12d
h
12d 12d
垫层
100 l'
底部非贯通纵筋伸出长度
端部等截面外伸构造
板外边缘应封边,构造见本页

边柱柱列
板顶部纵筋
板底部纵筋

≥15d,≥200
U形构造封边筋
12d/12d
≥15d,≥200
侧面构造纵筋设计指定

12d
U形构造封边筋
≥15d,≥200
板顶部纵筋
板底部纵筋

(a) U形筋构造封边方式
板边缘侧面封边构造
外伸部位变截面时侧面构造相同

底部与顶部纵筋弯钩交错150
底部与顶部纵筋弯钩交错150后应有一根侧面构造纵筋与两交错弯钩绑扎
侧面构造纵筋设计指定

底部与顶部纵筋弯钩交错150
板顶部纵筋
板底部纵筋

(b) 纵筋弯钩交错封边方式

中层钢筋
12d
h>2000
详见封边构造
中层双向钢筋网

中层钢筋网
板顶部纵筋
板底部纵筋

(c) 中层筋端头构造

注: 1. 端部无外伸构造一中,当设计指定采用墙外侧纵筋与底板纵筋搭接的做法时,基础底板下部钢筋弯折段应伸至基础顶面标高处。
2. 板边缘侧面封边构造同样用于基础梁外伸部位,采用何种做法按图纸指定,当图纸未指定时,施工单位可根据实际情况自选一种做法。
3. 筏板底部非贯通纵筋伸出长度应由具体工程设计确定。
4. 筏板中层钢筋的连接要求与受力钢筋相同
5. 图中数据单位为 mm。

平板式筏形基础平板（ZXB、KZB、BPB)端部与外伸部位钢筋构造					图集号	16G101—3—93
审核	郭仁俊	校对	廖宜香	设计	傅华夏	

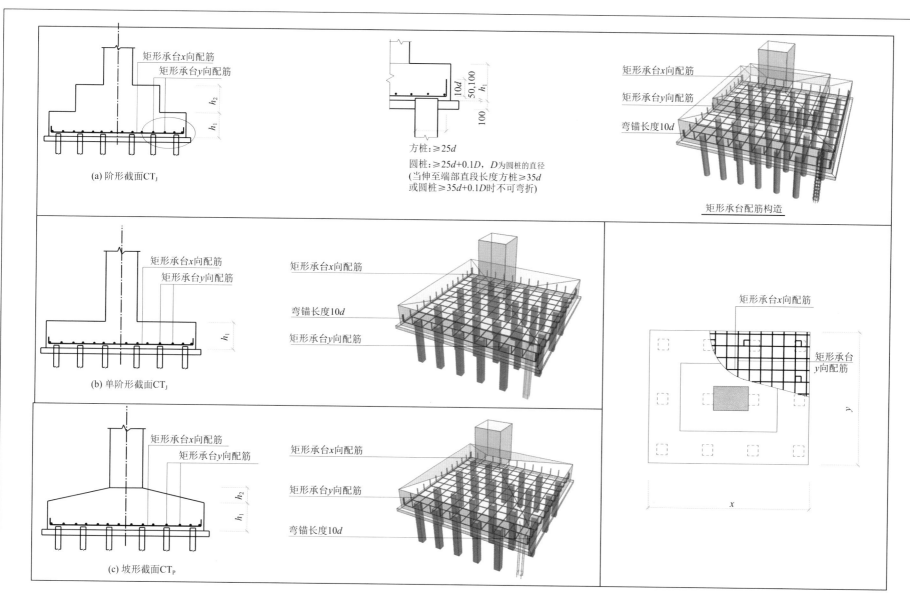

(a) 阶形截面CT$_J$

矩形承台x向配筋
矩形承台y向配筋

方桩：≥25d
圆桩：≥25d+0.1D，D为圆桩的直径
（当伸至端部直段长度方桩≥35d
或圆桩≥35d+0.1D时不可弯折）

矩形承台x向配筋
矩形承台y向配筋
弯锚长度10d

矩形承台配筋构造

(b) 单阶形截面CT$_J$

矩形承台x向配筋
矩形承台y向配筋

矩形承台x向配筋
弯锚长度10d
矩形承台y向配筋

矩形承台x向配筋
矩形承台y向配筋

(c) 坡形截面CT$_P$

矩形承台x向配筋
矩形承台y向配筋

矩形承台x向配筋
矩形承台y向配筋
弯锚长度10d

注：1. 当桩直径或桩截面边长 <800mm 时，桩顶嵌入承台 50mm；当桩直径或
　　桩截面边长 ≥ 800mm 时，桩顶嵌入承台 100mm。
　　2. 图中数据单位为 mm。

矩形承台 CT$_J$ 和 GT$_P$ 配筋构造						图集号	16G101—3—94
审核	郭仁俊	校对	廖宜香	设计	傅华夏		

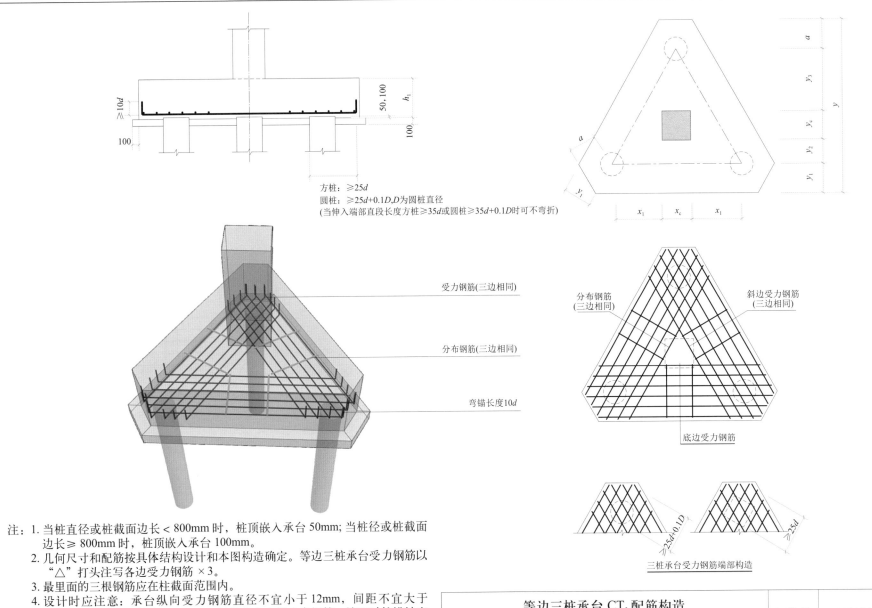

方桩：≥25d
圆桩：≥25d+0.1D,D为圆桩直径
（当伸入端部直段长度方桩≥35d或圆桩≥35d+0.1D时可不弯折）

受力钢筋(三边相同)

分布钢筋(三边相同)

弯锚长度10d

分布钢筋
(三边相同)

斜边受力钢筋
(三边相同)

底边受力钢筋

三桩承台受力钢筋端部构造

注：1. 当桩直径或桩截面边长＜800mm时，桩顶嵌入承台50mm；当桩径或桩截面
    边长≥800mm时，桩顶嵌入承台100mm。
   2. 几何尺寸和配筋按具体结构设计和本图构造确定。等边三桩承台受力钢筋以
    "△"打头注写各边受力钢筋×3。
   3. 最里面的三根钢筋应在柱截面范围内。
   4. 设计时应注意：承台纵向受力钢筋直径不宜小于12mm，间距不宜大于
    200mm，其最小配筋率≥0.15%，板带上宜布置分布钢筋。施工时按设计文
    件标注的钢筋进行施工。
   5. 图中数据单位为mm。

等边三桩承台 CTj 配筋构造					图集号	16G101—3—95
审核	郭仁俊	校对	廖宜香	设计	傅华夏	

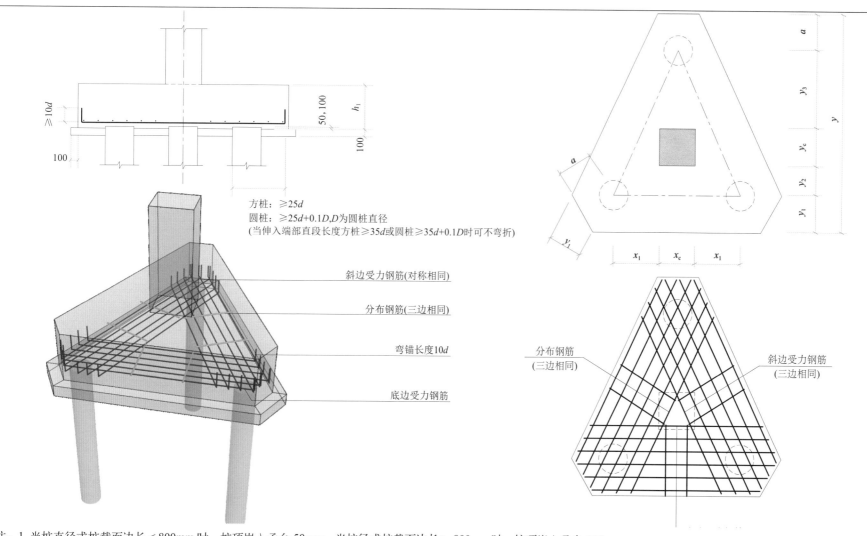

方桩：≥25d
圆桩：≥25d+0.1D,D为圆桩直径
(当伸入端部直段长度方桩≥35d或圆桩≥35d+0.1D时可不弯折)

斜边受力钢筋(对称相同)

分布钢筋(三边相同)

弯锚长度10d

底边受力钢筋

分布钢筋
(三边相同)

斜边受力钢筋
(三边相同)

注：1. 当桩直径或桩截面边长＜800mm时，桩顶嵌入承台50mm；当桩径或桩截面边长≥800mm时，桩顶嵌入承台100mm。
　　2. 几何尺寸和配筋按具体结构设计和本图构造确定。等腰三桩承台受力钢筋以"△"打头注写底边受力钢筋＋对称等腰斜边受力钢筋并×2。
　　3. 最里面的三根钢筋应在柱截面范围内。
　　4. 设计时应注意：承台纵向受力钢筋直径不宜小于12mm，间距不宜大于200mm，其最小配筋率＞0.15%，板带上宜布置分布钢筋。施工时按设计文件标注的钢筋进行施工。
　　5. 桩承台受力钢筋端部构造详见16G101—3第95页。
　　6. 图中数据单位为mm。

等腰三桩承台 CT$_J$ 配筋构造						图集号	16G101—3—96
审核	郭仁俊	校对	廖宜香	设计	傅华夏		

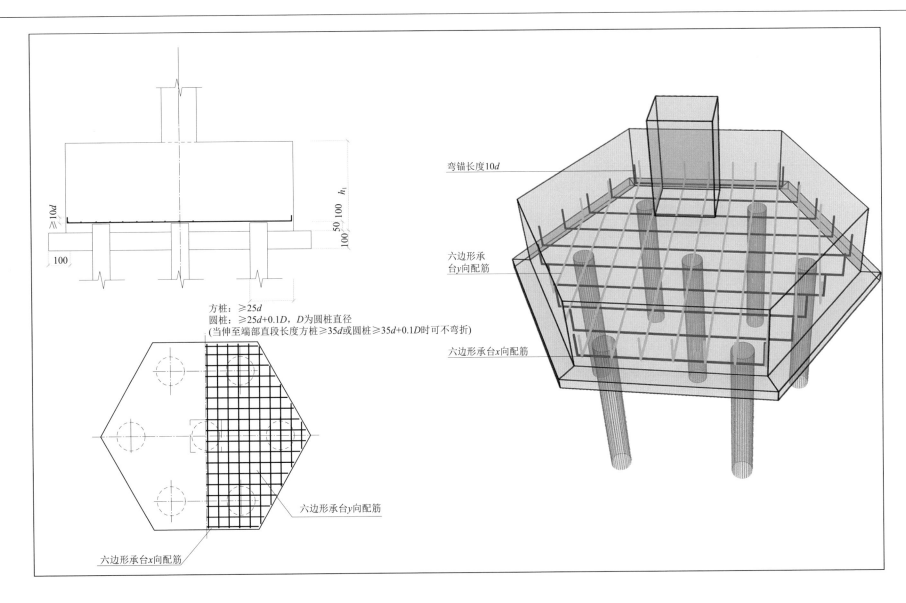

弯锚长度10d

六边形承台y向配筋

六边形承台x向配筋

方桩：≥25d
圆桩：≥25d+0.1D，D为圆桩直径
(当伸至端部直段长度方桩≥35d或圆桩≥35d+0.1D时可不弯折)

六边形承台y向配筋

六边形承台x向配筋

注：1. 当桩直径或桩截面边长 < 800mm 时，桩顶嵌入承台 50mm；当桩径
或桩截面边长 ≥ 800mm 时，桩顶嵌入承台 100mm。
2. 几何尺寸和配筋按具体结构设计和本图构造确定。

六边形承台 CT_J 配筋构造（一）						图集号	16G101—3—97
审核	郭仁俊	校对	廖宜香	设计	傅华夏		

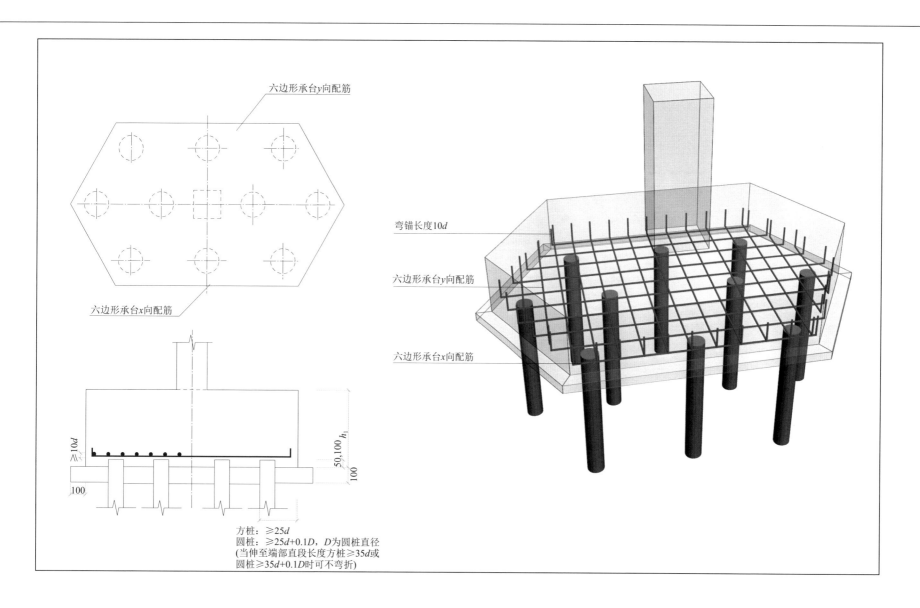

六边形承台y向配筋

弯锚长度10d

六边形承台y向配筋

六边形承台x向配筋

六边形承台x向配筋

$\geq 10d$

$50,100$ h_1

100

100

方桩：$\geq 25d$
圆桩：$\geq 25d+0.1D$，D为圆桩直径
(当伸至端部直段长度方桩$\geq 35d$或
圆桩$\geq 35d+0.1D$时可不弯折)

注：1. 当桩直径或桩截面边长＜800mm时，桩顶嵌入承台50mm；当桩径
　　　或桩截面边长≥800mm时，桩顶嵌入承台100mm。
　　2. 几何尺寸和配筋按具体结构设计和本图构造确定。

六边形承台 CT$_J$ 配筋构造（二）						图集号	16G101—3—98
审核	郭仁俊	校对	廖宜香	设计	傅华夏		

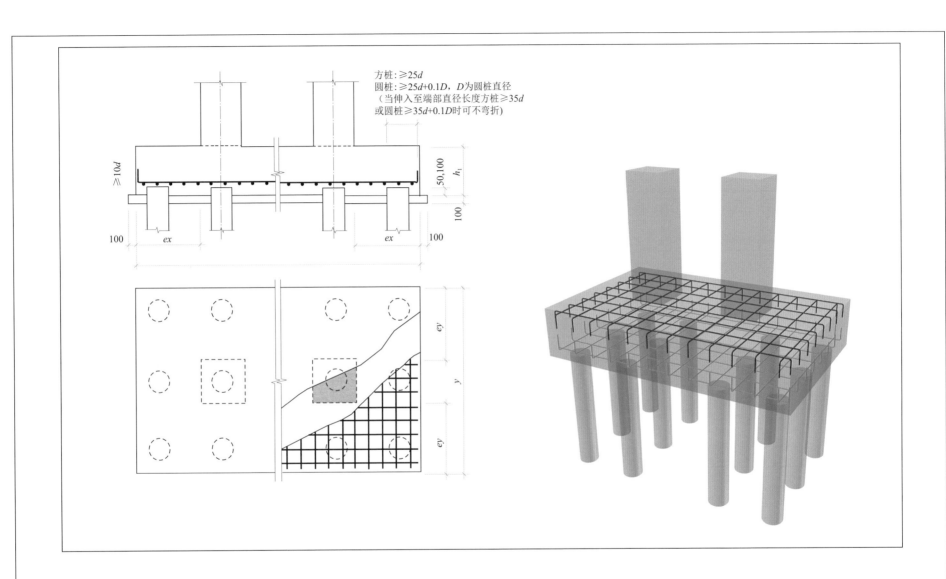

方桩：≥25d
圆桩：≥25d+0.1D，D为圆桩直径
（当伸入至端部直径长度方桩≥35d
或圆桩≥35d+0.1D时可不弯折)

注：1. 当桩直径或桩截面边长 < 800mm 时，桩顶嵌入承台 50mm；当桩
　　径或桩截面边长 ≥ 800mm 时，桩顶嵌入承台 100mm。
　　2. 几何尺寸和配筋按具体结构设计和本图构造确定。
　　3. 需设置上层钢筋网片时，由设计指定。
　　4. 图中数据单位为 mm。

双柱联合承台顶部与底部配筋构造					图集号	16G101—3—99
审核	郭仁俊	校对	廖宜香	设计	傅华夏	

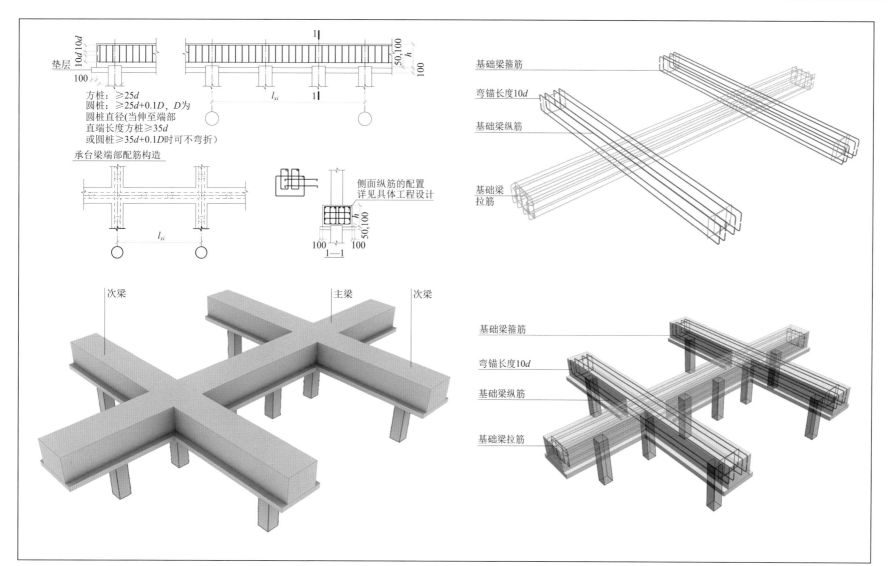

方桩：≥25d
圆桩：≥25d+0.1D，D为
圆桩直径(当伸至端部
直端长度方桩≥35d
或圆桩≥35d+0.1D时可不弯折)

垫层

承台梁端部配筋构造

侧面纵筋的配置
详见具体工程设计

次梁   主梁   次梁

基础梁箍筋
弯锚长度10d
基础梁纵筋
基础梁拉筋

基础梁箍筋
弯锚长度10d
基础梁纵筋
基础梁拉筋

注：1. 当桩直径或桩截面边长＜800mm时，桩顶嵌入承台50mm；当桩直径或
　　　桩截面边长≥800mm时，桩顶嵌入承台100mm。
　　2. 拉筋直径为8mm，间距为箍筋的2倍。当设有多排拉筋时，上下两排拉
　　　筋竖向错开设置。
　　3. 图中数据单位为mm。

墙下单排桩承台梁 CTL 配筋构造						图集号	16G101—3—100
审核	郭仁俊	校对	廖宜香	设计	傅华夏		

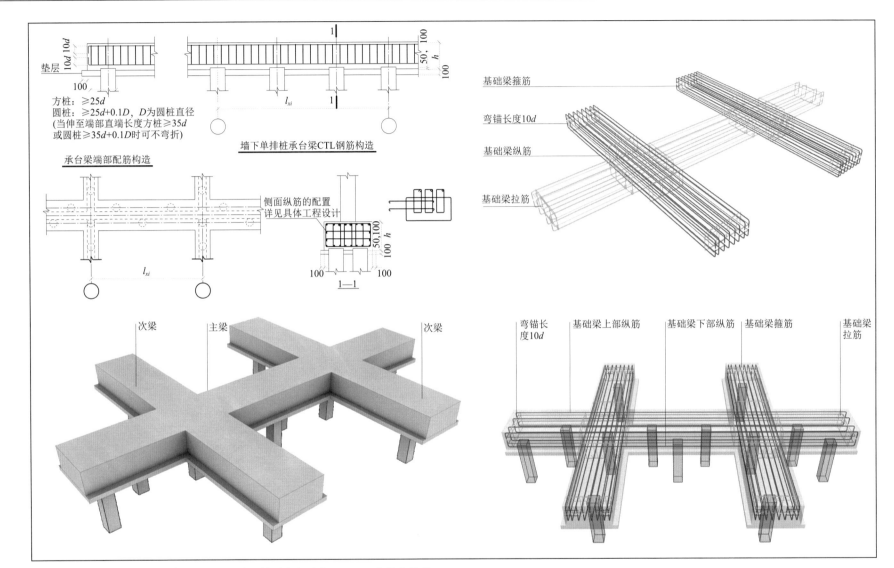

方桩：≥25d
圆桩：≥25d+0.1D，D为圆桩直径
(当伸至端部直端长度方桩≥35d
或圆桩≥35d+0.1D时可不弯折)

垫层

承台梁端部配筋构造

墙下单排桩承台梁CTL钢筋构造

侧面纵筋的配置
详见具体工程设计

基础梁箍筋

弯锚长度10d

基础梁纵筋

基础梁拉筋

1—1

次梁　　主梁　　　　　　　次梁

弯锚长
度10d　基础梁上部纵筋　基础梁下部纵筋　基础梁箍筋　基础梁拉筋

注：1. 当桩直径或桩截面边长＜800mm时，桩顶嵌入承台50mm；当桩直径或
　　桩截面边长≥800mm时，桩顶嵌入承台100mm。
　　2. 拉筋直径为8mm，间距为箍筋的2倍。当设有多排拉筋时，上下两排拉
　　筋竖向错开设置。
　　3. 图中数据单位为mm。

墙下双排桩承台梁CTL配筋构造						图集号	16G101-3—101
审核	郭仁俊	校对	廖宜香	设计	傅华夏		

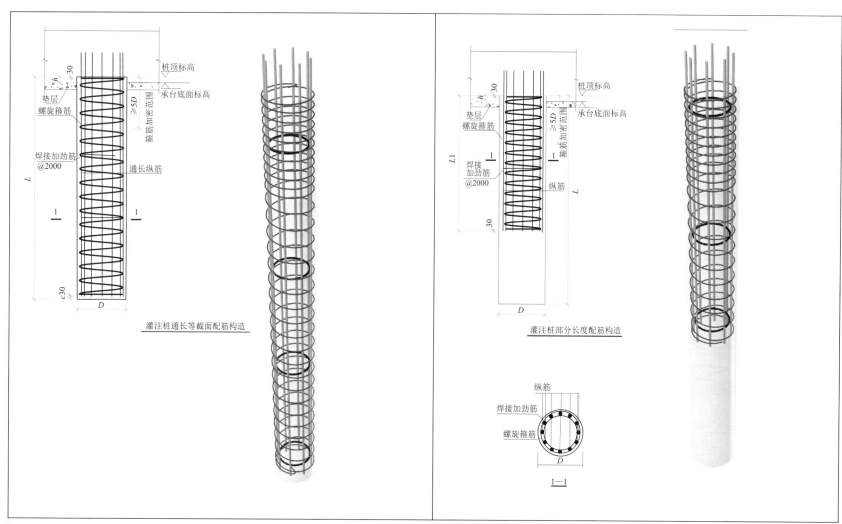

桩身通长纵筋

螺旋箍筋

焊接定位环形钢筋

灌注桩通长等截面配筋构造

灌注桩部分长度配筋构造

注：1. 纵筋锚入承台做法见 16G101—3 第 104 页。
　　2. h 为桩顶进入承台高度，桩径 ≤800mm 时取 50mm，桩径 ≥800mm 时取 100mm。
　　3. 焊接加劲箍见设计标注，当设计未注明时，加劲箍直径为 12mm，强度等级不低于 HRB400。
　　4. c 为保护层厚度。
　　5. 图中数据单位为 mm。

灌注桩通长等截面配筋构造 灌注桩部分长度配筋构造						图集号	16G101—3—102
审核	郭仁俊	校对	廖宜香	设计	傅华夏		

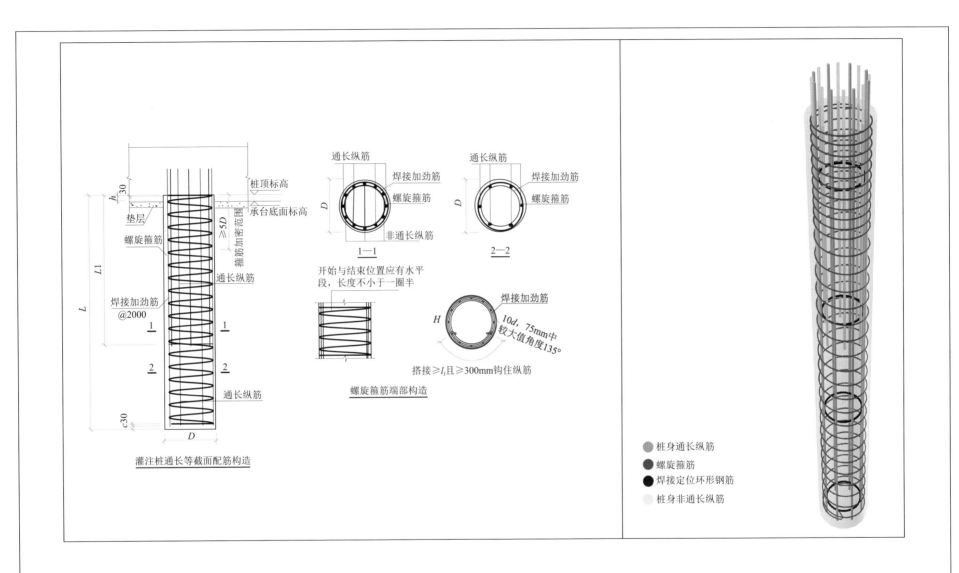

通长纵筋　焊接加劲筋

通长纵筋　焊接加劲筋
螺旋箍筋

D　螺旋箍筋
非通长纵筋

1—1

D

2—2

桩顶标高
承台底面标高

桩顶标高
垫层
螺旋箍筋
≥5D
箍筋加密范围
通长纵筋
焊接加劲筋
@2000
1　1
2　2
通长纵筋
c30
D

灌注桩通长等截面配筋构造

开始与结束位置应有水平
段，长度不小于一圈半

H

螺旋箍筋端部构造

焊接加劲筋
10d，75mm中
较大值角度135°

搭接≥l_t且≥300mm钩住纵筋

● 桩身通长纵筋
● 螺旋箍筋
● 焊接定位环形钢筋
桩身非通长纵筋

注：1. 纵筋锚入承台做法见 16G101—3 第 104 页。
　　2. h 为桩顶进入承台高度，桩径＜800mm 时取 50mm，桩径
　　　 ≥800mm 时取 100mm。
　　3. c 为保护层厚度。
　　4. 图中数据单位为 mm。

灌注桩通长变截面配筋构造　螺旋箍筋构造						图集号	16G101—3—103
审核	郭仁俊	校对	廖宜香	设计	傅华夏		

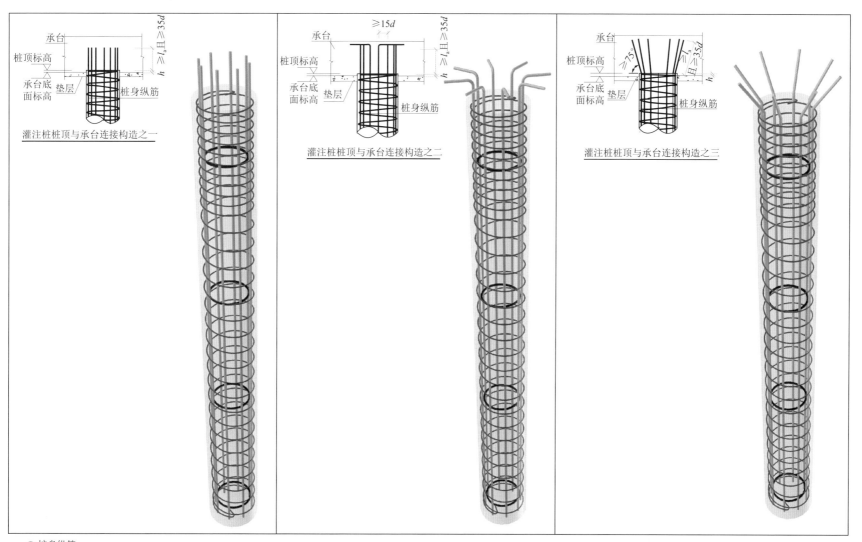

灌注桩桩顶与承台连接构造之一

灌注桩桩顶与承台连接构造之二

灌注桩桩顶与承台连接构造之三

● 桩身纵筋
● 螺旋箍筋
● 焊接定位环形钢筋

注：1. d 为桩内纵筋直径。
　　2. h 为桩顶进入承台高度，桩径 < 800mm 时取 50mm，
　　　 桩径 ≥ 800mm 时取 100mm。

钢筋混凝土灌注桩桩顶与承台连接构造						图集号	16G101—3—104
审核	郭仁俊	校对	廖宜香	设计	傅华夏		

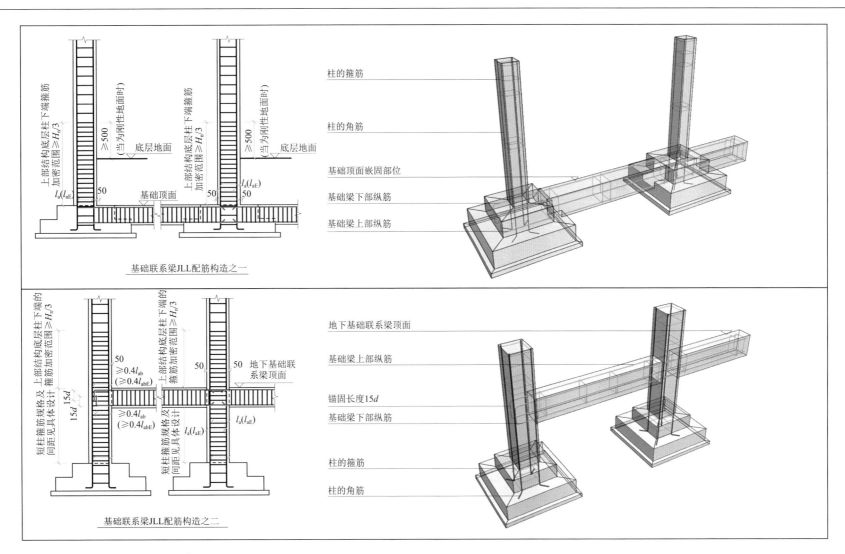

基础联系梁JLL配筋构造之一

基础联系梁JLL配筋构造之二

柱的箍筋

柱的角筋

基础顶面嵌固部位

基础梁下部纵筋

基础梁上部纵筋

地下基础联系梁顶面

基础梁上部纵筋

锚固长度15d

基础梁下部纵筋

柱的箍筋

柱的角筋

注：1. 基础联系梁的第一道箍筋距柱边缘50mm开始设置。
2. 基础联系梁配筋构造之二中，基础联系梁上、下部纵筋采用直锚形式时，锚固长度不应小于 l_a (l_{aE})，且伸过柱中心线长度不应小于5d，d 为梁纵筋直径。
3. 锚固区横向钢筋应满足直径 ≥ d/4 (d 为插筋最大直径) 间距 ≤ 5d (d 为插筋最小直径) 且 ≤100mm 的要求。
4. 基础联系梁用于独立基础、条形基础及桩基础。
5. 图中括号内数据用于抗震设计。
6. 图中数据单位为 mm。

基础联系梁 JLL 配筋构造					图集号	16G101—3—105
审核	郭仁俊	校对	廖宜香	设计	傅华夏	

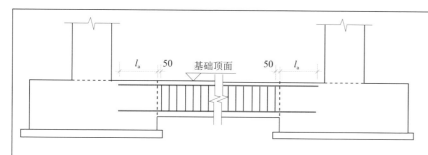

基础顶面

l_a 50 50 l_a

搁置在基础上的非框架梁

不作为基础联系梁；梁上部纵筋保护层厚度≤5*d*时，
锚固长度范围内应该设横向钢筋

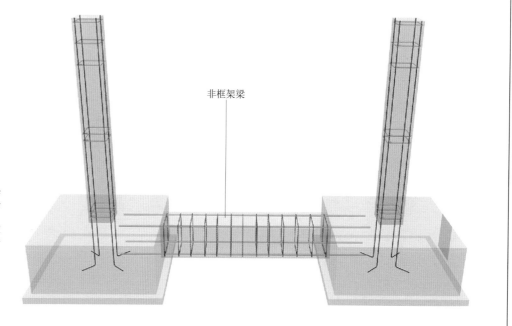

非框架梁

注：1. 基础联系梁的第一道箍筋距柱边缘 50mm 开始设置。
　　2. 当上部结构底层地 面以下设置基础联系梁时，上部结
　　　构底层框架柱下端的箍筋加密高度从基础联系梁顶面
　　　开始计算，基础联系梁顶面至基础顶面短柱的箍筋见
　　　具体图纸；当未设置基础联系梁时，上部结构底层框
　　　架柱下端的箍筋加密高度从基础顶面开始计算。
　　3. 基础联系梁用于独立基础、条形基础及桩基承台。
　　4. 图中括号内数据用于抗震等级。
　　5. 图中数据单位为 mm。

搁置在基础梁上的非框架梁						图集号	16G101—3—105
审核	郭仁俊	校对	廖宜香	设计	傅华夏		

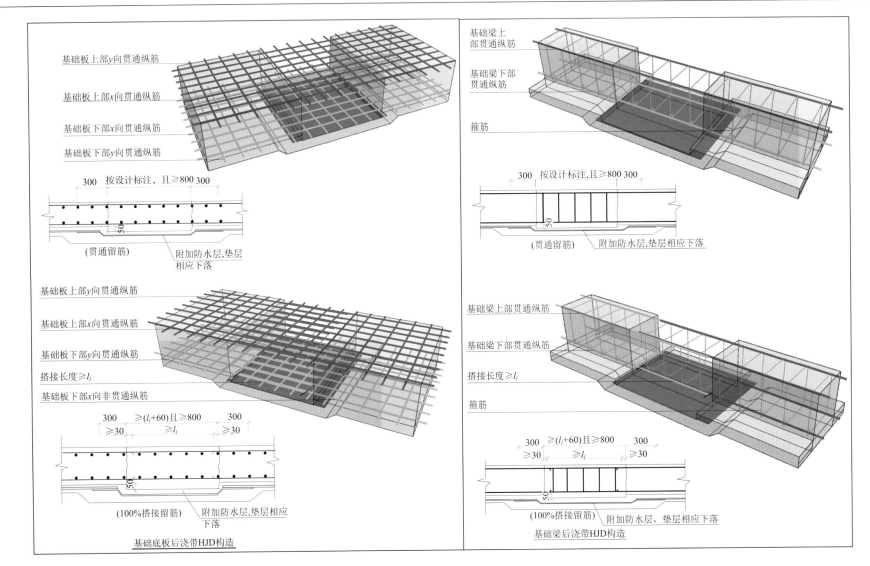

基础板上部y向贯通纵筋
基础板上部x向贯通纵筋
基础板下部x向贯通纵筋
基础板下部y向贯通纵筋

300　按设计标注，且≥800 300
50
(贯通留筋)　附加防水层,垫层相应下落

基础板上部y向贯通纵筋
基础板上部x向贯通纵筋
基础板下部y向贯通纵筋
搭接长度≥l_l
基础板下部x向非贯通纵筋

300　≥(l_l+60)且≥800　300
≥30　≥l_l　≥30
50
(100%搭接留筋)　附加防水层,垫层相应下落

基础底板后浇带HJD构造

基础梁上部贯通纵筋
基础梁下部贯通纵筋
箍筋

300　按设计标注,且≥800 300
50
(贯通留筋)　附加防水层,垫层相应下落

基础梁上部贯通纵筋
基础梁下部贯通纵筋
搭接长度≥l_l
箍筋

300　≥(l_l+60)且≥800　300
≥30　≥l_l　≥30
50
(100%搭接留筋)　附加防水层,垫层相应下落

基础梁后浇带HJD构造

注：1. 后浇带混凝土的浇筑时间及其他要求按具体工程的图纸要求。
　　2. 后浇带两侧可采用钢筋支架单层钢丝网或单层钢板网隔断。当后浇混
　　　凝土时，应将其表面浮浆剔除。
　　3. 后浇带下设抗水压垫层构造、后浇带超前止水构造见16G101—3第
　　　107页。
　　4. 图中数据单位为mm。

基础底板后浇带 HJD 构造　基础梁后浇带 HJD 构造						图集号	16G101—3—106
审核	郭仁俊	校对	廖宜香	设计	傅华夏		

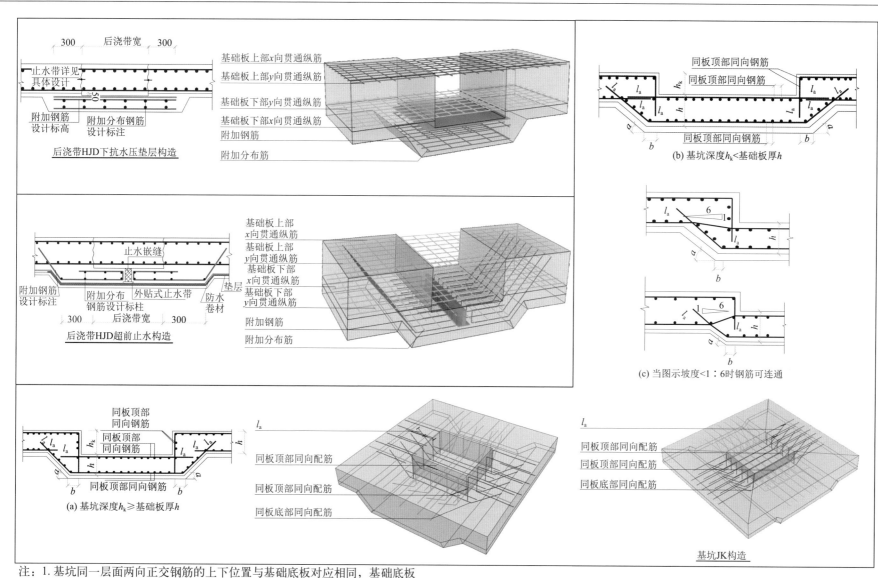

后浇带HJD下抗水压垫层构造

后浇带HJD超前止水构造

(a) 基坑深度 $h_k \geq$ 基础板厚 h

(b) 基坑深度 $h_k <$ 基础板厚 h

(c) 当图示坡度<1:6时钢筋可连通

基坑JK构造

注：1. 基坑同一层面两向正交钢筋的上下位置与基础底板对应相同，基础底板
　　　同一层面的交叉纵筋何向在下、何向在上，应按具体设计说明。
　　2. 根据施工是否方便，基坑侧壁的水平钢筋可位于内侧，也可位于外侧。
　　3. 基坑中当钢筋直锚至对边 $< l_a$ 时，可以伸至对边钢筋内侧顺势弯折，总
　　　锚固长度应 $\geq l_a$。
　　4. 图中数据单位为 mm。

后浇带 HJD 下抗水压垫层构造 后浇带 HJD 超前止水构造　基坑 JK 构造						图集号	16G101—3—107
审核	郭仁俊	校对	廖宜香	设计	傅华夏		

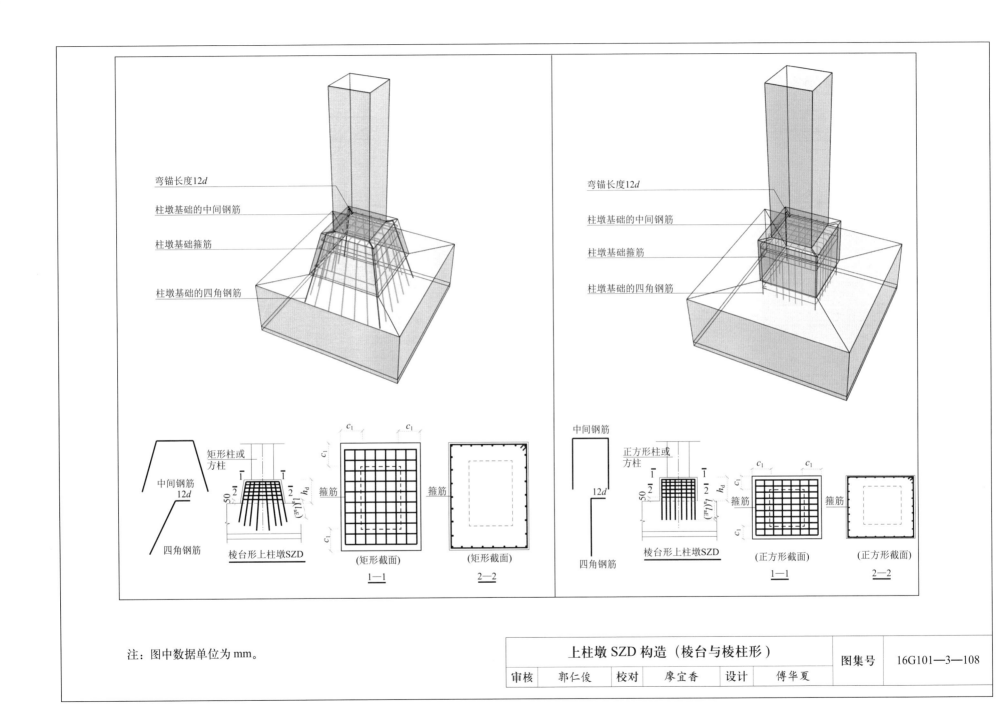

弯锚长度12d
柱墩基础的中间钢筋
柱墩基础箍筋
柱墩基础的四角钢筋

弯锚长度12d
柱墩基础的中间钢筋
柱墩基础箍筋
柱墩基础的四角钢筋

矩形柱或方柱
中间钢筋 12d
四角钢筋

棱台形上柱墩SZD

箍筋

箍筋

（矩形截面）
1—1

（矩形截面）
2—2

中间钢筋
正方形柱或方柱
12d
四角钢筋

棱台形上柱墩SZD

箍筋

箍筋

（正方形截面）
1—1

（正方形截面）
2—2

注：图中数据单位为 mm。

上柱墩 SZD 构造（棱台与棱柱形）					图集号	16G101—3—108
审核	郭仁俊	校对	廖宜香	设计	傅华夏	

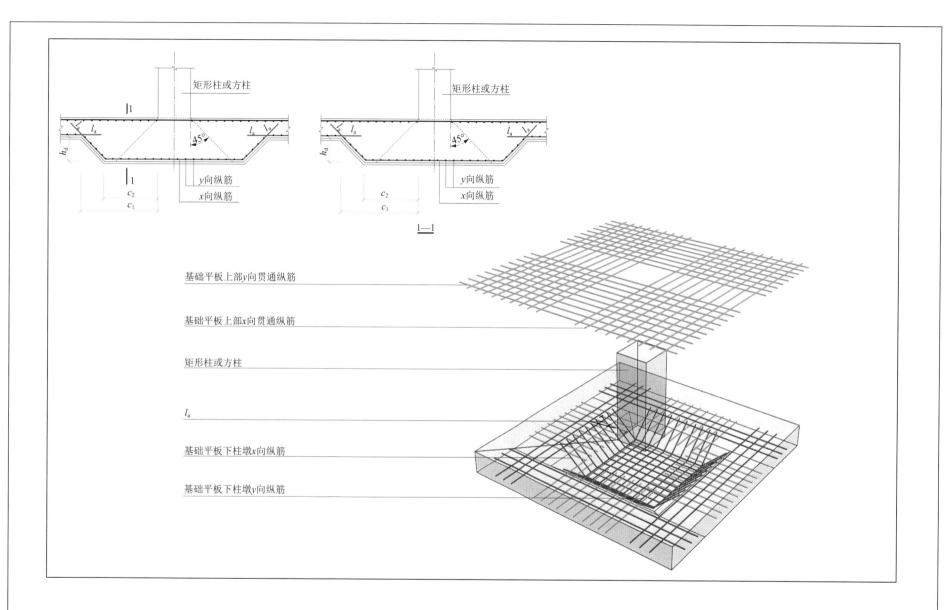

矩形柱或方柱

矩形柱或方柱

l_a l_a

$45°$

$45°$

l_a l_a

h_d

h_d

y向纵筋

x向纵筋

y向纵筋

x向纵筋

c_2

c_1

c_2

c_1

1—1

基础平板上部y向贯通纵筋

基础平板上部x向贯通纵筋

矩形柱或方柱

l_a

基础平板下柱墩x向纵筋

基础平板下柱墩y向纵筋

注：当纵筋直锚长度不足时，可伸至基础平板顶之后水平弯折。

下柱墩 XZD 构造（倒棱台形）						图集号	16G101—3—109
审核	郭仁俊	校对	廖宜香	设计	傅华夏		

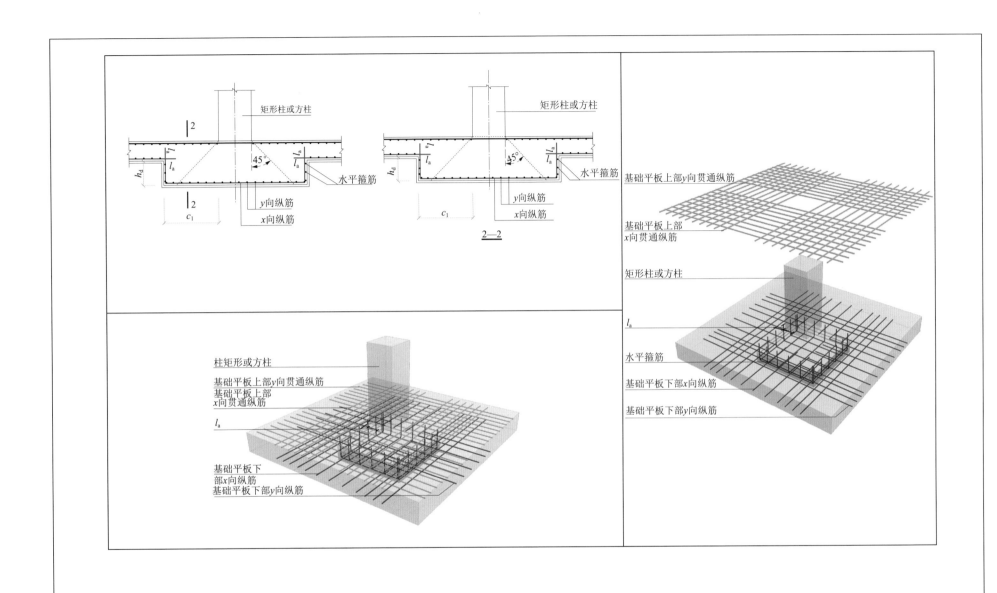

2—2

注：当纵筋直锚长度不足时，可伸至基础平板顶之后水平弯折。

下柱墩 XZD 构造（倒棱柱形）						图集号	16G101—3—109
审核	郭仁俊	校对	廖宜香	设计	傅华夏		

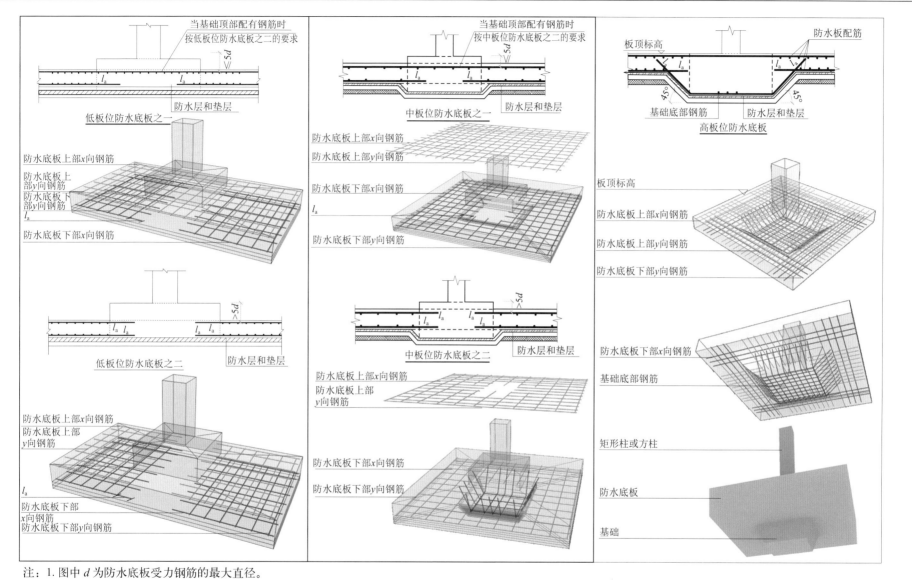

注：1. 图中 d 为防水底板受力钢筋的最大直径。
 2. 本图所示意的基础，包括独立基础、条形基础、桩基承台、桩基承台梁以及基础联系梁等。
 3. 当基础梁、承台梁、基础联系梁或其他类型的基础宽度 ≤ l_a 时，可将受力钢筋穿越基础后在其连接区域连接。
 4. 防水底板以下的填充材料应按具体工程的设计要求进行施工。

防水底板 JB 与各类基础的连接构造						图集号	16G101—3—110
审核	郭仁俊	校对	廖宜香	设计	傅华夏		

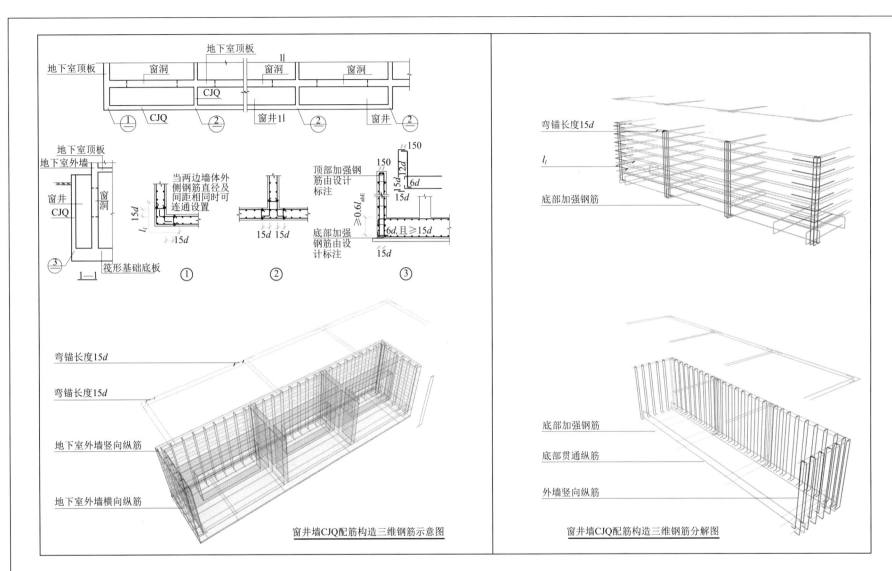

当两边墙体外侧钢筋直径及间距相同时可连通设置

顶部加强钢筋由设计标注

底部加强钢筋由设计标注

$6d$,且≥$15d$

弯锚长度$15d$

弯锚长度$15d$

地下室外墙竖向纵筋

地下室外墙横向纵筋

窗井墙CJQ配筋构造三维钢筋示意图

弯锚长度$15d$

底部加强钢筋

底部加强钢筋

底部贯通纵筋

外墙竖向纵筋

窗井墙CJQ配筋构造三维钢筋分解图

注：窗墙CJQ配筋见设计标注。当窗井墙体需按深梁设计时，由设计者另行处理。

窗井墙 CJQ 配筋构造					图集号	16G101—3—111
审核	郭仁俊	校对	廖宜香	设计	傅华夏	